中国腐蚀状况及控制战略研究丛书
“十三五”国家重点出版物出版规划项目

典型材料油气田腐蚀实验评价方法

刘智勇　李晓刚　杜翠薇　董超芳　著

科学出版社
北京

内 容 简 介

本书面向 H_2S-CO_2 共存条件下的选材原则及实验方法的迫切需求，针对既有相关标准在解决实际工况条件的局限和不足的问题，结合我国油气田环境材料腐蚀行为评价的工程案例，系统总结了典型工况体系下开展材料或防护措施适应性评价的方法和原理，可为我国油气田材料腐蚀评价方法的建立和完善提供依据和参考。全书共分 9 章：第 1、2 章概述油气田腐蚀机理与类型，以及其评价与防护方法；第 3、4 章介绍 CO_2 注入井环空环境应力腐蚀规律和防护方法；第 5～9 章分别介绍了高含 H_2S-CO_2 气井油套管材料腐蚀规律、高含 H_2S-CO_2 油井油管材料腐蚀规律、高含 H_2S-CO_2 油气井材料腐蚀寿命评价方法、高含 H_2S-CO_2 天然气井口装置材料腐蚀规律、高含 H_2S-CO_2 天然气集输管道腐蚀规律。

本书可供油气田腐蚀防护工作人员及相关科研人员和技术人员阅读，也可供材料腐蚀与防护专业大专院校师生参考。

图书在版编目（CIP）数据

典型材料油气田腐蚀实验评价方法/刘智勇等著. —北京：科学出版社，2016.6

（中国腐蚀状况及控制战略研究丛书）

ISBN 978-7-03-048372-0

Ⅰ. ①典…　Ⅱ. ①刘…　Ⅲ. ①油气田–石油机械–防腐　Ⅳ. ①TE98

中国版本图书馆 CIP 数据核字（2016）第 115150 号

责任编辑：顾英利　李丽娇 / 责任校对：彭珍珍
责任印制：徐晓晨 / 封面设计：铭轩堂

科 学 出 版 社 出版
北京东黄城根北街 16 号
邮政编码：100717
http://www.sciencep.com

北京中石油彩色印刷有限责任公司 印刷
科学出版社发行　各地新华书店经销

*

2016 年 6 月第 一 版　开本：720×1000　1/16
2017 年 1 月第二次印刷　印张：12 1/4
字数：225 000

定价：88.00 元

（如有印装质量问题，我社负责调换）

“中国腐蚀状况及控制战略研究”丛书
顾问委员会

“中国腐蚀状况及控制战略研究”丛书
总编辑委员会

丛　书　序

腐蚀是材料表面或界面之间发生化学、电化学或其他反应造成材料本身损坏或恶化的现象，从而导致材料的破坏和设施功能的失效，会引起工程设施的结构损伤，缩短使用寿命，还可能导致油气等危险品泄漏，引发灾难性事故，污染环境，对人民生命财产安全造成重大威胁。

由于材料，特别是金属材料的广泛应用，腐蚀问题几乎涉及各行各业。因而腐蚀防护关系到一个国家或地区的众多行业和部门，如基础设施工程、传统及新兴能源设备、交通运输工具、工业装备和给排水系统等。各类设施的腐蚀安全问题直接关系到国家经济的发展，是共性问题，是公益性问题。有学者提出，腐蚀像地震、火灾、污染一样危害严重。腐蚀防护的安全责任重于泰山！

我国在腐蚀防护领域的发展水平总体上仍落后于发达国家，它不仅表现在防腐蚀技术方面，更表现在防腐蚀意识和有关的法律法规方面。例如，对于很多国外的房屋，政府主管部门依法要求业主定期维护，最简单的方法就是在房屋表面进行刷漆防蚀处理。既可以由房屋拥有者，也可以由业主出资委托专业维护人员来进行防护工作。由于防护得当，许多使用上百年的房屋依然完好、美观。反观我国的现状，首先是人们的腐蚀防护意识淡薄，对腐蚀的危害认识不清，从设计到维护都缺乏对腐蚀安全问题的考虑；其次是国家和各地区缺乏与维护相关的法律与机制，缺少腐蚀防护方面的监督与投资。这些原因就导致了我国在腐蚀防护领域的发展总体上相对落后的局面。

中国工程院“我国腐蚀状况及控制战略研究”重大咨询项目工作的开展是当务之急，在我国经济快速发展的阶段显得尤为重要。借此机会，可以摸清我国腐蚀问题究竟造成了多少损失，我国的设计师、工程师和非专业人士对腐蚀防护了解多少，如何通过技术规程和相关法规来加强腐蚀防护意识。

项目组将提交完整的调查报告并公布科学的调查结果，提出切实可行的防腐蚀方案和措施。这将有效地促进我国在腐蚀防护领域的发展，不仅有利于提高人们的腐蚀防护意识，也有利于防腐技术的进步，并从国家层面上把腐蚀防护工作的地位提升到一个新的高度。另外，中国工程院是我国最高的工程咨询机构，没有直属的科研单位，因此可以比较超脱和客观地对我国的工程技术问题进行评估。把这样一个项目交给中国工程院，是值得国家和民众信任的。

这套丛书的出版发行，是该重大咨询项目的一个重点。据我所知，国内很多领域的知名专家学者都参与到丛书的写作与出版工作中，因此这套丛书可以说涉及了我国生产制造领域的各个方面，应该是针对我国腐蚀防护工作的一套非常全面的丛书。我相信它能够为各领域的防腐蚀工作者提供参考，用理论和实例指导我国的腐蚀防护工作，同时我也希望腐蚀防护专业的研究生甚至本科生都可以阅读这套丛书，这是开阔视野的好机会，因为丛书中提供的案例是在教科书上难以学到的。因此，这套丛书的出版是利国利民、利于我国可持续发展的大事情，我衷心希望它能得到业内人士的认可，并为我国的腐蚀防护工作取得长足发展贡献力量。

徐匡迪

2015 年 9 月

丛书前言

众所周知，腐蚀问题是世界各国共同面临的问题，凡是使用材料的地方，都不同程度地存在腐蚀问题。腐蚀过程主要是金属的氧化溶解，一旦发生便不可逆转。据统计估算，全世界每 90 秒钟就有一吨钢铁变成铁锈。腐蚀悄无声息地进行着破坏，不仅会缩短构筑物的使用寿命，还会增加维修和维护的成本，造成停工损失，甚至会引起建筑物结构坍塌、有毒介质泄漏或火灾、爆炸等重大事故。

腐蚀引起的损失是巨大的，对人力、物力和自然资源都会造成不必要的浪费，不利于经济的可持续发展。震惊世界的"11·22"黄岛中石化输油管道爆炸事故造成损失 7.5 亿元人民币，但是把防腐蚀工作做好可能只需要 100 万元，同时避免灾难的发生。针对腐蚀问题的危害性和普遍性，世界上很多国家都对各自的腐蚀问题做过调查，结果显示，腐蚀问题所造成的经济损失是触目惊心的，腐蚀每年造成损失远远大于自然灾害和其他各类事故造成损失的总和。我国腐蚀防护技术的发展起步较晚，目前迫切需要进行全面的腐蚀调查研究，摸清我国的腐蚀状况，掌握材料的腐蚀数据和有关规律，提出有效的腐蚀防护策略和建议。随着我国经济社会的快速发展和"一带一路"战略的实施，国家将加大对基础设施、交通运输、能源、生产制造及水资源利用等领域的投入，这更需要我们充分及时地了解材料的腐蚀状况，保证重大设施的耐久性和安全性，避免事故的发生。

为此，中国工程院设立"我国腐蚀状况及控制战略研究"重大咨询项目，这是一件利国利民的大事。该项目的开展，有助于提高人们的腐蚀防护意识，为中央、地方政府及企业提供可行的意见和建议，为国家制定相关的政策、法规，为行业制定相关标准及规范提供科学依据，为我国腐蚀防护技术和产业发展提供技术支持和理论指导。

这套丛书包括了公路桥梁、港口码头、水利工程、建筑、能源、火电、船舶、轨道交通、汽车、海上平台及装备、海底管道等多个行业腐蚀防护领域专家学者的研究工作经验、成果以及实地考察的经典案例，是全面总结与记录目前我国各领域腐蚀防护技术水平和发展现状的宝贵资料。这套丛书的出版是该项目的一个重点，也是向腐蚀防护领域的从业者推广项目成果的最佳方式。我相信，这套丛书能够积极地影响和指导我国的腐蚀防护工作和未来的人才培养，促进腐蚀与防护科研成果的产业化，通过腐蚀防护技术的进步，推动我国在能源、交通、制造业等支柱产业上的长足发展。我也希望广大读者能够通过这套丛书，进一步关注我国腐蚀防护技术的发展，更好地了解和认识我国各个行业存在的腐蚀问题和防腐策略。

在此，非常感谢中国工程院的立项支持以及中国科学院海洋研究所等各课题承担单位在各个方面的协作，也衷心地感谢这套丛书的所有作者的辛勤工作以及科学出版社领导和相关工作人员的共同努力，这套丛书的顺利出版离不开每一位参与者的贡献与支持。

侯保荣

2015年9月

前　言

油气资源是现代工业的食粮和血液，其充分供给是一个国家发展的重要保障。油气田环境是腐蚀最苛刻的工业环境之一，其腐蚀直接损失和间接损失巨大。1969年英国《Hoar 报告》报道，英国每年因腐蚀造成的经济损失估计不少于 23.65 亿英镑。我国对腐蚀损失的统计表明，腐蚀造成的损失约占国内生产总值（GDP）的 4%，而石油石化行业约占 GDP 的 6%左右。随着石油天然气资源的日益减少，国际油气工业已经进入高硫-高酸劣质原油和天然气大规模开采时代；且我国是优质油气资源相对匮乏的国家，相关腐蚀情况更为严峻。

H_2S-CO_2 环境腐蚀是个老问题，也是油气工业界普遍面临的难题之一，有超过 70 年的研究历史。国际上通常采用的防腐方法是以材料防腐为主、工艺防腐为辅，并注重耐蚀材料及防腐蚀工艺的研发与推广，以保证装备的长期可靠和高效能。我国思路有所不同，很多情况以工艺防腐为主、材料防腐为辅。这导致腐蚀问题更为突出，其直接和间接经济损失巨大。

我国塔里木、长庆、四川、华北、江汉、东海及南海等主要油气田均存在严重的 CO_2 腐蚀，而四川、辽河、长庆以及东海和南海油气田存在更为复杂苛刻的 H_2S-CO_2 腐蚀。近十几年来，我国相继在中东部地区开发了多个高含 H_2S-CO_2 油气田。此外，为了解决伴生 CO_2 的大量封存问题，我国多个油田发展了 CO_2 驱油与封存技术，在 CO_2 注入条件下易发生次生 H_2S-CO_2 腐蚀问题。

关于 H_2S-CO_2 共存条件下的选材原则，很多权威研究机构和学者给出了一些指导建议和规范准则。NACE MR0175、NACE TM0177、NACE TM0284、EFC17、EFC16、ISO 15156 等标准，已经成为在 H_2S 环境下设备结构选材和试验的重要依据。这些标准给出了系统详细的含 H_2S-CO_2 环境选材标准测试方法，建立了 H_2S 临界分压值体系，以及典型耐蚀合金的应用界限和条件。但鉴于实际工况条件的复杂性和未知因素的不确定性，上述方法体系仍存在局限和不足。特别是在工艺防腐为主、材料防腐为辅的情况下，需要及时系统开展相应的材料或防护措施适应性试验评价，对实际需求进行有益补充。

本书总结了我们多年来在相关领域的一些探索和心得，由于专业水平及实践经验的局限，书中不足之处在所难免；此书旨在抛砖引玉，恳请读者批评指正！

本书的研究结果是集体智慧的结晶，向所有参与研究的科研人员深表谢意！成书过程中课题组贾志军博士、赵天亮博士、陈闽东博士、刘然克博士、胡亚博硕士、邢云颖硕士、李建宽硕士、李浩硕士、刘琦硕士等参与了本书工作。

本书工作得到吉林油田王峰教授级高工、黄天杰高工、张德平高工、中国石油集团钻井工程技术研究院黄红春高工、中国石油勘探开发研究院孟庆坤研究员、聂臻高工、中国特种设备检测研究院陶雪荣研究员、何仁洋研究员、北京工业大学王新华教授等的大力支持，特此感谢。

中国工程院重大咨询项目“我国腐蚀状况及控制战略研究（2016-06-ZD-01）”、国家科学技术部基础性专项“中国材料腐蚀现状及材料腐蚀对自然环境污染情况调查”（2012FY113000）；国家“863”计划项目“基于腐蚀的油气管道用高强钢寿命预测关键技术及微损评价技术研究”（2012AA040105）；国家科技支撑计划项目“基于风险的油气管道事故预防关键技术研究”（2011BAK06B01）等项目支持了本书的研究，在此一并致谢！

目　　录

第 1 章　油气田腐蚀机理与类型

1.1　引　　言[1~12]

石油天然气开发过程中往往产生大量 CO_2 和 H_2S 伴生介质，形成 H_2S-CO_2 腐蚀环境而导致严重的腐蚀破坏，成为制约油气田开发的一个重要因素。CO_2 主要引起电化学腐蚀，导致材料局部点蚀穿孔破坏，而 H_2S 除了造成电化学腐蚀外，其最具危害的是氢致开裂（hydrogen induced cracking，HIC）和硫化物应力腐蚀开裂（sulfide stress corrosion cracking，SSCC），易导致设备穿孔、破裂与设备的报废等，造成巨大的经济损失与人员伤亡。

油气田采出井和注入井一般都采用封隔器，油管外壁和套管内壁不会接触外部腐蚀介质，其腐蚀行为仅与环空保护液有关。因此，H_2S-CO_2 腐蚀主要发生于油管内部、采油树以及地面集输系统中。但在实际生产中，普遍存在油管和套管刺漏现象，特别是随着服役时间的延长腐蚀等问题导致刺漏点增多和扩大，会加剧油管内腐蚀性介质（如 CO_2、H_2S、污水等）或地层水（一般矿化度较高、腐蚀性强）向环空中的渗漏量。而且，有些油气井甚至不使用封隔器。这样易导致环空内 H_2S、CO_2 等腐蚀性介质升高而导致 H_2S-CO_2 腐蚀加剧。与采出井不同，常规注入井的注入介质主要是处理过的油田污水，其向环空渗漏导致的腐蚀问题较小。但在 CO_2 注入井中，CO_2 会导致环空 pH 大幅降低，在硫酸盐还原菌（sulfate reducing bacteria，SRB）共同作用下会产生 SSCC 敏感环境。因此，随着大量三高[腐蚀性气体（H_2S-CO_2）含量高、压力高和产能高]油田和气田的开发，以及 CO_2 驱注技术在国内外逐渐推广，油气田 H_2S-CO_2 腐蚀问题日益严重。

因此，针对上述典型 H_2S-CO_2 环境腐蚀问题及防护技术需求，建立其模拟加速腐蚀研究体系，系统开展高强度油管钢在这些环境中的应力腐蚀行为机理及其关键影响因素研究，确定高强油管钢环空环境应力腐蚀的针对性措施和防护方法，具有重要的实用价值和理论意义。

1.2　腐 蚀 机 理

CO_2 和 H_2S 是油气田中最常见的腐蚀性气体，容易引起石油天然气开采设备（钻杆、油套管等）的应力腐蚀开裂。关于油管钢在 CO_2、H_2S 单独存在和共存体系中的电化学腐蚀和应力腐蚀开裂（stress corrosion cracking，SCC）已有很多研究。

1.2.1 CO_2腐蚀机理[13~18]

目前普遍认为，CO_2主要对金属材料产生均匀腐蚀和局部腐蚀，而其对应力腐蚀的影响较不明显。例如，H_2S单独存在时13Cr钢具有很高的硫化物应力腐蚀开裂（SSCC）敏感性，但是通入CO_2后，其SSCC敏感性反而有所下降。CO_2的存在大大减轻了P110钢发生氢致开裂（HIC）和SSCC的倾向，吸附在钢表面的CO_2产生了“自催化”现象，生成了一层致密的腐蚀产物膜，导致H_2S在钢表面的吸附量减少、其“毒化”作用降低，大大减少了渗氢量。此外，钢的腐蚀行为会受到CO_2含量的重要影响，不仅会大幅影响腐蚀速率，还可能影响腐蚀的机理。

首先，CO_2的腐蚀性取决于其溶于水生成碳酸的电化学腐蚀特性，一般认为CO_2腐蚀的过程如下。

CO_2溶于水生成H_2CO_3：

$$CO_2+H_2O = H_2CO_3 \tag{1-1}$$

H_2CO_3发生如下电离而具有酸性：

$$H_2CO_3 = HCO_3^- + H^+ \tag{1-2}$$

$$HCO_3^- = CO_3^{2-} + H^+ \tag{1-3}$$

在钢表面发生的电化学反应为

$$\text{阳极反应：}\ Fe \longrightarrow Fe^{2+} + 2e^- \tag{1-4}$$

$$\text{阴极反应：}\ 2H^+ + 2e^- \longrightarrow 2H \tag{1-5}$$

总的反应式为

$$Fe^{2+} + CO_3^{2-} \longrightarrow FeCO_3 \tag{1-6}$$

目前对油套管CO_2腐蚀问题的研究比较成熟，普遍认为CO_2导致的腐蚀有两种类型，即均匀腐蚀和局部腐蚀。均匀腐蚀致使油管壁厚减薄、强度降低，发生掉井事故；局部腐蚀常常引起油管穿孔和断裂，是油管主要的失效形式，包括点蚀、台面腐蚀和流动诱导局部腐蚀三种形式。许多学者认为CO_2腐蚀是由于钢铁材料表面生成的腐蚀产物碳酸盐（$FeCO_3$）、结垢产物（$CaCO_3$）形成的膜在不同区域的覆盖程度不同，从而在这些区域之间形成自催化效应的电偶腐蚀，加速了钢铁的局部腐蚀。在油气田观察到的腐蚀破坏，主要是由腐蚀产物膜局部破损所引发的蚀坑和蚀孔，由于这种局部腐蚀形成具有“大阴极-小阳极”的特点，往往穿孔的速率比较快，危害十分严重。

影响钢材 CO_2 腐蚀的因素主要有温度、CO_2 分压、pH、介质组成、流速、腐蚀产物膜状态、管材的种类和力学性能等。大量的研究结果表明，温度是 CO_2 腐蚀的重要影响因素，其对腐蚀速率的影响主要体现在以下三个方面：①影响气体在介质中的溶解度，温度升高，溶解度降低，抑制了腐蚀的进行；②温度升高，各反应进行的速率加快，促进了腐蚀的进行；③温度升高影响了腐蚀产物的成膜机理，使得膜有可能抑制腐蚀，也可能促进腐蚀，视其他相关条件而定。由此可见，温度对 CO_2 腐蚀的影响较为复杂。一般认为，在一定温度范围内，碳钢在含 CO_2 水溶液中的腐蚀速率随温度升高而增大，但温度较高时，碳钢表面会生成一层致密稳定的 $FeCO_3$ 腐蚀产物膜，碳钢的腐蚀速率又随温度的升高而逐渐降低。

CO_2 分压对碳钢、低合金钢的腐蚀速率也有重要的影响，在 $T<60℃$时，裸钢表面会形成保护性的腐蚀产物膜，此时其腐蚀速率可用 Ward 等经验公式表达：

$$\lg v_c=7.96-2320/(T+273)-5.55\times10^{-3}T+0.67\lg P_{CO_2} \tag{1-7}$$

式中，v_c 为腐蚀速率（mm/a）；P_{CO_2} 为 CO_2 分压（MPa）；T 为温度（℃）。

该式表明钢的腐蚀速率随 P_{CO_2} 增加而增大。这是因为 CO_2 的腐蚀伴随着氢的去极化过程，而溶液本身的水合氢离子和碳酸中分解的氢离子影响着这一过程，升高 CO_2 分压，溶液中碳酸浓度也增高，分解出的氢离子增多，因而腐蚀被加速。

1.2.2　H_2S 腐蚀机理[19~21]

金属在湿 H_2S 环境中的腐蚀断裂，一直是应力腐蚀研究的热点。普遍认为在含 H_2S 的油气环境中，H_2S 是金属产生 HIC 和 SSCC 的主要原因，其敏感性和 H_2S 的含量有直接关系。HIC 和 SSCC 既有联系也存在着区别，SSCC 的机理主要归因于应力诱导 HIC（stress-oriented hydrogen induced cracking，SOHIC），但其还受表面局部阳极溶解等因素的协同作用，其发生必须满足应力腐蚀的三个必要条件，即材料敏感、特定介质体系和足够的拉应力水平，SSCC 必须发生在湿 H_2S 环境中；HIC 则不需要同时满足这些条件，其发生可与电化学析氢过程无关。

在低温和常温下，H_2S 引发 SSCC 的临界含量可低至 10^{-5} 左右，总压升高其临界浓度会进一步降低。H_2S 通过促进氢原子向金属内部的扩散和渗透，导致材料发生氢致开裂型应力腐蚀开裂，随 H_2S 浓度升高，应力腐蚀临界应力强度因子 K_{ISCC} 下降，应力腐蚀裂纹扩展速率 da/dt 增大，应力腐蚀敏感性升高，在不同的浓度范围影响程度也会不同；在钝化体系下，H_2S 的作用更为复杂，其一方面通过在金属表面形成硫化物产物膜阻碍钝化膜的修复，甚至加速钝化膜的破坏；另一方面，所产生的 H^+ 加快局部阳极溶解、硫化物膜促进 H 向金属中扩散，从而共同促进应力腐蚀开裂。

金属在干燥的 H_2S 气体中不发生腐蚀，只有在含 H_2S 水溶液或水膜中，才会发生腐蚀或开裂。在湿 H_2S 环境中材料除发生均匀腐蚀以外，更受关注的问题包括 HIC、点蚀、氢脆（hydrogen embrittlement，HE）、SSCC 等。一般认为，溶于水中的 H_2S 因逐步电离出氢离子而使水溶液呈现酸性，金属在这种酸溶液中会失去电子发生电化学腐蚀。

一般认为，其电化学过程主要包括如下过程。

H_2S 溶于水中将发生如下电离而具有酸性：

$$H_2S \Longrightarrow HS^- + H^+ \tag{1-8}$$

$$HS^- \Longrightarrow S^{2-} + H^+ \tag{1-9}$$

在钢表面发生的电化学反应为

$$\text{阳极反应：} \quad Fe \longrightarrow Fe^{2+} + 2e^- \tag{1-10}$$

$$\text{阴极反应：} \quad 2H^+ + 2e^- \longrightarrow 2H \tag{1-11}$$

总的反应式为

$$Fe + xH_2S \longrightarrow FeS_x + 2xH_{abs} \tag{1-12}$$

金属表面生成的 FeS_x 膜具有一定的保护作用，因此，单纯考虑均匀腐蚀，H_2S 的存在可能是有益的。但在上述电化学过程作用下，金属表面吸附的 H 原子会在 FeS_x 膜的“毒化”作用下加剧向金属中扩散，导致 HE、HIC、SSCC 等各种破坏。H 向金属中的渗透过程会随着温度的升高而减弱，在大约 80℃以上时，HIC 敏感性会大幅降低。SSCC 机理也会由 HIC 机理转变为以阳极溶解机理为主。因此，H_2S 环境下局部腐蚀是应该主要关注的。

1.2.3 H_2S-CO_2 共存体系下的腐蚀机理和特征[22~26]

油气田实际工况大多为 H_2S-CO_2 共存环境，碳钢和合金钢在 H_2S-CO_2 共存环境下的腐蚀机理及防护措施研究更具有实际意义。CO_2 与 H_2S 共存条件下，二者的腐蚀存在竞争与协同效应。当 H_2S 含量较小时以 CO_2 腐蚀为主，H_2S 能较大程度地促进腐蚀；随着 H_2S 含量增大，转化为以 H_2S 腐蚀为主，出现局部腐蚀；H_2S 含量继续增大，局部腐蚀反而受到抑制。当 H_2S-CO_2 共存时，其腐蚀状态是由 CO_2、H_2S 的分压比决定的，并将 H_2S-CO_2 共存条件下的腐蚀过程分为三个控制区：$P_{CO_2}/P_{H_2S} > 500$，CO_2 控制整个腐蚀过程，腐蚀产物主要为 $FeCO_3$；$20 < P_{CO_2}/P_{H_2S} < 500$，$CO_2$、$H_2S$ 混合交替控制，腐蚀产物包含 FeS 和 $FeCO_3$；$P_{CO_2}/P_{H_2S} < 20$，H_2S 控制腐蚀过程，腐蚀产物主要为 FeS。

综上所述，H_2S-CO_2 共存体系下的腐蚀规律及机理，腐蚀产物膜的形成及结构性能等受到诸多因素的影响，包括气体分压比、温度、pH、溶液成分、材料本身的合金元素等，因而其腐蚀过程及腐蚀机理非常复杂。目前虽已取得了不少研究进展，但对这一共存体系下的腐蚀机理认识还不够全面和深入。因此，研究 H_2S-CO_2 共存体系下各因素对管线钢腐蚀的协同和交互作用机理，对于制订油气管线钢的防腐措施、提高管线设备的安全性、可靠性具有重大意义。

1.3 腐 蚀 类 型

1.3.1 全面腐蚀与局部腐蚀

全面腐蚀现象在油气田工况下是普遍现象，其包括均匀的全面腐蚀（通常称均匀腐蚀）和非均匀的全面腐蚀。

全面腐蚀虽然会造成金属的大量损失，但其危害性没有局部腐蚀大。全面腐蚀易于测定和预测，防护相对容易。在石油工业设计时可以通过合理的选材、选择合适的缓蚀剂、预留腐蚀裕量、采用涂层或阴极保护等措施对全面腐蚀进行控制。

局部腐蚀是由于金属与环境界面上电化学性质的不均匀性造成的。这种不均匀性使原电池的阳极区和阴极区截然分开，导致金属表面局部遭受集中的腐蚀破坏。局部腐蚀是石油天然气装置跑冒滴漏的主要原因，甚至会导致金属设备突然发生破坏，容易造成重大安全事故，因此必须对局部腐蚀引起足够的重视。

在石油工业中，如油气井的开采和运输设备的腐蚀，初期主要表现为全面腐蚀，且腐蚀速率较高。随着保护性产物膜的生成，均匀腐蚀速率有所降低，同时产生膜下的局部腐蚀。目前，普遍认为应以局部腐蚀特性来评价和预测油气田井中的腐蚀。油气田井中常见的局部腐蚀类型主要有点蚀、蜂窝状腐蚀（wormhole corrosion）、台面侵蚀（mesa-attack corrosion）、流体诱导局部腐蚀（flow-accelerated corrosion，FAC）、SCC、腐蚀疲劳（corrosion fatigue，CF）。

点蚀通常发生在流动的含 CO_2 水介质中，随着 CO_2 分压增大和温度升高，点蚀的敏感性增强。一般说来，点蚀存在于一个温度敏感区间，并且与材料成分有着密切关系。在含 CO_2 油气井中的油套管，点蚀主要出现在 80～90℃范围内，这是由介质的露点和凝聚条件决定的。

处于流动介质中的钢材常常发生台面侵蚀，尤其当表面腐蚀产物膜不够致密时，更易发生。而材料在湍流情况下易出现流动诱发局部腐蚀，在这种情况下，湍流将表面的产物膜破坏，而且很难再次形成稳定致密的保护性膜，从而造成腐蚀。

1.3.2　应力作用下的腐蚀

金属材料在实际使用过程中，不仅会受到腐蚀介质的作用，同时还会受到各种应力的作用，并常常因此造成更为严重的腐蚀破坏。应力作用下的腐蚀包括应力腐蚀开裂、腐蚀疲劳、氢致开裂、磨损腐蚀等。其中磨损腐蚀又包括微振腐蚀、冲刷腐蚀、空泡腐蚀等形式。

油气田环境中的 SCC 模式主要是 SSCC。其特点上文已详述，不再赘述。

腐蚀疲劳是指金属材料在循环应力或脉冲应力和腐蚀介质共同作用下，所产生的脆性断裂的腐蚀形态。腐蚀疲劳在抽油杆、注入井油管等构件中较为常见。

磨损腐蚀主要发生在油管、采油树、抽油杆杆头、地面集输系统的变径、三通、法兰等处。其中较为普遍的是油管内由含气相-液相-固相颗粒的采出物导致的多相流腐蚀。

1.3.3　应力腐蚀机理及其影响因素[27~59]

目前普遍认为，应力腐蚀机理有阳极溶解（anodic dissolution，AD）和氢脆（hydrogen embrittlement，HE）两种机理。HE 机理是指析氢反应为主要阴极反应，并且裂纹的扩展和形核受氢富集的影响；AD 机理是指吸氧反应为主要阴极反应（可存在较弱的析氢反应），但进入试样的氢低于 HIC 所需的临界值。关于 HE 型应力腐蚀机理，目前主要有氢压理论、弱键理论、氢降低表面能理论以及氢促进局部塑性变形从而促进断裂的理论。关于阳极溶解型应力腐蚀机理，目前也形成了多种理论，主要有滑移-膜破裂-溶解理论、活性通道溶解理论、膜致脆断机理、腐蚀促进局部塑性变形导致脆断机理等。

油气田环境通常是含有 CO_2、H_2S、Cl^-、SRB 等多种腐蚀性介质的高压环境，目前国内外关于该环境下的应力腐蚀机理已有很多研究，关于其 SCC 影响因素主要分为以下三类观点。

氢致开裂机理　该观点认为，在湿 H_2S 环境中，钢表面吸附的硫化物阴离子是有效的毒化剂，加速水合氢离子放电，同时减缓氢原子重组生成氢分子的过程，使阴极反应析出的氢原子不易化合成氢分子逸出，从而在钢的表面聚集并且继续渗入钢内，在钢材的缺陷和应力集中处富集并结合成氢分子，在局部形成很大的氢压，导致氢致裂纹的产生，即氢压理论；此外，氢能促进位错的运动和发射，使位错周围的局部塑性变形降低，在局部应力作用下微裂纹发生解理扩展，即氢促进局部塑性变形从而促进断裂的理论。

阳极溶解机理　该观点认为，应力腐蚀裂纹是由局部阳极溶解诱导产生的，裂纹尖端位于阳极区，并且以阳极的快速溶解为主，但是对于应力腐蚀裂纹产生的原因存有争议。一种观点认为裂纹由 Cl^-导致的点蚀坑底部起源，呈台阶状扩展进入内部，夹杂物/基体界面及轧制方向晶界的择优溶解使其呈台阶状裂纹。更普遍的观点认为，应力腐蚀裂纹是由拉应力直接产生的，并在腐蚀介质的作用下导致裂纹的扩展。

氢在阳极溶解型应力腐蚀开裂中发挥着重要作用，能促进阳极溶解型 SCC。氢在不锈钢应力腐蚀过程中可以进入试样并在裂尖富集，但当其浓度低于产生氢致开裂的临界值，不会引起氢致开裂；但是进入的氢能改变钝化膜的性质，促进阳极溶解，进而促进阳极溶解型应力腐蚀开裂。很多研究认为，在湿 H_2S 环境中，一方面 H_2S 电离产生的 HS^-和 S^{2-}在金属表面形成金属硫化物膜，阻碍钝化膜的修复；另一方面电离产生的 H^+也会对钝化膜产生快速溶解效应，进而促进应力腐蚀裂纹的产生和扩展。

混合机理　该观点认为，应力腐蚀过程中，HE 和 AD 协同作用促进了应力腐蚀的发生和发展。在含有 H_2S 的介质中，H_2S 电离产生的 S^{2-}和 HS^-是有效的毒化剂，能阻碍原子氢结合成氢分子，使其更容易进入金属材料内部诱发裂纹。一方面，氢致裂纹的产生有利于产生活性表面进而加速了阳极溶解；另一方面，阳极溶解的过程又促进氢原子的产生和聚集，即金属材料裂纹的产生和扩展是阳极溶解和氢致开裂相互促进的结果。这种机理认为局部阳极溶解导致裂纹的萌生，而裂纹尖端的氢引起的附加应力影响裂纹的扩展。因此，从广义上讲，SCC 的 HE 机理更合理的定义应为氢致机理（hydrogen induced mechanism）而非氢脆机理。

在工程实践中，很难将应力腐蚀的阳极溶解机理和氢致开裂机理严格区分开来。在湿 H_2S-CO_2 共存环境体系中，金属材料的腐蚀破坏特征、规律及机理不仅取决于腐蚀环境，还取决于材料本身，不同状态的同种材料在相同环境下或不同材料在不同环境下发生应力腐蚀开裂的机理及控制因素可能不同。

1.3.4　冲刷腐蚀及其影响因素[60~68]

冲刷腐蚀是一个很复杂的腐蚀过程，其影响因素众多，如介质的流动速率、pH、含氧量、介质的温度，材料化学成分、材料表面的粗糙度、硬度、组织结构，试验时间、设备的几何形状，活性离子浓度、黏度、密度等，都有可能会影响冲刷腐蚀。上述影响因素大致可以划分为三类，即材料因素、介质环境因素和流体力学因素。

1. 材料因素

冲刷腐蚀是机械损伤与腐蚀破坏协同作用的结果，因而材料抵抗冲刷腐蚀的能力主要与材料的耐腐蚀性和材料的机械性能（尤其是硬度）有关，同时也与材料表面膜的形成难易及其稳定性有关。

一般而言，要使材料具备较好的耐冲刷腐蚀性能，首先要求材料具备较好的耐腐蚀性，还要求材料具有一定的硬度，两方面的性能合理配置尤为重要。一般硬度越高，耐冲刷性能越强，但耐冲刷腐蚀性能不一定越好。因而耐冲刷腐蚀材料在组织结构上往往具有如下特点：在相对较软的基体上分布有针状或不连续的网状硬化相。相对较软的基体相保证了较高的耐蚀性而硬化相能有效地抵抗料浆或颗粒的冲刷和切削且不易从基体上脱落，还能阻止裂纹的扩展，显著提高材料的耐磨性。相对较软的基体又提供了良好的冲击韧性和断裂韧性，这样的组织材料既耐冲刷腐蚀又具有良好的加工性能。

材料表面钝化膜生成的难易程度、稳定性和黏着力、剥离情况都对冲刷腐蚀起着重要作用，膜的这些性质又都与流体对材料表面剪切力和冲击力密切相关。膜的保护性能取决于当金属初始暴露在环境时成膜的速率和难易，以及膜对机械破坏的抗力和破坏后的再生速率。因此，金属在流体介质冲刷条件下，膜破裂后的再钝化能力是材料耐冲刷腐蚀性能的关键因素。

2. 介质环境因素

影响冲刷腐蚀的介质环境因素比较多，如腐蚀介质种类、浓度、温度、pH、含氧量，各种活性离子的活度、浓度等，其中关键影响因素主要为温度、pH、H_2S、CO_2、Cl^-等。

温度对于冲刷腐蚀的影响较为复杂，没有固定的规律存在，原因在于冲刷腐蚀本身就是一个极为复杂的腐蚀过程，受多种因素、多种腐蚀机理的控制，温度对于冲刷腐蚀的影响主要取决于其对冲刷腐蚀控制的主要机理的影响。但一般随着温度的升高，冲刷腐蚀速率会相应增大。

3. 流体力学因素

流体力学因素一般是通过改变冲刷强度大小或传质过程来影响冲刷腐蚀。其中最重要的参数有流速、流态、攻角、颗粒性质（种类、硬度、浓度、形状、颗粒度及分布、表面粗糙度等)、流体性质（黏度、密度）等。

在众多的力学因素中，影响最为突出，也最受研究关注的是流速、攻角、流态以及固相颗粒。

流速是冲刷腐蚀的重要影响因素。随着流速的增大，同种材料会存在一个以上的临界流速，当流速高于临界流速时腐蚀速率会大幅增加。不同的临界流速的物理或化学意义不同。较低的临界流速一般是由流动加快传质或多相流体的多相流状态而产生的。较高的临界流速可能由流体对腐蚀产物膜的机械作用及促进介质传输共同导致的，超高的临界流速则可能是流速直接破坏基体而导致的。

攻角是影响冲刷腐蚀的另一个重要因素。一般攻角为 30°～60°时对应的腐蚀速率较大，45°时最大。实际工况下法兰、三通、变径、焊缝等处由于流场分布不同，所引起的湍流会由于局部攻角适中而导致局部腐蚀加剧。

多相流状态，特别是气泡或固体颗粒的含量及其分布会对冲刷腐蚀导致重要影响。该问题在采出井及地面集输系统中尤为突出。其腐蚀机理、评估方法以及防护方法目前均为国际研究热点。

参 考 文 献

[1] NACE. MR0175-2000. Sulfide stress corrosion cracking resistant metallic materials for oilfield equipment[S]. NACE，2000.

[2] EFC. EFC Publications No.16. Guidelines on materials requirements for carbon and low alloy steels for H_2S-containing environments in oil and gas production[S]. London：The Insititute of Materials，1995.

[3] ISO 15156-2015. Petroleum and natural gas industries——Materials for use in H_2S-containing environments in oil and gas production[S]. ISO，2015.

[4] 褚武扬. 断裂与环境断裂[M]. 北京：科学出版社，2000：120.

[5] 黄红兵，李辉，谷坛，等. 四川含硫气田缓蚀剂及应用技术研究[J]. 石油与天然气化工，2002，31：54-58.

[6] 周计明. 油管钢在含 H_2S-CO_2 高温高压水介质中的腐蚀行为及防护技术的作用[D]. 西安：西北工业大学硕士学位论文，2002.

[7] 任呈强，刘道新，白真权，等. 咪唑啉衍生物在含 H_2S-CO_2 油气井环境中的缓蚀行为研究[J]. 天然气工业，2004，24（8）：53-55.

[8] Xia S，Qiu M，Yu L，et al. Molecular dynamics and density functional theory study on relationship between structure of imidazoline derivatives and inhibition performance[J]. Corrosion Science，2008，50（7）：2021-2029.

[9] Heydari M，Javidi M. Corrosion inhibition and adsorption behaviour of an amido-imidazoline derivative on API 5L X52 steel in CO_2-saturated solution and synergistic effect of iodide ions[J]. Corrosion Science，2012，61：148-155.

[10] 何生厚. 普光高含 H_2S-CO_2 气田开发技术难题及对策[J]. 天然气工业，2008，28（4）：82-85.

[11] 张书平，赵文，张宏福，等. 长庆气田气井腐蚀因素及防腐对策[J]. 天然气工业，2002，22（6）：112-113.

[12] Mancia F. The effect of environmental modification on the sulphide stress corrosion cracking resistance of 13Cr martensitic stainless steel in H_2S-CO_2-Cl^- systems[J]. Corrosion science，1987，27（10）：1225-1237.

[13] 张学元，邸超，雷良才. 二氧化碳腐蚀与控制[M]. 北京：化学工业出版社，2000：1-60.

[14] Zhao G X，Lu X H，Xiang J M，et al. Formation characteristic of CO_2 corrosion product layer of P110 steel investigated by SEM and electrochemical techniques[J]. Journal of Iron and Steel Research，2009，16（4）：89-94.

[15] 常炜，胡丽华. 温度对 X65 和 3%Cr 管线钢 CO_2 腐蚀行为的影响[J]. 腐蚀与防护，2012，33（2）：100-103.

[16] Ezuber H M. Influence of temperature and thiosulfate on the corrosion behavior of steel in chloride solutions saturated in CO_2[J]. Materials and Design，2009，30（9）：3420-3427.

[17] Zhang Y，Pang X，Qu S，et al. Discussion of the CO_2 corrosion mechanism between low partial pressure and supercritical condition[J]. Corrosion Science，2012，59：186-197.

[18] Yin Z F，Zhao W Z，Bai Z Q，et al. Corrosion behavior of SM 80SS tube steel in stimulant solution containing H_2S and CO_2[J]. Electrochimica Acta，2008，53（10）：3690-3700.

[19] Kalnaus S，Zhang J X，Jiang Y Y. Stress corrosion cracking of AISI 4340 steel in aqueous environments[J]. Metallurgical and Materials Transactions A，2011，42（2）：434-447.

[20] 刘智勇，董超芳，李晓刚，等. 硫化氢环境下两种不锈钢的应力腐蚀开裂行为[J]. 北京科技大学学报，2009，31（3）：322-323.

[21] 陈丽娟，李大朋，于勇，等. H_2S 分压对双相不锈钢应力腐蚀开裂行为的影响[J]. 腐蚀与防护，2012，33（2）：177-179.

[22] Ueda M. Effect of alloying elements and microstructure on stability of corrosion product in CO_2 and H_2S environments[J]. Chemical Engineering of Oil and Gas，2005，34（1）：43.

[23] 白真权，李鹤林，刘道新. 模拟油田 H_2S-CO_2 环境中 N80 钢的腐蚀及影响因素研究[J]. 材料保护，2003，36（4）：32-34.

[24] Pots B F M，John R C. Improvement on de Waard-Milliams corrosion prediction and application to corrosion management[C]. Corrosion，2002. Houston：NACE，2002，Paper No.02235.

[25] 冯星安，黄柏宗，高光第. 对四川罗家寨气田高含 H_2S-CO_2 腐蚀的分析及防腐设计初探[J]. 石油工程建设，2004，30（1）：10-14.

[26] Ma H，Cheng X，Li G，et al. The Influence of hydrogen sulfide on corrosion of iron under different conditions[J]. Corrosion Science，2000，(42)：1669-1683.

[27] 姚小飞，谢发勤，吴向清，等. 温度对超级 13Cr 油管钢慢拉伸应力腐蚀开裂的影响[J]. 石油矿场机械，2012，41（9）：50-53.

[28] Beavers J A，Harle B A. Mechanisms of high-pH and near-neutral-pH SCC of underground pipelines[J]. Journal of Offshore Mechanics and Arctic Engineering，2001，8：147-151.

[29] Liu Z Y，Li X G，Cheng Y F. Mechanistic aspect of near-neutral pH stress corrosion cracking of pipelines under cathodic polarization[J]. Corrosion Science，2012，55：54-60.

[30] 王炳英，霍立兴，王东坡，等. X80 管线钢在近中性 pH 溶液中的应力腐蚀开裂[J]. 天津大学学报，2007，40（6）：758-760.

[31] Nishimura R，Maeda Y. SCC evaluation of type 304 and 316 austenitic stainless steels in acidic chloride solutions using the slow strain rate technique[J]. Corrosion Science，2004，46：769-785.

[32] Beavers J A，Christman T K，Parkins R N. Effects of surface condition on the stress corrosion cracking of pipeline steel[J]. Materials Performance，1988，27（4）：22.

[33] Li H L，Gao K W，Qiao L J，et al. Strength effect in stress corrosion cracking of high-strength steel in aqueous solution[J]. Corrosion，2001，57（4）：295.

[34] Liu X，Frankel G S. Effects of compressive stress on localized corrosion in AA2024-T3[J]. Corrosion Science，2006，48（10）：3309.

[35] 夏翔鸣. 20 钢在 H_2S 溶液中的应力腐蚀开裂行为研究[J]. 材料保护，2007，40（7）：15-17.

[36] 曹楚南. 腐蚀电化学原理[M]. 北京：化学工业出版社，2004.

[37] Fontana M G，Greene N D. Corrosion Engineering. McGraw-Hill Book Company，1978.

[38] Wood R J K. Erosion-corrosion interactions and their effect on marine and off shore materials[J]. Wear，2006，261（9）：1012-1023.

[39] David W，Whitmore P E. Corrosion experiences and inhibitions practices in wet sour gas gathering systems[J]. Corrosion，1987，87：46.

[40] Gerus B R D. Detection and mitigation of weight loss corrosion in sour gas gathering systems[C]. In：H_2S corrosion in oil and gas production. A Complication of Classic Papers，1981.

[41] Alberto V，Raymundo C. The effect of small amount of H_2S on CO_2 corrosion of a carbon steel[J]. Corrosion，1998，98（22）：22-27.

[42] Rajahram S S，Harvey T J，Wood R J K. Erosion-corrosion resistance of engineering materials in various test conditions[J]. Wear，2009，267（1-4）：244-254.

[43] Chaal L，Deslouis C，Pailleret A，et al. On the mitigation of erosion-corrosion of copper by a drag-reducing cationic surfactant in turbulent flow conditions using a rotating cage[J]. Electrochimica Acta，2007，52（27）：7786-7795.

[44] Zheng Y G，Yu H，Jiang S L，et al. Effect of the sea mud on erosion-corrosion behaviors of carbon steel and low alloy steel in 2.4%NaCl solution[J]. Wear，2008，264（11-12）：1051-1058.

[45] Guo H X，Lu B T，Luo J L. Interaction of mechanical and electrochemical factors in erosion-corrosion of carbon steel[J]. Electrochimica Acta，2005，51（2）：315-323.

[46] Neville A，Wang C. Erosion-corrosion of engineering steels-can it be managed by use of chemicals[J]. Wear，2009，277（11）：2018-2026.

[47] Malka R，Nesic S，Gulino D A. Erosion-corrosion and synergistic effects in disturbed liquid-particle flow[J]. Wear，2007，262（7-8）：791-799.

[48] Gonzalez J L，Ramirez R，Hallen J M. Hydrogen-induced crack growth rate in steel plates exposed to sour environments[J]. Corrosion，1997，53：935-944.

[49] Antony P J，Chongdar S，Kumar P，et al. Corrosion of 2205 duplex stainless steel in chloride medium containing sulfate-reducing bacteria[J]. Electrochim Acta，2007，52（12）：3985.

[50] Richard D，Sisson Jr. Hydrogen Embrittlement of Spring Steel[M]. Wire Forming Technology International/Fall，2007：20-22.

[51] Liu H W. A unified model of environment-assisted cracking[J]. Acta Materialia，2008，56：4339-4348.

[52] Splichal K，Burda J，Zmitko M. Fracture toughness of the hydrogen charged EUROFER97 RAFM steel at room temperature and 120℃[J]. Journal of Nuclear Materials，2009，392（1）：125-132.

[53] 左禹，张树霞. 1Cr18Ni9Ti 不锈钢在硫化氢水溶液中的台阶状应力腐蚀破裂[J]. 北京化工学院学报，1994，21（4）：58.

[54] 黄雪松. H_2S 和 CO_2 分压及 Cl^-浓度对 L360QCS 钢腐蚀行为的影响[J]. 腐蚀与防护，2012，33（6）：460-462.

[55] Qiao L J，Chu W Y，Miao X Y. Critical hydrogen concentration for HIC of 321 strainless steel[J]. Corrosion，1996，52：275.

[56] Qiao L J，Mao X. Thermodynamic analysis on the role of hydrogen in anodic stress corrosion cracking[J]. Acta Metall Mater，1995，43（11）：4001.

[57] Xue H B，Cheng Y F. Photo-electrochemical studies of the local dissolution of a hydrogen-charged X80 steel at crack-tip in a near-neutral pH solution[J]. Electrochimica Acta，2010，55（20）：5670-5676.

[58] Tsai S Y，Shih H C. A statistical failure distribution and life-time assessment of the HSLA steel plates in H_2S containing environments[J]. Corrosion Science，1996，38（5）：705.

[59] 孙敏，肖葵，董超芳，等. 300M 超高强度钢电化学性能及应力腐蚀开裂[J]. 北京科技大学学报，2012，34（10）：1160-1164.

[60] 郑玉贵，姚治铭，柯伟.冲刷腐蚀的研究近况[J].材料科学与工程学报，1992，(3)：21-26，41.

[61] 代真，沈士明.液固两相流中金属冲刷腐蚀的研究[J].四川化工，2006，9（4)：30-33，43.

[62] 刘国宇，鲍崇高，张安峰.不锈钢与碳钢的液固两相流冲刷腐蚀磨损研究[J].材料工程，2004，(11)：37-40.

[63] 张安峰，邢建东，高义民.试验参数变化对材料冲刷腐蚀性能的影响[J].铸造，2000，49（1)：691-693，697.

[64] Hu X，Neville A. The electrochemical response of stainless steels in liquid-solid impingement[J]. Wear，2005，258（1-4)：641-648.

[65] Mori G，Haberl J，Feyerl J，et al. Breakaway velocities of materials for oil and gas production in high velocity multiphase flow[C]. In：Corrosion 2007，NACE international，Nashville，Tennessee，2007，07108.

[66] 刘志德，谷坛，唐永帆，等.高酸性气田地面集输管线电化学腐蚀研究[J]. 石油与天然气化工，2007，36（1)：55-58.

[67] Stack M M，Purandare Y，Hovsepian P. Impact angle effects on the erosion-corrosion of superlative CrN/NbN PVD coatings[J]. Surface and Coatings Technology，2004，188-189：556-565.

[68] Tang X，Xu L Y，Cheng Y F. Electrochemical corrosion behavior of X65 steel in the simulated oil-sand slurry.II：Synergism of erosion and corrosion[J]. Corrosion Science，2008，50（5)：1469-1474.

第 2 章 油气田腐蚀评价与防护方法

2.1 引 言[1，2]

油气田的腐蚀问题是制约油气田开发的一个关键因素。由于油气田腐蚀环境的多样性和复杂性，油气田环境腐蚀主要影响因素及其作用机理的认识非常重要，是建立相应腐蚀评价与防护方法的基础。CO_2和 H_2S 共存的腐蚀速率受到诸多因素的影响，主要包括温度、CO_2分压、流速及流型、pH、腐蚀产物膜，Cl^-、H_2S 和 O_2 含量，各种金属材料中含合金元素的种类和含量，介质中砂粒的腐蚀等。因此，在分析油气田环境腐蚀的情况时，应该充分考虑环境中各种腐蚀介质的影响，以便对油气田腐蚀有全面的认识，制定出切实可行的油气田防护技术措施，降低 CO_2 和 H_2S 腐蚀的影响，确保油气田的高效安全生产。

在上述复杂条件下，什么是油气田环境腐蚀的主导因素，应遵循什么规则对其相关设备进行防腐设计，这些问题在国内外都还没有统一的认识，在选材研究方面也没有现成的试验标准和方法，导致腐蚀问题日益突出，成为潜在的安全事故隐患。因此，对油气田腐蚀而言，前期如何有效地进行腐蚀类型预测，中期如何有效地减少腐蚀行为的发生，后期如何有效地降低油气田腐蚀造成的损失，进一步加强油气田腐蚀的评价与防护方法研究是目前亟待解决的问题。

2.2 油气田腐蚀评价方法

2.2.1 CO_2腐蚀[3~13]

CO_2 的腐蚀过程是一种错综复杂的电化学过程，是油气生产中遇到的最普遍的一种侵蚀形式，它会导致非常高的腐蚀速率和严重的局部腐蚀，特别是在使用碳钢和低碳钢的场合。油田采出水中 CO_2 的来源主要来自几个方面：含 CO_2 的地层流体；采用 CO_2 混相驱油技术提高原油采收率而向地层注入的 CO_2；钻井过程中的补水进气；采出水中碳酸氢根离子减压、升温分解。当石油、天然气被开采时，CO_2 会作为伴生气同时产出。在油气生产系统中的温度下，干 CO_2 本身不具有腐蚀性，但当其溶于水时，它可以在部分金属和与其接触的水之间产生电化学反应。有研究表明，在相同的 pH 条件下 CO_2 对钢铁的腐蚀比盐酸还严重。

油气田环境中 CO_2 腐蚀评价指标见表 2-1。

表 2-1　CO_2 腐蚀评价指标

NACE	API	是否存在腐蚀现象	腐蚀速率
＜2.07×10^2 Pa	＜4.83×10^2 Pa	没有腐蚀存在	＜0.1mm/a
2.07×10^2～20.68×10^2 Pa	4.83×10^2～20.68×10^2 Pa	存在少许腐蚀现象	0.1～1mm/a
＞20.68×10^2 Pa	＞20.68×10^2 Pa	存在腐蚀	＞1mm/a

无 H_2S 气井（sweet well）等条件下，影响钢的 CO_2 腐蚀特性的因素很多，可从环境因素、物理因素和材料因素三方面来考虑，具体包括材料、CO_2 分压、温度、pH、流速、钢铁表面膜和载荷等，可导致钢的多种腐蚀破坏、高的腐蚀速率、严重的局部腐蚀、穿孔，甚至发生应力腐蚀开裂等。其腐蚀影响因素内容和关系如图 2-1 所示。

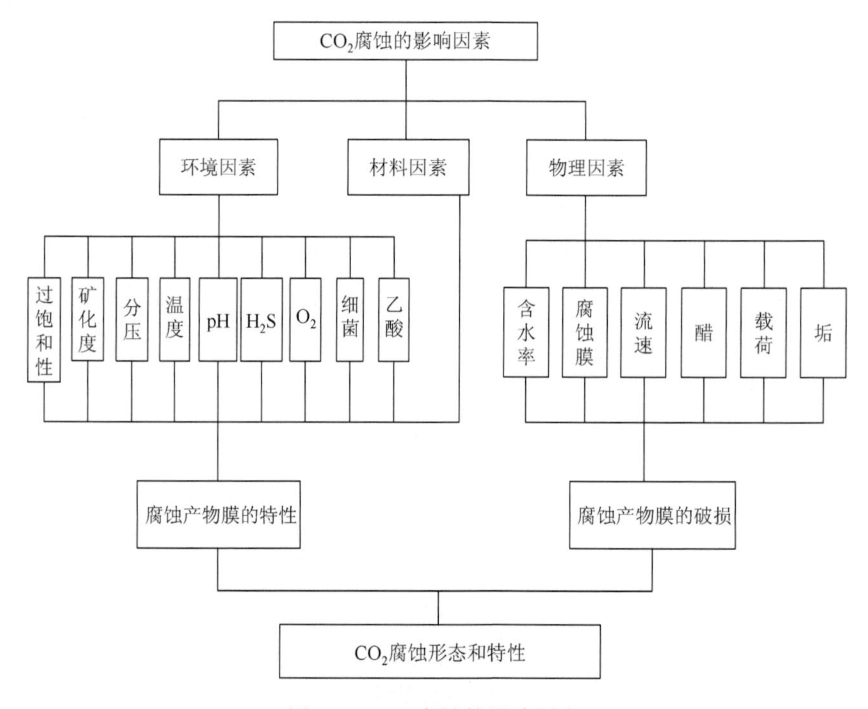

图 2-1　CO_2 腐蚀的影响因素

1. 环境因素

1）过饱和性的影响

介质成分的过饱和度在保护性腐蚀层的形成及稳定中起着主要的作用。在弱酸环境中，难溶盐类可对腐蚀速率的降低起重要作用。由于难溶盐 AB 溶液中存在着以下平衡反应：

$$AB = A^+ + B^- \tag{2-1}$$

高度饱和的阴阳离子会导致腐蚀产物的沉积，进而通过形成“扩散屏障”、高密度保护层等来降低腐蚀速率。总之，腐蚀产物层的沉积速率及保护性都依赖于过饱和度，因而过饱和度的任何变化都能影响腐蚀的严重程度。

2）CO_2 分压的影响

在影响 CO_2 腐蚀的各个因素中，CO_2 分压起着决定性的作用。CO_2 对管材 CR 的影响在很大程度上取决于 CO_2 在水溶液中的溶解度，即 CO_2 在系统中的分压，因为 CO_2 是在溶于水后，才会对钢铁产生腐蚀。由表 2-2 可见，随着压力的增大，CO_2 在水中的溶解度增大。CO_2 的这种特性决定了在井下条件下，随着井深的增加，其在水中的溶解度及 CO_2 分压会有所差异。

表 2-2　CO_2 在水中的溶解度（cm^3/g 水）

压强	温度/℃				
$P\times10^{-5}$/1.013Pa	0	25	50	75	100
1	1.79	0.75	0.43	0.307	0.231
10	15.92	7.14	4.095	2.99	2.28
25	29.3	16.2	9.71	6.82	5.37
50	—	—	17.25	12.59	10.18
75	—	—	22.53	17.04	14.92
100	—	—	25.63	20.61	17.67
125	—	—	22.67	—	—
150	—	—	27.64	24.58	22.73
200	—	—	29.14	26.66	25.69
300	—	—	31.34	29.51	29.53
400	—	—	33.29	31.88	32.39
600	—	—	36.73	—	—
700	—	—	38.34	37.59	33.85

故一般可把 P_{CO_2} 视为 CO_2 腐蚀的预测判据：①当 P_{CO_2}＜0.02MPa 时，没有腐蚀；②当 P_{CO_2}=0.02～0.2MPa 时，发生腐蚀；③当 P_{CO_2}＞0.2MPa 时，严重腐蚀。

在温度低于 60℃时，de Waard-Milliams 方程可能是公认的评价低合金钢抗 CO_2 腐蚀能力的最早方法：

$$\lg v = 0.671 \lg P_{CO_2} + C \tag{2-2}$$

式中，v 为腐蚀速率；P_{CO_2} 为 CO_2 分压；C 为与温度有关的常数。

后来 de Waard 等利用油田现场得到的数据建立了更切合实际的恶劣情况下的腐蚀速率计算公式：

$$\lg v = 5.8 - 1710 / T + 0.671 \lg P_{CO_2} \tag{2-3}$$

式中，T 为温度。由式（2-2）和式（2-3）可以看出，CO_2 的腐蚀速率和 CO_2 分压之间存在指数关系。目前，虽然对发生腐蚀时 CO_2 分压的大小有一定的分歧，其主要原因在于试验条件及试验场合不同。由上述公式可知，温度一定时，CO_2 气体的分压越大，材料的腐蚀速率越大。CO_2 腐蚀的阴极过程以氢的去极化过程为主。当 CO_2 分压高时，由于溶解的碳酸浓度高，从碳酸中分解的氢离子浓度必然高，因而腐蚀被加速。

3）温度的影响

温度是 CO_2 腐蚀的重要影响因素，一方面，温度影响介质中 CO_2 的溶解度，且介质中的 CO_2 浓度随温度升高而减小，同时温度影响着腐蚀过程中阳极和阴极的反应速率，而且会影响物质的传输速率以及溶液的 pH；另一方面，温度对腐蚀速率的影响在很大程度上体现在对化学反应和保护膜生成的影响上，且钢种和环境介质状态参数的差异可导致不同的温度规律。研究表明，根据温度对腐蚀的影响，腐蚀特征见表 2-3。

表 2-3　不同温度下碳钢的 CO_2 腐蚀特征

温度范围	产物膜特征	是否存在腐蚀现象
＜60℃	少量松软且不致密的 $FeCO_3$	腐蚀主要为均匀腐蚀
60～110℃	具有一定保护性的腐蚀产物膜	局部腐蚀较突出
110～150℃	厚而松的 $FeCO_3$ 粗结晶	均匀腐蚀的速率较高，局部腐蚀严重，一般为深坑
＞150℃	细致、紧密、附着力强的 $FeCO_3$ 和 Fe_3O_4 膜	腐蚀基本被阻止

碳钢的 CO_2 腐蚀特征随温度变化情况复杂，主要因为 $FeCO_3$ 的溶解度随温度的升高而降低，导致腐蚀产物层逐渐从疏松到致密，从而在一定的温度范围内有一个腐蚀速率过渡区，出现一个腐蚀速率极大值，此后腐蚀速率下降。碳钢的腐蚀速率和保护膜的厚度成反比，比例系数就是腐蚀反应进行时膜的渗透率。

4）pH 的影响

溶液的 pH 在碳钢腐蚀中起着重要的作用，它导致铁溶解的电化学反应并控制着与 Fe^{2+} 扩散现象有关的保护性附着物沉淀。腐蚀速率随着 pH 的降低而增大，在 pH 低于 3.8 时就会更大，因为随着体系 pH 的变化，溶液中 Fe^{2+}的浓度就会发生变化，进而影响金属表面的腐蚀产物膜。pH 较低，膜中的 Fe^{2+}趋向于溶解，因此腐蚀产物膜就不易于形成，使金属遭到更严重的腐蚀。

一方面，CO_2 在水溶液中形成弱酸 H_2CO_3，使溶液中的 pH 下降。在碳钢表面的 H^+还原后，H_2CO_3 的电离平衡向右进行，解离形成 H^+，H_2CO_3 这种对溶液的缓冲作用使得碳钢反应界面的 pH 接近溶液的 pH，因此 CO_2 水溶液总酸度比强酸大。另一方面，吸附在碳钢表面的 H_2CO_3 可以直接参与阴极还原，因此其腐蚀性比强酸还要严重。

pH 之所以对 CO_2 腐蚀过程有很大的影响，主要是因为 pH 能直接影响采出液中 H_2CO_3 的存在形式。在酸性条件下，管道腐蚀特别严重，pH 对管道 CO_2 腐蚀的影响体现在：一是高 pH 引起无机离子结垢沉淀，进而导致局部腐蚀和穿孔；二是低 pH 导致氢离子浓度大，促进腐蚀速率加快，这是由于管道在酸性介质中的腐蚀主要是由发生以氢离子为去极化剂的电化学反应引起的。

5）H_2S 的影响

H_2S、CO_2 在油气开采中总相伴存在，H_2S 对 CO_2 腐蚀的影响具有双重作用，在低浓度时，由于 H_2S 可以直接参与阴极反应，导致腐蚀加剧；高浓度时，一方面 H_2S 可以导致形成 FeS 膜而减缓腐蚀过程，另一方面 H_2S 对 Cr 钢的抗蚀性具有很大的破坏性，从而引起局部腐蚀，导致氢鼓泡、硫化物应力腐蚀开裂（SSCC）；H_2S 和 CO_2 共存引起应力腐蚀开裂（SCC）。

用 P_{CO_2}/P_{H_2S} 可以判定腐蚀事故是由 H_2S 造成的酸性应力腐蚀还是由 CO_2 引起的“甜性”坑蚀。当 $P_{CO_2}/P_{H_2S}>500$ 时为 CO_2 腐蚀；当 $P_{CO_2}/P_{H_2S}<500$ 时为 H_2S 腐蚀。

6）O_2 的影响

研究表明，O_2 与 CO_2 在水中共存时会加剧腐蚀程度，O_2 在 CO_2 腐蚀的催化机理中起重要的作用。当钢铁表面还没有生成保护膜时，O_2 含量的增加使碳钢腐蚀速率增大；如果钢铁表面已经生成保护膜，则 O_2 的存在几乎不影响碳钢的腐蚀速率。在饱和的 O_2 溶液中，CO_2 的存在会极大程度地提高腐蚀速率，此时 CO_2 在腐蚀中起催化作用。

O_2 对 CO_2 腐蚀的影响主要是基于以下几方面的原因。

（1）起去极化剂的作用，氧气的去极化还原电极电位高于氢离子去极化的还原电位，因此相对来说，氧气更容易发生去极化还原反应。

（2）在 pH＞4 的前提下，体系的 Fe^{2+}与氧气结合被氧化成 Fe^{3+}，然后再与由氧气去极化作用生成的 OH^-反应生产 $Fe(OH)_3$ 沉淀或者 Fe^{3+}发生水解反应，具体反应如下：

$$4Fe^{2+} + 3O_2 + 6H_2O \longrightarrow 4Fe(OH)_3\downarrow \quad (2\text{-}4)$$

$$或\ Fe^{3+} + 3H_2O \rightleftharpoons Fe(OH)_3\downarrow + 3H^+ \quad (2\text{-}5)$$

若 Fe^{2+}氧化成 Fe^{3+}的速率大于 Fe^{2+}的消耗速率就会加快腐蚀过程的进行，同时 Fe^{3+}的水解反应导致溶液 pH 下降，即 $Fe(OH)_3$沉淀的出现可能引发金属表面局部腐蚀的发生。

（3）O_2 的存在容易诱发金属表面点蚀过程的发生，如对 Cr 钢的孔蚀影响较大。

7）微生物的影响

按照细菌生长发育过程中对氧气的要求，一般可以分为好氧菌和厌氧菌两类，好氧菌主要包括硫氧化菌、铁细菌和一些形成黏液的异氧菌，其中铁细菌最为常见，有的自养，有的兼性自养，在中性环境下生长。自养型靠氧化水中亚铁成高铁获得能量，同时固化 CO_2，从而促进 Fe 的腐蚀。好氧菌的腐蚀作用主要分为两种：一种是新陈代谢形成的酸引起腐蚀；另一种是造成氧浓差电池引起腐蚀。厌氧菌目前主要关注的是硫酸盐还原菌，它是世界上发现最早的腐蚀性的微生物。在油气田环境中 SRB 受到重视的原因是其可以导致 H_2S 腐蚀环境。

8）乙酸（HAc）的影响

HAc 在体系中的作用主要是通过降低膜的保护性并且增加对全面腐蚀的灵敏度，因为 HAc 的存在能破坏形成于全面腐蚀中具有保护性的腐蚀产物。在较低的 CO_2 分压下，CO_2 腐蚀将会消失；但在特定条件下，能被“HAc 腐蚀”所取代。在微量 HAc 存在时，大部分铁表面的腐蚀层不是 $FeCO_3$，而是溶解性更大的乙酸铁。

2. 物理因素

1）采出液含水率的影响

由于 CO_2 腐蚀只有在水浸润了钢铁表面后才会发生，其腐蚀的严重程度取决于水浸润钢铁表面的时间和程度，因而，油井产出液中油水比是影响腐蚀速率的一个重要因素。CO_2 在水对钢铁表面的浸润作用下，溶解并生成弱酸离解的碳酸，碳酸侵蚀钢材形成有保护作用的 $FeCO_3$ 薄膜而使钢材形成麻坑。并且水在产出液不同的存在形式会导致腐蚀速率发生巨大变化，水在产出液中的存在形式主要有“油包水”和“水包油”。这两种形式又与井筒中流体的流速密切相关，一般而言，当水的体积分数达到 30%～40%甚至以上时，油包水会转化成水包油的形式，腐蚀速率发生剧变。

原油含水率的高低与 CO_2 腐蚀的作用如表 2-4 所示。

表 2-4　CO_2 腐蚀与原油含水率关系表

原油含水率	CO_2 腐蚀情况
＜30%	腐蚀倾向较小
＞40%	腐蚀比较严重

因此，原油中 30%的含水率可以作为油水混合液体是否发生二氧化碳腐蚀的一个重要判据。

2）腐蚀膜特性的影响

腐蚀膜特性对二氧化碳腐蚀的影响可以从以下三方面来考虑：腐蚀产物膜的微观结构、腐蚀产物膜的力学特性和腐蚀产物膜的传质特性。

CO_2 腐蚀过程中金属表面的主要腐蚀产物膜一般可分为初始膜和二次膜，其成分主要是碳化铁和碳酸亚铁。碳化铁是腐蚀过程发生选择性腐蚀后还未被腐蚀的金属“骨架”，其特征表现为疏松、大晶粒、与金属基体的附着力强、无保护性。但碳化铁和金属基体一样是电的良导体，因而在碳化铁表面可像在金属表面那样发生同样的阴极反应。而碳酸亚铁的作用本质是溶液中 Fe^{2+}超过溶液极限而以 $FeCO_3$ 的形式沉淀下来，碳酸亚铁附着在碳化铁上，表现为小晶粒，较为致密，有保护性，但与碳化铁的附着力差。

油套管钢遭受 CO_2 腐蚀后，为了表面使金属基体免遭进一步的腐蚀破坏，一般会形成一层具有一定保护性的腐蚀产物膜，但在高温高压的恶劣环境体系作用下，腐蚀产物膜在受到结束基体的变形作用，不同状态的流动流体剪切作用和固体颗粒的冲击作用三种力学-化学作用的综合影响下，腐蚀产物膜容易发生破裂，从而发生严重的局部腐蚀过程。

大量研究表明腐蚀产物膜能够阻止溶液中的物质向金属表面的扩散以及腐蚀产物向溶液中扩散，即阻止了物质的传递过程。腐蚀膜较厚且具有细致、紧密、附着力强的性质时，它就能够有效地阻止物质的扩散，相反，若腐蚀膜松软且黏附性较差，则会引发严重的局部腐蚀。但其传质特性一般受孔隙度、腐蚀产物膜的厚度两者的影响。

3）流速的影响

高流速增大了腐蚀介质到达金属表面的传质速率，增加了 CO_2 与钢材表面的接触机会，提高了腐蚀速率；同时，高流速会对形成的腐蚀膜产生强烈的冲刷甚至冲刷掉已形成的腐蚀膜而进一步增大腐蚀的程度。实际经验和实验研究都发现流速 v 对钢的腐蚀有重要影响，流速增大，使 HCO_3^-、H^+等去极化剂更快地扩散到电极表面，使阴极去极化增强；同时腐蚀产生的 Fe^{2+}迅速离开金属表面，使腐蚀速率增大。

流动的气体或液体除了使设备承受一定的冲刷力、促进腐蚀反应的物质交换外，还将抑制致密保护膜的形成，影响缓蚀剂作用的发挥，尤其是在材料内壁已不光滑的情况下，局部的流速可能远远高于整体流速，而且还可能出现紊流，破坏已形成的保护膜，使腐蚀速率增大。

研究表明：流速的提高并不都带来负面影响，高流速作用下可以促进可钝化金属的钝化过程，从而提高耐腐蚀性。张忠铧等通过对 C90、2Cr、L80 等钢的研究发现，C90 和 2Cr 钢均有一个取决于钢级和腐蚀产物性质的临界流速，高于此流速，腐蚀速率不再变化；而 L80 钢随流速的提高，点蚀速率降低，其作用机理主要与腐蚀产物和 Fe_3O_4 的形成有关。高流速影响 Fe^{2+} 的溶解动力学和 $FeCO_3$ 形核，形成一个虽薄但更具保护性的薄膜，因此，提高流速反而使腐蚀速率降低。

4）蜡的影响

蜡在油管中的存在对 CO_2 腐蚀过程可能形成加重腐蚀或者减缓腐蚀两个方面的影响，其对腐蚀过程的影响倾向取决于蜡层的性质，并受流体力学性质、温度及其他物理因素的影响。据美国收集到的弱酸油管中的数据，在厌氧弱酸环境中，蜡层沉积在碳钢基层而引起严重腐蚀，其作用过程主要是 CO_2 通过蜡层扩散而形成较大的阴极区，因而提高了钢在蜡层不连续处的阳极溶解。

一般情况下，蜡能提供一定程度的保护，但可靠性不大。

5）载荷的影响

载荷将大大增加碳钢在 CO_2 溶液中的腐蚀失重，并且连续载荷比间断载荷引起的腐蚀更严重，同时载荷作用可能引起管道应力腐蚀开裂过程的发生。

6）结垢的影响

在油气生产过程中，地下储层、地面油气集输设备、管线内均有可能形成无机盐垢，尤其是在含有 CO_2 的油气井中，如果含有 Ca^{2+} 时，就会形成大量的 $CaCO_3$ 垢。沉积在钢铁表面的垢不仅会引起垢层下面严重的局部腐蚀，而且还会使垢层覆盖部分和裸露部分的金属形成电偶，产生电偶腐蚀。

3. 材料因素

油气田所采用的油套管多为碳钢和低合金钢，其抗 CO_2 腐蚀性能较低，在碳钢中加入少量 Cr、Mo 等合金元素可显著提高油管的抗 CO_2 腐蚀性能。Cr 会在腐蚀产物膜中富集，形成 Cr 的氧化物或氢氧化物，其可以阻止离子的传输过程。目前国内外对 13Cr 钢研究较多，特别是日本在这方面已经做了大量工作，开发了具有优良的抗 CO_2 腐蚀的 13Cr 系不锈钢，13Cr 钢通常应用于腐蚀条件苛刻的环境，其抗 CO_2 腐蚀能力较优，但抗 H_2S 性能较差、有些情况下几乎与碳钢相当。Ni 的加入通常能提高高合金钢材的耐 CO_2 腐蚀性能。

材料的显微组织对 CO_2 腐蚀有重要的影响。在温度低于 80℃时，含 Cr 较高的贝氏体和马氏体钢的腐蚀速率很低，含 Cr 较低的铁素体-珠光体钢的腐蚀速率较大。热处理对碳钢和低合金钢腐蚀有较大影响，合适的淬火-回火处理能够同时兼具材料机械性能与耐蚀性。

2.2.2　H_2S 腐蚀[14~17]

对于油气田体系是否存在 H_2S 腐蚀，可将 H_2S 分压大小和体系的 pH 两方面作为有效的判据。

（1）当硫化氢分压 P_{H_2S} ＞0.05psi（1psi=6.894 76×10^3Pa）时，必须考虑 H_2S 腐蚀；反之可以不作为主要考虑因素，但在常温和低温时（低于 35℃）应予以足够重视。

（2）当体系的 pH≤6.5，且 C_{H_2S} ≥250mL/m^3，也必须考虑 H_2S 腐蚀。

影响 H_2S 腐蚀的因素很多，如介质的浓度、pH、温度、电位、表面膜、暴露时间、Cl^-浓度、CO_2 等，这些因素并非独立作用，而是协同、复合作用。其腐蚀影响因素内容和关系如图 2-2 所示。

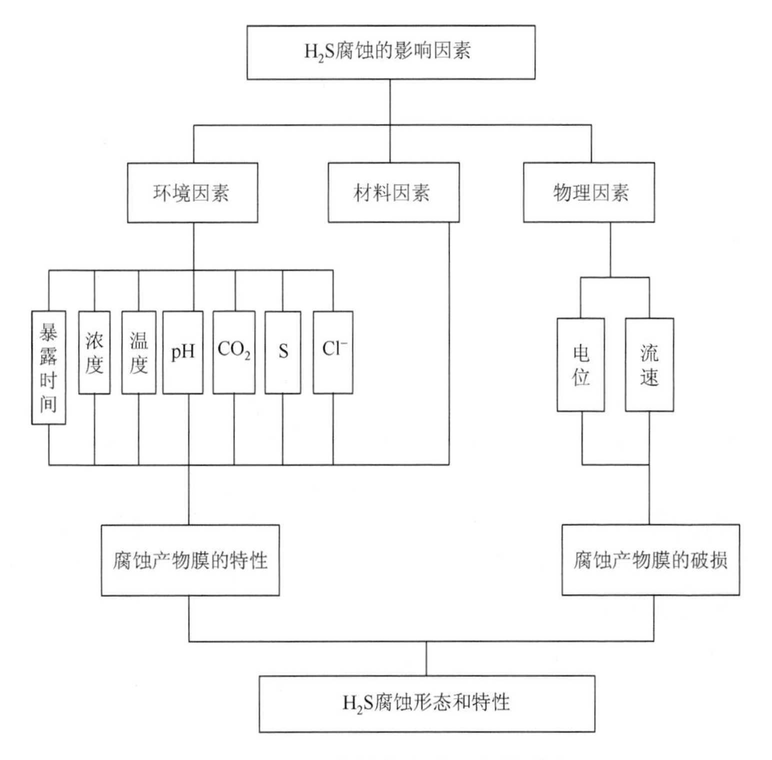

图 2-2　H_2S 腐蚀的影响因素关系图

1. 环境因素

1）浓度的影响

H_2S 环境下金属材料的腐蚀速率并不一定随其浓度的增加而增大，一般情况下，较高的硫化氢浓度或分压，会导致较高的均匀腐蚀速率。在酸性介质中，H_2S 对阳极铁的溶解和阴极氢的析出，具有强烈的应力腐蚀作用。随着 H_2S 浓度的增加，SSCC 的临界应力降低。

2）pH 的影响

介质的 pH 对石油管道 H_2S 腐蚀影响很大。由于 H_2S 是二元酸，当溶液呈酸性时，由于溶液中的 H^+较多，表现为氢的去极化作用的酸性腐蚀，SSCC 特别敏感；当溶液呈碱性时，HS^-为主要存在形式，表现为较高的局部腐蚀趋势，SSCC 敏感性大幅减弱。

H_2S 水溶液的 pH 为 6.5 是一个临界值。当值小于 6 时，钢的腐蚀速率高；溶液呈中性时，均匀腐蚀速率最低；溶液呈碱性时，均匀腐蚀速率比中性高，但低于酸性情况。SSCC 的情况大致与均匀腐蚀的近似。

3）温度的影响

温度是 H_2S 腐蚀的关键影响因素。温度每升高 10℃，电化学腐蚀速率加快 2～4 倍。但随着温度的升高，H_2S 在水中的溶解度降低，而氢的扩散速率加快。因此，温度对 H_2S 腐蚀的影响呈复杂规律。特别是在 H_2S-CO_2 体系下规律将更为复杂，必须具体问题具体分析。

对于油气田环境是否存在 H_2S 腐蚀，也可根据体系温度来加以判别，即 T 低于 35℃时，硫化氢腐蚀敏感性最大；当 $T>35$℃时，随温度升高，硫化氢腐蚀敏感性下降；但当 65℃$<T<$120℃时，硫化氢对腐蚀的影响较弱，甚至会存在减缓腐蚀的情况。

4）Cl^-的影响

石油管道中有 Cl^-存在时，Cl^-与 H_2S 协同作用，会加剧 H_2S 腐蚀。其主要机理是溶液中的 Cl^-可弱化金属与腐蚀产物间的作用力，阻止有附着力的硫化物生成，从而破坏金属表面膜，增加腐蚀产物层中的缺陷密度或传质通道密度。但由于 Cl^-吸附能力强，能够大量吸附在金属表面，从而取代了吸附在金属表面的 H_2S、HS^-，因此当 Cl^-浓度高时，金属腐蚀可能反而减缓。另外，若腐蚀产物存在孔洞及裂纹，则 Cl^-可渗透到腐蚀产物的下面，引起缝隙腐蚀和点蚀，形成涂层下低 pH 环境，促进 SSCC 的发生。

5）硫的影响

存在 H_2S 腐蚀的环境中，还应该关注单质硫的影响。单质硫往往比硫化氢腐蚀性更强，容易引起管线钢发生局部腐蚀。因此在 H_2S 环境下，单质硫参与腐蚀过程主要通过以下两种原因。

（1）高浓度硫化氢分解和硫化物被氧化性介质（如氧气）氧化，释放出单质硫或 SO_2：

$$H_2S \rightleftharpoons H_2\uparrow + S\downarrow \tag{2-6}$$

$$4FeS + 3O_2 \rightleftharpoons 2Fe_2O_3 + 4S \tag{2-7}$$

$$\text{或}\ 3FeS + 5O_2 \rightleftharpoons Fe_3O_4 + 3SO_2 \tag{2-8}$$

（2）S 或其氧化物与钢反应导致腐蚀：

$$S + Fe \rightleftharpoons FeS \tag{2-9}$$

$$SO_2 + H_2O \longrightarrow H_2SO_3,\quad 2H_2SO_3 + O_2 \longrightarrow 2H_2SO_4 \tag{2-10}$$

6）暴露时间的影响

由于硫化物产物膜会逐渐沉积在碳钢的表面，具有减缓腐蚀的作用，在 H_2S 介质中，碳钢初始腐蚀速率较高，但随着时间的延长，其腐蚀速率下降并趋于稳定。但对于 SSCC 和点蚀等局部腐蚀，随着时间的延长，裂纹和点蚀会逐渐孕育和长大，其腐蚀风险可能会随之提高。

2. 物理因素

1）电位的影响

在 H_2S 介质中，电化学极化会影响材料的断裂过程。在中性及碱性介质中，碳钢或不锈钢的钝化性能得到加强，腐蚀主要以局部腐蚀为主；采用阳极极化可能会促进点蚀和裂纹萌生，缩短腐蚀失效的时间；若采用阴极极化则可能有效减缓局部腐蚀发生，但阴极电位过低时则会破坏钝化膜的完整性而促进腐蚀。在酸性体系下，SSCC 和 HIC 的敏感性很高，阴极极化会加速断裂进程；但适当的阴极极化会提高腐蚀产物层下的 pH，从而可能减缓 SSCC 和 HIC。因此，采用外加电位保护时应具体问题具体分析，不能一概而论。

2）流速的影响

在较低流速下，碳钢和低合金钢在含 H_2S 流体中的腐蚀速率通常随着时间的增加而逐渐下降。如果流体流速较高或处于湍流状态时，由于钢铁表面上的硫化铁腐蚀产物膜受到流体的冲刷而被破坏或黏附不牢固，钢铁将一直以初始的高速腐蚀，从而使管线很快受到腐蚀破坏。因此，在石油管道输送中，要控制流速的上限，把冲刷腐蚀降到最小。同时，一定的流速会促进传质过程进而加剧阴极析氢过程或局部阳极溶解过程，从而提高局部腐蚀特别是 SSCC 的敏感性。

3. 材料因素

MnS 夹杂物是引起湿 H_2S 腐蚀的主要因素，另外，钢的化学成分、金相组织、强度和硬度与硫化氢应力腐蚀破裂也有密切关系。SSCC 在不同强度级别的管道钢中均可发生，通常强度和硬度越高，SSCC 敏感性越高。钢中碳含量越低，钢对 SSCC 的敏感性越低。SSCC 受其 S 和 P 含量的影响很大，因而对于某些恶劣操作工况下，甚至对于材料在冶炼时所采用的脱硫和脱磷方法都有要求，以便降低夹杂物和晶界偏析对 SSCC 的不利影响。

不同的金相组织对应力腐蚀敏感性不同，可通过热处理来改善容器对应力腐蚀的敏感性。在同样强度和热处理条件下，不同金相组织的抗 SSCC 性能随组织变化规律大致如下：淬火+回火组织＞正火+回火组织＞正火组织＞淬火未回火马氏体组织。

2.2.3　冲刷腐蚀[18~23]

冲刷腐蚀（冲蚀）是指流体冲击到材料表面造成材料损失的一种现象，油气田环境中冲刷腐蚀情况比较普遍。冲刷腐蚀影响因素内容关系如图 2-3 所示。

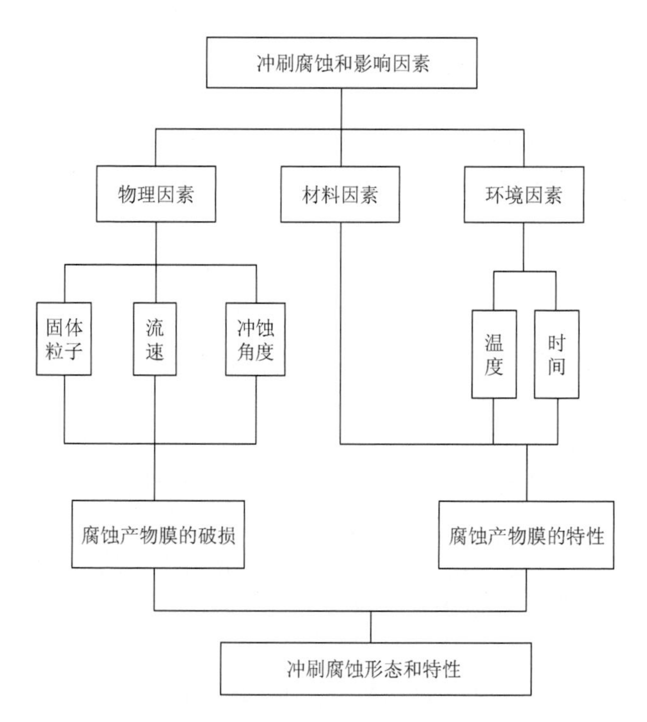

图 2-3　冲刷腐蚀的影响因素关系图

1. 环境因素

1）温度的影响

一般情况下，材料及其表面氧化膜（腐蚀产物膜）的断裂韧性、屈服强度和硬度都会随温度上升而下降，但各性能出现的温度区间不同，导致耐冲蚀磨损的性能随温度的变化而出现复杂规律。例如，当温度升至 400℃时，304 不锈钢表面形成氧化膜，氧化膜中的高硬度氧化物如 Cr_2O_3 阻止了高速磨粒对基体的损伤，冲蚀磨损率下降；随着温度的进一步升高，氧化膜破碎，基体失去保护，其冲蚀磨损速率又逐步增大。

2）时间的影响

塑性材料随着时间的增加冲蚀磨损速率会呈稳步上升趋势，不存在孕育期。而脆性材料冲蚀会存在一个孕育期，在这段时间内，材料内部固有的微裂纹不断长大，直到发生断裂，此时孕育期结束。之后材料以“微裂纹长大—断裂”的循环方式损耗。载荷的大小决定着脆性材料孕育期的长短。

2. 物理因素

1）流速的影响

介质的流动会产生质量传递效应和表面切应力效应，因此流体流速在冲刷腐蚀过程中起着重要作用。对于不具有钝化特性的金属，特别是中性条件下，氧的存在将会加速阳极金属的溶解。因此，随着流速的提高，O_2、CO_2、H_2S 等腐蚀剂与金属表面充分地接触，促进腐蚀，在悬浮固相颗粒作用下，切应力矩作用增强，将腐蚀产物不断从金属表面剥离，并且在金属基体上产生划痕，使腐蚀加剧。因此，不具有钝化特性的金属冲蚀失重率随着流速的增加而增大。

材料发生冲刷腐蚀会存在一个临界流速。当粒子冲击速率未达到这个临界速率时，材料损失很小；当超过临界速率时，则可用下式表达冲刷腐蚀速率与粒子速率的关系：

$$v_{EC} = KV^n \tag{2-11}$$

式中，v_{EC} 为冲刷腐蚀速率；V 为粒子冲击速率；K 和 n 为常数。随着材料从塑性到脆性的转变，n 值从 2.1 变到 6.5，并且随着攻角的增大，n 值稍有增加。

2）攻角的影响

攻角的作用随流体的性质和材料性状的不同而不同。气-固两相冲蚀体系中，延性材料的最大冲蚀速率发生在攻角为 20°～30°处，而脆性材料的最大冲蚀速率则出现在接近 90°处。液-固两相冲蚀条件下，延性材料的冲蚀速率随攻角变化较为复杂。例如，在低速条件下（≤20m/s），最大冲蚀速率发生在 90°处；而在高速条件下（>30m/s），冲蚀速率在 30°～60°和 90°冲刷处最大。

3）固体粒子的影响

粒子形状对材料的冲蚀率有一定的影响，一般情况下，多角粒子造成的冲蚀失重量远大于球状粒子，多角粒子比球状圆滑粒子的冲蚀破坏能力要强。粒子与材料表面硬度的相对大小对材料冲蚀行为有重要影响。在较低粒子浓度下随着粒子浓度的增加，材料受到的切削和冲击频率相应增大，粒子之间的相互作用较少，材料的失重速率会增大。但当粒子浓度进一步增加时，颗粒之间的相互碰撞概率增加，在一定程度上会减轻其对材料的冲蚀。

粒度对材料冲蚀行为有着重要的影响。对于塑性材料，在一定粒度范围内冲蚀率随粒度增加而上升，当粒度达到临界值时，介质的裹挟能力降低，冲蚀速率趋于稳定。不同的材料及冲蚀条件会得出不同的临界值。脆性材料冲蚀率随粒度增加不断上升，不存在临界值。

3. 材料因素

金属塑性材料的损失一般是由微切削机理造成的；而对于陶瓷类等脆性表面工艺，局部脆性断裂是主要冲蚀机理。脆性材料在高角度、冲击动能较大的情况下，由于粒子的冲击或剪切破碎作用而表现出严重的冲蚀；只有在低冲击角度下或磨粒粒径相当小时，脆性材料的冲蚀速率才有可能比塑性材料的冲蚀速率低。

塑性材料的硬度并不是其抗冲蚀性能的决定因素，其弹性模量与抗冲蚀性能有着直接的关系。材料组织结构的改变对于弹性模量的影响不大，但可通过热处理等工艺调整碳化物或硬质二次相粒子的密度以及分布形式，可对其抗冲蚀性能有一定的影响。此外，材料的抗冲蚀性能可以通过合金化或材料复合等手段进行优化。目前，采用硬质微颗粒与塑性材料复合的耐冲蚀材料应用较为广泛。

2.3 腐蚀预测模型

2.3.1 CO_2 腐蚀预测模型[24～35]

CO_2 腐蚀是石油工业中常见的腐蚀类型，其有近百年的研究历史。在石油、天然气的开采和运输过程中，CO_2 腐蚀是油气田生产中管材腐蚀失效的主要原因。

干 CO_2 本身不具有腐蚀性，但当其溶于水中后，在相同的 pH 条件下它对钢铁的腐蚀比盐酸更严重。随着油气田开发进入中后期，深层高压 CO_2 油气田的开发，油气中的 CO_2 含量和含水率上升，CO_2 驱油与封存采油工艺（enhanced oil recovery，EOR）被广泛应用，CO_2 腐蚀问题更趋严重。

在设计生产设备和输送管线时，如何正确预测材料在高温高压 CO_2 多相流介质中的腐蚀安全性对选材和腐蚀裕量设计极其重要。由 2.2.1 节可知，影响 CO_2 腐蚀的因素较多，目前已建立的腐蚀评价模型众多，由于不同模型基于的机理和考虑的影响因素不同，其预测结果相差很大。因此，为了提高预测准确性，CO_2 腐蚀模型要综合考虑各种因素的影响。图 2-4 列出了 CO_2 腐蚀设计中需要考虑的影响因素。

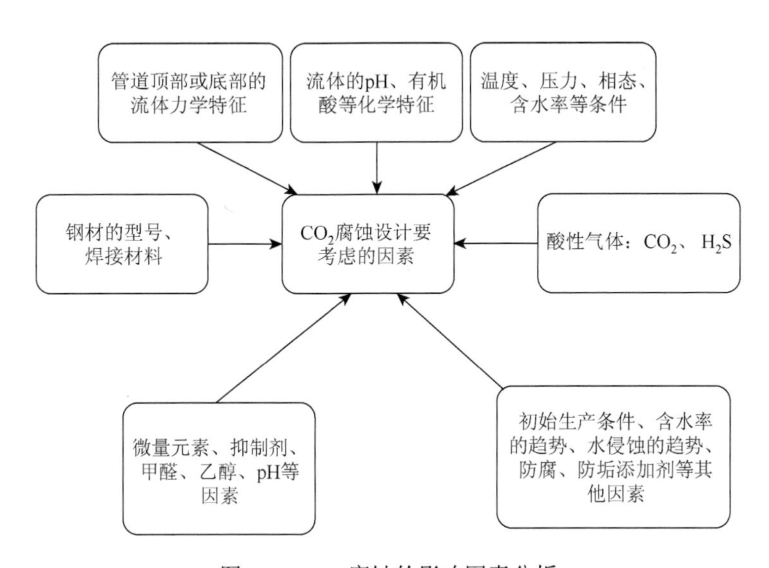

图 2-4　CO_2 腐蚀的影响因素分析

目前，国际上关于 CO_2 腐蚀速率预测模型主要可分为三类，即经验型预测模型、半经验型预测模型和机理型预测模型。

1. 经验型预测模型

经验型预测模型是以实验室数据和现场数据为依据总结出来的预测模型。经验模型主要是根据实验室和现场腐蚀试验数据建立起来的预测模型，对腐蚀过程化学、电化学反应的热力学和动力学、介质的传输过程等机理考虑较少，这类模型一般比较简洁，与现场的试验数据吻合较好。

最为著名的是挪威 Norsok M506 模型。该模型是根据实验室数据和温现场数据而建立的。该模型着重考虑了腐蚀产物膜（$FeCO_3$）的保护作用以及 pH 的作用，其在 100～150℃预测结果比 de Waard 模型更接近实际腐蚀速率。该模型腐蚀速率的表达式为

$$V_{corr}=K_t \times f_{CO_2}^{0.62} \times \left(\frac{s}{19}\right)^{0.146+0.0324\lg f_{co_2} \times f_{(pH)_t}} \text{(mm/ a)} \tag{2-12}$$

式中，V_{corr} 是腐蚀速率（mm/a）；K_t 是与温度和腐蚀产物膜相关的常数；s 是管壁切应力（Pa）；f_{CO_2} 是 CO_2 的逸度（bar）（1bar=10^5Pa）；$f_{(pH)t}$ 是溶液 pH 对腐蚀速率的影响因子。

Norsok 模型适用于预测材料的均匀腐蚀速率，对点蚀、台地状腐蚀等局部腐蚀的预测准确性较差。另外，该模型对流体的流形、流态考虑较少，因此对多相流条件下的腐蚀适用性差。

俄亥俄大学研究学者在研究了多相流腐蚀的基础上建立了水平段塞流条件下 CO_2 腐蚀速率预测的经验模型，应用也较广。其腐蚀速率的计算公式为

$$V_{CO_2} = 31.15 C_{crude} C_{freq} (\frac{\Delta p}{L})^{0.3} \upsilon^{0.6} P_{CO_2}{}^{0.8} T \exp(\frac{-2671}{T}) \tag{2-13}$$

式中，C_{crude} 是原油影响因子；C_{freq} 是段塞频率影响因子；$\Delta p/L$ 是段塞混合区的压力梯度（Pa/m）；υ 是含水率（%）；T 是温度（K）。

该模型中包含 pH、水和油层高度的参数项。腐蚀速率的预测分为形成和没有形成腐蚀产物膜两种情况，更多地考虑腐蚀产物膜和油浸润性的影响，对介质中的 pH 影响比较敏感，当 pH 大于 5 时，预测腐蚀速率偏低。模型中对温度的影响考虑不足，认为腐蚀产物膜受温度的影响较少。

2. 半经验型预测模型

半经验型预测模型是目前应用较多的一种预测模型，是根据腐蚀过程的化学、电化学反应的热力学和动力学过程以及介质的传输过程，建立相关的动力学模型，确立腐蚀速率的影响因素，然后利用实验室数据以及现场数据确定各因素的影响因子。该类模型每添加一个因素需要引进新的修正因子，而且各个因素的修正因子可能产生交互作用，影响预测的准确性，因此这类模型一般来说需要长期的现场数据校准。

这类模型中以 Shell 公司的 de Waard 模型应用最为广泛。1975 年，de Waard 和 Milliams 根据腐蚀失重实验数据建立了 CO_2 腐蚀速率的预测模型（DWM 模型），其表达式为

$$\lg V_{corr}=7.96-\frac{2320}{t+273}-5.55\times10^{-3}t+0.6711\lg P_{CO_2} \tag{2-14}$$

式中，V_{corr}是腐蚀速率（mm/a）；t是温度（℃）；P_{CO_2}是CO_2分压（bar）。

该模型只考虑了温度和CO_2分压的影响，模型比较简单。在CO_2腐蚀中，高的温度和 pH 下会形成具有保护作用的腐蚀产物膜，模型中没有考虑腐蚀产物膜的保护作用，因此其预测结果偏离实际腐蚀速率较大，是一种比较保守的预测模型。20 世纪 90 年代以来 de Waard 对 DWM 模型进行了系列改进，以提高其适用性。

在 de Waard 模型的基础上发展了一系列的半经验预测模型，如 BP 公司的 Cassandra 模型、Interech 公司的 ECE 模型和 Inter-Corr International 公司的 Predict 模型等，供读者参考。

3. 机理型预测模型

机理型预测模型主要是从CO_2腐蚀的微观机理出发，结合材料表面的化学、电化学反应，离子在材料与溶液界面处的传质过程，以及离子在腐蚀产物膜中扩散与迁移过程等建立的预测模型。这类模型利用经典的动力学公式求解腐蚀速率，其物理意义比较明确，容易修正预测模型中的缺陷。此处主要涉及 Nesic 模型、Pot 模型、Wang 模型和 Jepson 模型。

Nesic 模型是根据CO_2腐蚀过程反应的动力学所建立的，其主要考虑了阴极反应包括H^+、H_2CO_3、H_2O、O_2的还原和阳极 Fe 的溶解过程以及 pH、温度、流速等因素对阴极和阳极反应的影响，对CO_2腐蚀机理进行了深入的剖析，其预测结果接近于 de Waard 模型。

后来，该模型又综合考虑了材料表面的化学、电化学反应以及离子在多孔腐蚀产物膜中的扩散过程和双电层中离子的电迁移过程，进行了改进，建立了有腐蚀产物膜覆盖条件下的机理模型。该模型有利于对腐蚀过程中材料表面复杂过程的深入认识，除了能够预测腐蚀速率以外，还可以预测介质中的离子浓度和流速的大小。

Pot、Wang 和 Jepson 三种预测模型主要针对水平多相段塞流介质中材料表面的化学、电化学反应、材料表面与溶液界面之间的物质传输过程所建立的。其中，Wang 模型没有考虑腐蚀产物膜的保护作用，其预测值容易偏高。Pot 模型则忽略了段塞混合区湍流所产生的空泡破坏作用，其预测腐蚀速率偏低。Jepson 模型引入了经验值参数，其结果与试验结果比较吻合。

上述模型均没有考虑管道或结构中应力水平对腐蚀速率的影响。一般在不发生应力腐蚀的前提下，材料腐蚀速率会随局部拉应力水平的提高而增大。本书作者研究组基于CO_2-H_2S环境下材料腐蚀演化的连续性原理，综合考虑了材料性质、应力水平、介质成分、温度、压力、分压、油水比变化、pH、时间等影响因素，建立了全寿命周期的腐蚀机理模型。该模型适用于油气田材料服役寿命的评估和预测。详见第 7 章。

2.3.2 H_2S 腐蚀预测模型[36, 37]

对于 CO_2 腐蚀的预测模型，有比较多的研究，而对于 H_2S 腐蚀的预测模型的研究却相对较少。

由于实际工况下，H_2S 一般与 CO_2 共存，所以一般采用叠加模型来研究 H_2S 的腐蚀。即针对每一种腐蚀气体建立相对应的预测模型，叠加得出只有一种气体占主导的腐蚀速率预测模型。基于此叠加理论，以 H_2S 作为主要因素，CO_2 作为影响因素，H_2S 腐蚀速率模型可以表达如下：

$$\ln V_{CO_2} = K\ln P_{CO_2} + (K + A)\ln P_{H_2S} + B(\ln P_{H_2S})^2 + C \tag{2-15}$$

式中，K、A、B、C 为系数；V_{CO_2} 为腐蚀速率（mm/a）；P_{CO_2} 为 CO_2 分压（MPa）；P_{H_2S} 为 H_2S 分压（MPa）。

上述评估模型只针对均匀腐蚀，对于 SSCC 目前尚无有效的预测模型。一般通过强化试验（如 NACE TM0177 中规定的方法）来甄别材料的抗 SSCC 和 HIC 的性能，并综合成本和抗开裂性能进行选材。但是，通过强化试验选材仅仅能降低发生 SSCC 的风险，而不能完全避免。

2.3.3 H_2S-CO_2 腐蚀预测模型[38~52]

由 1.2.3 节可知，CO_2 和 H_2S 的分压比（P_{CO_2}/P_{H_2S}）可以用于粗略界定 CO_2 和 H_2S 共存条件下的腐蚀主导因素。因为这两种气体共同参与腐蚀反应的阴极过程，二者之间既存在交互作用又存在竞争关系。P_{CO_2}/P_{H_2S} 是一种表征这种交互作用和竞争关系的较为合理的参数。在具体条件下考虑一种主要作用的气体影响时，同时将另一种气体作为影响因素来考虑，采用叠加原理并引入一个由激活能控制的修正因子，最后叠加得到总的腐蚀速率模型。关于分压比的分界限有多种观点，如 1.2.3 节所述，这里 P_{CO_2}/P_{H_2S} 分别以 500 和 20 为限来分类建模。

1. CO_2 腐蚀为主

当以 CO_2 腐蚀为主时（P_{CO_2}/P_{H_2S} ＞500），主要考虑 CO_2 对腐蚀速率的影响。当温度一定时，一般 CO_2 气体分压越大，材料的腐蚀速率越快。de Waard 预测模型和 B. Mishra 预测模型都认为，CO_2 为主的情况下腐蚀速率随 P_{CO_2} 的增大呈幂函数关系增大，且幂指数的值为 0.67，即

$$\ln V_{CO_2} = C + 0.67\ln P_{CO_2} \tag{2-16}$$

式中，C 为待定常数。

显然，在不含 H_2S 的 CO_2 单相气体溶液中，式（2-16）是成立的，即 $\ln P_{CO_2}$ 的系数为 0.67。当体系中含有 H_2S 时，该线性关系仍然成立，但 $\ln P_{CO_2}$ 的系数不再是 0.67，需要用 H_2S 分压来修正。由此得到：

$$\ln V_{CO_2} = C + 0.67[1-\exp(-E_a / P_{H_2S})]\ln P_{CO_2} \tag{2-17}$$

式中，$[1-\exp(-E_a/P_{H_2S})]$为修正因子；E_a 为 FeS 膜的平均激活能。

当 P_{H_2S} 接近 0 时，该因子为 1，$\ln P_{CO_2}$ 的系数为 0.67，当 P_{H_2S} 增大到 $P_{CO_2}/P_{H_2S} <$ 20 时，即 H_2S 腐蚀占主导地位时，该修正因子几乎减小到 0，腐蚀由 H_2S 腐蚀控制。

2. H_2S 腐蚀为主

H_2S 为主的腐蚀预测模型见 2.3.2 节。

3. H_2S-CO_2 协同腐蚀

根据叠加原理，将式（2-15）和式（2-17）所示的两个分模型叠加，可得 H_2S-CO_2 共存环境中腐蚀速率与 H_2S 和 CO_2 分压的关系模型，即

$$\ln V_{H_2S/CO_2} = (K_1 + A_1)\ln P_{CO_2} + B_1\ln P_{H_2S} + X(\ln P_{H_2S})^2 + C_1 \tag{2-18}$$

式中，K_1、A_1、B_1、C_1 和 X 是待定常数，其中，K_1 是修正因子 $0.67[1-\exp(-E_a/P_{H_2S})]$。

由上式可知，在 H_2S-CO_2 共存环境中，腐蚀速率随着 CO_2 分压 P_{CO_2} 的增大而增大，随着 H_2S 分压 P_{H_2S} 的增大呈抛物线规律，这与试验数据是吻合的。

同前，需要指出的是上述模型适用于均匀腐蚀的评价，对点蚀和 SSCC 预测无成熟模型，需要试验评价。

2.4　油气田腐蚀防护[53~55]

油气田腐蚀情况很复杂，没有通用的防护措施。其防护技术选择根据油管腐蚀的具体特点和各种防护技术特点综合考虑。正确选材并合理设计，对降低油气田设备腐蚀事故发生具有决定性意义。正确选材是在适度考虑设备和结构成本的前提下，必须依据现场工况条件的极值及其变化规律进行选材，并在采购和建造

过程中对材质进行抽样腐蚀测试。抽样腐蚀试验测试非常重要，能够有效保证材质的可靠性。腐蚀测试可以分为两种情况，一是根据现行国家或国际主流标准规范进行选材，采用以材料防腐为主的策略；二是注重成本控制，采用材料为辅、工艺防腐为主的策略，此时要进行充分的材料腐蚀行为规律及防腐工艺有效性的系统研究。

通过合理设计管道设备的结构，选择适用的制造工艺及防腐工艺可避免许多导致腐蚀破坏的因素，从而实现控制腐蚀的目的。而且，须在管道建设和服役运行期间加强防腐蚀管理，以减少甚至避免一些不必要的甚至恶性的腐蚀破坏事故。

选用耐蚀合金是可靠性最高的防腐措施。低端的耐蚀材料有超纯净细晶调质钢（如 L80 钢）、3Cr、5Cr 系耐 CO_2 腐蚀用钢，中等耐蚀合金有超级 13Cr 不锈钢等，较为优良的耐蚀材料有双相不锈钢、高 Ni 不锈钢等，高等级耐蚀材料有镍基合金及其复合材料、甚至钛材。对于国内的很多低产油田来说，选用耐蚀材料一次性投入太大。

缓蚀剂是一种经济合理的防护方法，但是缓蚀剂的普适性有很大限制，在油田的复杂腐蚀环境中，适用一个工况的防腐药剂，在另一个工况下就未必适用。缓蚀剂对于防控全面腐蚀的效果较好，对防控局部腐蚀的效果有限，使用不当甚至可能促进局部腐蚀。同时，虽然使用缓蚀剂的一次性投入不高，但需要长期加药，累计成本较高。此外，采购缓蚀剂必须要保证其来源和质量控制。

电化学防护方法对于大范围的野外管线防护较为经济，但是储罐在管道内腐蚀方面难以应用；对于深井的保护效果也不佳，尤其对深度在 1000m 以上的油气井。同时，电化学防护一般需要专人设计，要有专门人员维护。

涂镀层技术具有防护效果好，经济性佳，工艺简单，适应性强的优点。但对于管道、特别是油井管内腐蚀的防护方面，尚缺乏成熟可靠的涂镀层技术。

参 考 文 献

[1] 方军锋，路民旭. 油气田腐蚀的特点及防治对策[J]. 防腐蚀工程，1995，11（1）：27.

[2] Kermani M B，Smith L M. CO_2 Corrosion Control in Oil and Gas Production：Design Considerations[M]. London：The Institute of Materials，1997：1.

[3] de Waard C，Milliams D E. Carbonic acid corrosion of steel[J]. Corrosion. 1975，31（5）：177.

[4] 孙丽，李长俊，彭善碧，等. CO_2 腐蚀影响因素研究[J]. 管道技术与设备，2008，（6）：35.

[5] 周琦，王建刚，周毅. 二氧化碳的腐蚀规律及研究进展[J]. 甘肃科学学报，2005，17（1）：37.

[6] 周琦，徐鸿麟，周毅，等. 二氧化碳腐蚀研究进展[J]. 兰州理工大学学报，2004，30（6）：30.

[7] 朱景龙，孙成，王佳，等. CO_2 腐蚀及控制研究进展[J]. 腐蚀科学与防护技术，2007，19（5）：350.

[8] 李春福，王斌，张颖，等. 油气田开发中 CO_2 腐蚀研究进展[J]. 西南石油学院报，2004，26（2）：42.

[9] 张学元，王凤平，陈卓元. 油气开发中二氧化碳腐蚀的研究现状和趋势[J]. 油田化学，1997，14（4）：190.

[10] Crolet J L，Thevenot N，Dugstad A. Role of Free Acetic Acid on the CO_2 Corrosion of Steels[A]. NACE Corrosion

2004[C]. Houston：NACE International，1999：24.

[11] 张忠烨，郭金宝. CO_2对油气管材的腐蚀规律及国内外研究进展[J]. 宝钢技术，2000，(4)：54.

[12] Castillom，Rinconh，Duplats，et al. Protection Properties of Crude Oils in CO_2 and H_2S Corrosion[A]. NACE. Corrosion2000[C]. Houston：NACE International，2000：5.

[13] 张学元，王凤平，陈卓元. 油气开发中二氧化碳腐蚀的研究现状和趋势[J]. 油田化学，1997，14(4)：190.

[14] 白真权，李鹤林，刘道新，等. 模拟油田H_2S-CO_2环境中N80钢的腐蚀及影响因素研究[J]. 材料保护，2003，36(4)：32.

[15] 油气田腐蚀与防护技术手册编委会. 油气田腐蚀与防护技术手册（下）[M]. 北京：石油工业出版社，1999：471.

[16] 郑华均，张康达. 应力在16MnR钢饱和硫化氢溶液应力腐蚀体系中的作用[J]. 浙江工业大学学报，2001，(4)：360.

[17] 杨怀玉，曹楚南. H_2S水溶液中的腐蚀与缓蚀作用机理的研究（2）：碳钢在碱性H_2S溶液中的阳极钝化及钝化膜破裂[J]. 中国腐蚀与防护学报，2000，(2)：8.

[18] 毛志远，黄兰珍，涂江平，等. WC-Co硬质合金冲蚀磨损行为及机理研究[J]. 浙江大学学报，1993，1(27)：61.

[19] 陈川辉，李庆棠，张林进，等. 不锈钢材高温冲蚀磨损性能与机理[J]. 材料保护，2012，7(45)：15.

[20] 李浩. 冲蚀磨损理论及影响因素[J]. 轻工科技，2015，(2)：31.

[21] 章磊，毛志远，黄兰珍. 钢的冲蚀磨损与机械性能的关系及其磨损机理的研究[J]. 浙江大学学报，1991，2(25)：188.

[22] 李建庄，孙德顺，余畅，等. 几种材料的固体粒冲蚀磨损性能[J]. 金属热处理，2013，11(38)：37.

[23] 潘牧，罗志平. 材料的冲蚀问题[J]. 材料科学与工程，1999，3(17)：92.

[24] 张国安，陈长风，路民旭，等. 油气田中CO_2腐蚀的预测模型[J]. 中国腐蚀与防护学报，2005，25(2)：119.

[25] Norsk. CO_2 Corrosion Rate Calculation Model[S]. Norsok Standard No. M-506.

[26] Olsen S. CO_2 corrosion prediction by use of the Norsok M-506 model-guideline and limitations[A]. Corrosion/03[C]. Houston，TX：NACE，2003：623.

[27] Jepson W P，Stitzel S，Kang C，et al. Model for sweet corrosion in horizontal multiphase slug flow[A]. Corrosion 1997[C]. Houston，TX：NACE，1997：11.

[28] Gartland P O. Choosing the right positions for corrosion monitoring on oil and gas pipelines[A]. Corrosion 1998[C]. Houston，TX：NACE，1998：83.

[29] Gartland P O，Salomonsen J E. A pipeline integrity management strategy based on multiphase fluid flow and corrosion modeling[A]. Corrosion 1999[C]. Houston，TX：NACE，1999：622.

[30] Gartland P O，Johnsen R. Application of internal corrosion modeling in the risk assessment of pipeline[A]. Corrosion 2003[C]. Houston，TX：NACE，2003：179.

[31] de Waard C，Milliams D E. Carbonic acid corrosion of steel[J]. Corrosion，1975，31(5)：177.

[32] de Waard C，Lotz U，Milliams D E. Predictive model for CO_2 corrosion engineering in wet natural gas pipelines[J]. Corrosion，1991，47(12)：976.

[33] de Waard C，Lotz U. Prediction of CO_2 corrosion of carbon steel[A]. Corrosion 1993[C]. Houston，TX：NACE，1993：69.

[34] de Waard C，Lotz U，Dugstad A. Influence of liquid flow velocity on CO_2 corrosion：a semi-empirical model[A]. Corrosion 1995[C]. Houston，TX：NACE，1995：128.

[35] de Waard C，Corcon，Aerdenhout，et al. The influence of crude oils on well tubing corrosion rates[A]. Corrosion 2003[C]. Houston，TX：NACE，2003：629.

[36] Hedges B，Paisley D，Woollam R. The corrosion inhibitor availability model[A]. Corrosion 1999 [C]. Houston TX：NACE，1999：34.

[37] de Waard C，Smith L，Bartlett P，et al. Modelling corrosion rates in oil production tubing[A]. Eurocorr 2001[C]. Milano，Italy：Associazione Italiana di Matallurgia，2001：254.

[38] Srinivasan S，Kane R D. Prediction of corrosivity of H_2S-CO_2 production environments[A]. Corrosion 1996[C]. Houston，TX：NACE，1996：11.

[39] Sangita K A，Srinivasan S. An analytical model to experimentally emulate flow effects in multiphase H_2S-CO_2 systems[A]. Corrosion 2000[C]. Houston，TX：NACE，2000：58.

[40] Srinivasan S，Kane R D. Critical issues in the application and evaluation of a corrosion prediction model for oil and gas systems[A]. Corrosion 2003[C]. Houston，TX：NACE，2003：640.

[41] Nesic S，Postlethwaite J，Olsen S. An electrochemical model for prediction of corrosion of mild steel in aqueous carbon dioxide solutions[J]. Corrosion，1996，52（4）：280.

[42] Dugstad A，Lunde L，Videm K. Parametric study of CO_2 corrosion of carbon steel[A]. Corrosion 1994[C]. Houston，TX：NACE，1994：14.

[43] Nesic S，Nordsveen M，Nyborg R，et al. A mechanistic model for CO_2 corrosion with protective iron carbonate films[A]. Corrosion 2001[C]. Houston，TX：NACE，2001：40.

[44] Nesic S，Lee KL J，Ruzic V. A mechanistic model of iron carbonate film growth and the effect on CO_2 corrosion of mild steel[A]. Corrosion 2002[C]. Houston，TX：NACE，2002：237.

[45] Wang S H，Nesic S. On coupling CO_2 corrosion and multiphase flow models[A]. Corrosion 2003[C]. Houston TX：NACE，2003：631.

[46] Nordsveen M，Nesic S，Nyborg R，et al. A mechanistic model for corrosion dioxide corrosion of mild steel in the presence of protective iron carbonate films-part 1：theory and verification[J]. Corrosion，2003，59（3）：616.

[47] Nesic S，Nordsveen M，Ryborg，et al. A mechanistic model for corrosion dioxide corrosion of mild steel in the presence of protective iron carbonate films-part 2：a numerical experiment[J]. Corrosion，2003，59（5）：489.

[48] Nesic S，Lee K-L J. A mechanistic model for corrosion dioxide corrosion of mild steel in the presence of protective iron carbonate films-part 3：film growth model[J]. Corrosion，2003，59（5）：443.

[49] Wang H W，Cai J Y，Jepson W P. CO_2 corrosion mechanistic modeling and prediction in horizontal slug flow[A]. Corrosion 2002[C]. Houston，TX：NACE，2002：238.

[50] Pot B F M. Mechanistic models for the prediction of CO_2 corrosion rates under multiphase flow conditions [A]. Corrosion 1995[C]. Houston，TX：NACE，1995：137.

[51] Nyborg R，Andersson P，Nordsveen M. Implementation of CO_2 corrosion models in a three-phase fluid flow model [A]. Corrosion 2000[C]. Houston，TX：NACE，2000：48.

[52] Gutzeit J. Corrosion of steel by sulfice and cyanides in refinery condensate water[J]. Materials Protection，1968，（12）：17.

[53] 李晓源，文九巴，李全安. 油气田井下油管的防护技术[J]. 腐蚀科学与防护技术，2003，15（5）：272.

[54] Mishra B，A1-Hassan S，Olson D L，et a1. Development of a predictive model for activation controlled corrosion of steel in solutions containing carbon dioxide[J]. Corrosion，1997，53（11）：852.

[55] 徐滨士，张伟. 热喷涂的应用与发展[J]. 中国表面工程，2000，（12）：3.

第 3 章　CO_2注入井环空环境应力腐蚀规律研究

3.1　引　　言

环空环境下油管的腐蚀非常复杂，腐蚀环境随生产状况、气藏不同、开采方式和井身设计以及井深而变化。对于采油井来说，油管外壁所处的环空腐蚀环境为高温、高压环境，且含有水、H_2S、CO_2、Cl^-等多种腐蚀性介质，其中温度和压力不仅随气藏和生产情况而变化，而且与地下的井深有关；注入井环空环境是一种含有 H_2S、CO_2、Cl^-等多种腐蚀性介质的低温、高压环境，由于注入 CO_2 和高矿化度的地层水分别通过油管和套管向环空内的泄漏，会在环空环境中形成 H_2S、CO_2、Cl^-等多种介质共存的酸性腐蚀环境，并且注入 CO_2 或水会在井下一定深度产生低温环境，增加了油套管的 SSCC 敏感性。

对于油气开采工业，CO_2 注入技术不仅可以减少 CO_2 的排放量，而且能够提高油气的采收率，因而逐渐得到推广。然而 CO_2 的注入又给油气设备带来了新的腐蚀问题。一般情况下，注入 CO_2 会导致在井下一定深度产生低温环境（30℃以下、CO_2 注入时会产生 10℃以下的低温），低温增加了油管钢发生应力腐蚀或氢脆的风险；而且注入 CO_2 还会促进厌氧型硫酸盐还原菌（SRB）的代谢产物转化为 H_2S，促使油管钢发生 SSCC；一旦大量 CO_2 渗入环空，会导致环空内 pH 大大降低，从而促进析氢过程，导致应力腐蚀敏感性增大。上述腐蚀机理如图 3-1 所示。

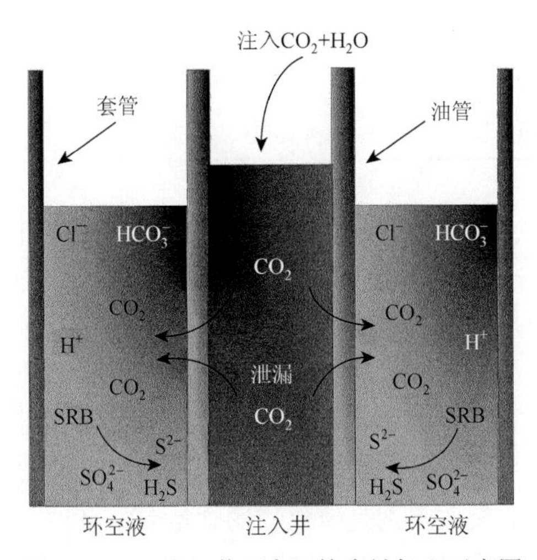

图 3-1　CO_2注入井环空环境腐蚀机理示意图

CO_2 注入井油管外壁腐蚀是一种独特的天然气井下腐蚀现象，此前人们对 CO_2 注入井环空环境特点尚缺乏基本的了解，对油管钢的失效行为及其影响因素缺乏系统的认识，相关的腐蚀防护技术和措施缺乏科学依据。因此，对 CO_2 注入井环空环境下油管钢失效案例进行全面的调研和分析具有理论和实际意义。

3.2 研究方法

3.2.1 水样分析

为了充分了解 P110 油管的服役环境，确定 CO_2 注入井环空环境下油管材料失效的敏感环境，表 3-1 对比了某油田 CO_2 注入井、同区域的采油井、注入水和环空液的水源井的水样分析结果。

表 3-1　水样分析结果

分析指标	注入水和环境液的水源井水样	采油井环空水样	CO_2 注入井环空水样
pH	7.95	7.61	6.15
硫化物（S^{2-}）/（mg/L）	0.02	0.16	5.51×10^3
SO_4^{2-} /（mg/L）	274	196	224
游离 CO_2/（mg/L）	＜10	14.4	1.34×10^3
HCO_3^- /（mg/L）	478	2.10×10^3	1.97×10^3
Cl^-/（mg/L）	274	9.51×10^3	3.94×10^3
TOC（总有机碳）/（mg/L）	258	210.8	956

从分析结果可见，注水井和采油井环空溶液均呈弱碱性，而发生失效的井的环空液呈弱酸性，且有较高浓度的游离 CO_2。这表明 CO_2 在注入过程中存在泄露并溶解入环空溶液中，导致了该井的环空液呈弱酸性。

水源井的各种溶质的浓度均相对较低，三种水样中的 SO_4^{2-} 的浓度相近。CO_2 注入井以及采油井环空液与水源井水相比，均含有较高浓度的 HCO_3^- 和 Cl^-、且浓度接近，这可能是由于环空液中渗入了高含盐的地层水。特别是，CO_2 注入井环空液与其余二井水样的最大差别是硫化物的含量非常高，CO_2 的含量也相对较高，而其余成分的差异很不明显。

3.2.2　模拟条件的制定

根据表 3-1 制定了 CO_2 注入井环空液的模拟溶液，其主要成分如表 3-2 所示。配制溶液时，先配制不含 Na_2S 的母液，用高纯 N_2 对母液除氧，然后再加入 Na_2S，密闭封存，以防止 Na_2S 的氧化。使用前调节相应 pH，以防止 H_2S 过多挥发。

表 3-2　CO_2 注入井环空水模拟溶液成分

成分与 pH	浓度（分压）与 pH
Na_2S/（g/L）	13.50[a]
Na_2SO_4/（g/L）	0.33
$NaHCO_3$/（g/L）	2.71
NaCl/（g/L）	6.15
缓蚀剂（送检方提供）/（g/L）	10.00
CO_2（分压）/（MPa）	4.00[b]
pH	4.0～9.0[c]

a. 考虑到实验室研究的加速作用，将 S^{2-}全部考虑为可溶性的硫化物盐。

b. 根据注入井环空工况分析 CO_2 分压应该接近其饱和蒸气压（约 4MPa）。

c. pH=4.0 是依据 CO_2 在环空环境下水解程度的热力学计算结果。

3.2.3　研究过程

SSCC 试验加载采用三点弯试样，试样夹具如图 3-2 所示。实验在高压釜中进行，采用高纯度氮气为高压釜增压。试验前，将试样编号、逐级打磨至 1000#、打磨方向平行于受力方向，然后按试验条件加载相应载荷，然后将试样表面依次用丙酮除油、去离子水清洗后吹干备用。试验时将试样夹具浸入溶液中，将试样放置到高压釜内的溶液中，然后密闭高压釜，然后依次通入 1MPa 高纯 N_2 并放出，再连续通入高纯 N_2 1h 置换出高压釜中的氧气，以消除溶液中的氧气对试验结果的影响。除氧后首先通入 H_2S，通过调节流量计控制通入 H_2S 的分压，持续通入约 15min，让 H_2S 充分溶解在溶液里；然后用高压 CO_2 和 N_2 依次为高压釜加压至所需的 CO_2 分压和总压。然后开始计时，试验开始。实验结束后，取出试样，用蒸馏水清洗干净，并用除锈液（按 500mL H_2O + 500mL HCl + 3～10g 六次甲基四胺的比例配制，现配现用、不可久置）在超声波辅助下去除试样表面的腐蚀产物，然后用大量去离子水反复冲洗试样，并用丙酮脱水后充分冷风吹干。然后利用扫描电子显微镜（SEM）观察试样表面腐蚀形貌。

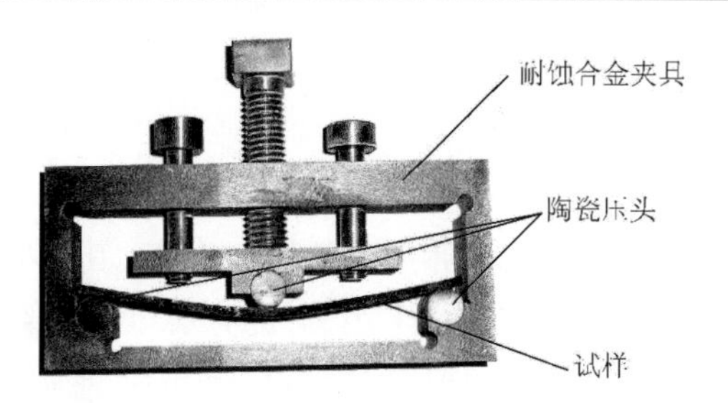

图 3-2　应力腐蚀实验的夹具及试样安装情况

电化学试样制备过程如下：首先将测试材料加工成 10mm×10mm×3mm 的方片，其背面焊接铜导线，然后用环氧树脂固封留出 10mm×10mm 工作面。电化学试验采用三电极体系，各钢试样为工作电极，Ag/AgCl 电极为参比电极，铂片为辅助电极。电化学实验的加压步骤同 SSCC 试验。采用 EC-LabVMP3 电化学工作站对试样进行电化学测试，在测试前先给试样施加−800mV（相对于参比电极 E_{SCE}）的电位除去表面的氧化膜，然后让其在溶液中自然成膜。在开路电位（E_{OCP}）保持 40min 至电极电位稳定（10min 内电位的变化小于 10mV），开始试验。极化曲线的扫描范围为−500～800mV（vs.OCP），扫描速率为 0.5mV/s。交流阻抗测试频率范围为 100kHz～10MHz，激励电位为 10mV。试验温度 25℃±2℃。

3.3　研 究 结 果

3.3.1　油管环空环境开裂特征

图 3-3 所示为某 CO_2 注入井中断裂井管的宏观形貌。经过失效分析确认与横向断口相连的纵向裂纹（图 3-3A 处）为裂纹源，其上端呈“Y”字形，从该处裂

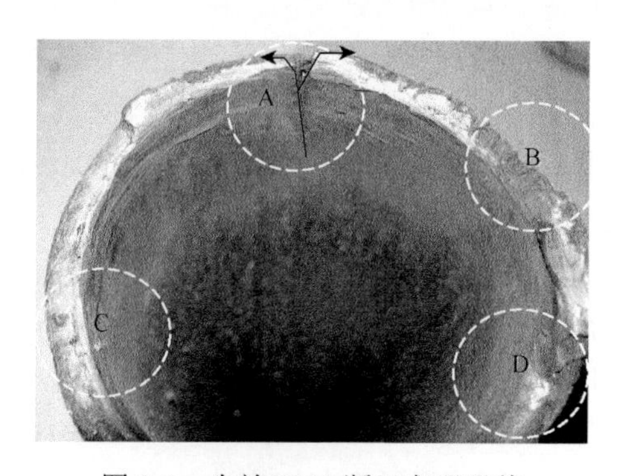

图 3-3　失效 P110 断口宏观形貌

纹横向扩展导致油管断裂。对管道表面形貌进行了微观形貌观察，在管壁外表面

发现了大量微裂纹，其中有 “Y” 形的裂纹（图 3-4），进一步证明上述推断的可能性，并表明裂纹由管道外部萌生导致了管道失效。

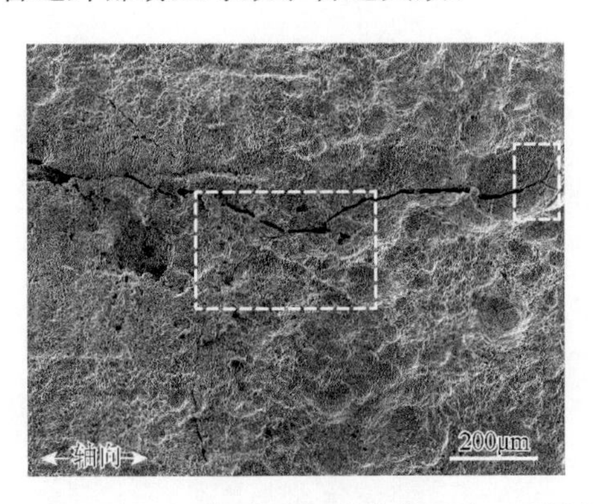

图 3-4　管壁外表面裂纹分叉现象的扫描电镜照片（见图中圈示区域）

图 3-5 是图 3-3 中 A 处纵向断面的局部放大形貌。A、B、C 三处分别为从油管内壁侧到外壁侧的不同位置，其对应的微观形貌分别如图 3-5（b）、（c）、（d）所示。可见图 3-5（a）中白虚线右侧区域呈现类似河流状花样的脆性解理特征，为裂纹扩展区；左侧区域为显示出明显的疲劳扩展特征。这表明裂纹初始阶段由管道外表面环境引发的应力腐蚀裂纹萌生及扩展，当扩展至白虚线左侧时由于有效管壁减薄，注入过程的波动载荷导致裂纹以腐蚀疲劳形式快速扩展而导致管道失效。

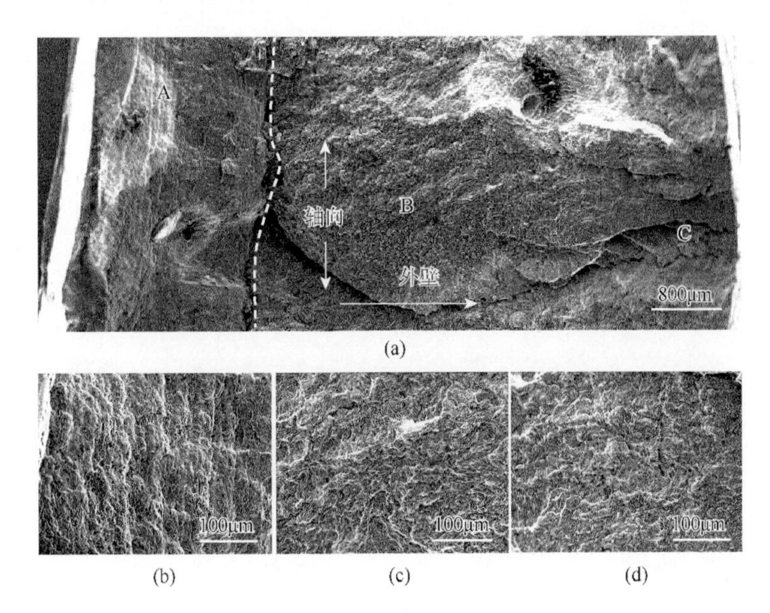

图 3-5　失效 P110 油管纵向断口局部形貌以及其上不同位置 A、B、C 的微观形貌[A、B、C 分别对应（b）、（c）、（d）]

对图 3-6 所示裂纹的尖端的腐蚀产物进行了 EDS 分析，可见裂纹尖端明显存在 S 和 Cl 元素。综合说明裂纹发展与 S 化合物有关。结合表 3-1 内容判断，油管失效原因为 SSCC。

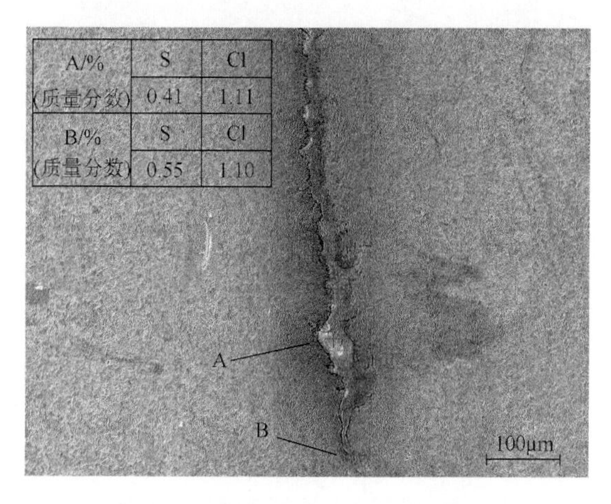

图 3-6 裂纹尖端腐蚀产物 EDS 分析

3.3.2 实验室模拟实验结果

1. 电化学结果

图 3-7 和图 3-8 分别是 P110 钢在不同总压下的电化学阻抗谱（EIS）和极化曲线。

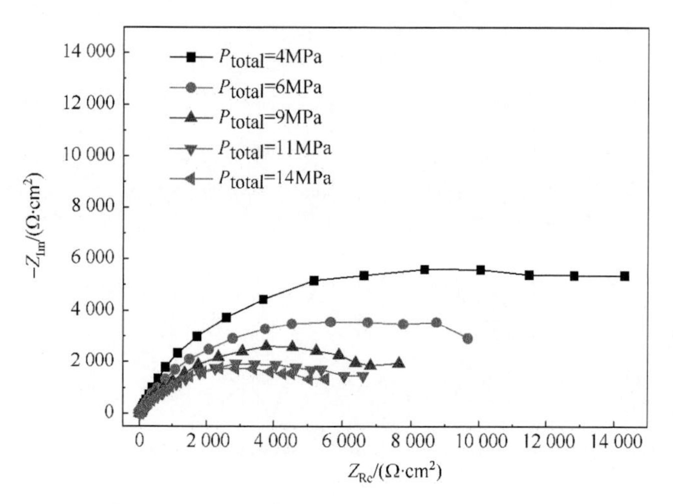

图 3-7 不同压力下 P110 钢的电化学阻抗谱

pH=4，P_{H_2S}=0.1MPa，1000ppm（1ppm=10^{-6}）缓蚀剂

可见，总压对P110钢在CO_2注入井环空电化学过程影响非常明显，由图3-7可见，随着总压增大，P110钢的EIS容抗弧半径逐渐减小，表明总压增大会降低油管钢的极化阻抗而导致耐蚀性逐渐降低。由图3-8的极化曲线可见，随总压增大，腐蚀电位呈逐渐降低的趋势，在由4MPa变为6MPa时尤为明显，腐蚀电流随压力的增大呈增大的趋势。

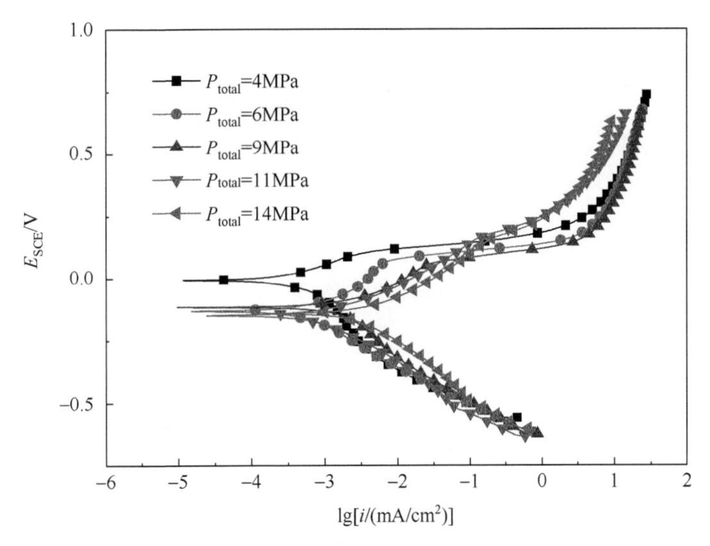

图3-8　不同压力下P110钢的极化曲线

pH=4，P_{H_2S}=0.1MPa，1000ppm缓蚀剂

图3-9是P110钢在P_{H_2S}=0.1MPa、P_{CO_2}=4.0MPa、不同pH条件下的极化曲线。可见，在不同pH下，pH对P110钢的阳极和阴极过程均有一定程度的影响。随着pH的升高，P110钢的自腐蚀电位先正移后负移；腐蚀电流密度先明显降低，而在pH=6和pH=9之间相差不大，但是pH=9时的腐蚀电位降低。这说明pH由酸性上升至近中性时，阴极析氢过程得到明显抑制，而pH进一步升高时腐蚀层产物膜更为致密能够在一定程度上阻碍溶液中的H_2S、HS^-、Cl^-进入基体表面，从而同时降低了腐蚀电流密度和阴极析氢电流密度。

图3-10与图3-9是相同条件下P110钢的EIS和等效电路图。由图3-10（a）可以看出，容抗弧的半径随着pH的升高明显增大，在pH=4较强酸性条件下P110钢的EIS的实部最小，酸性条件促进了基体的腐蚀；在pH=6及pH=9时的EIS反映的阻抗值明显增大，这与极化曲线结果相一致。等效电路中，R_s为溶液电阻；Q_f为腐蚀产物膜电容；CPE_{dl}为双电层电容，R_f为基体表面膜电阻，R_{ct}为界面电荷转移电阻。

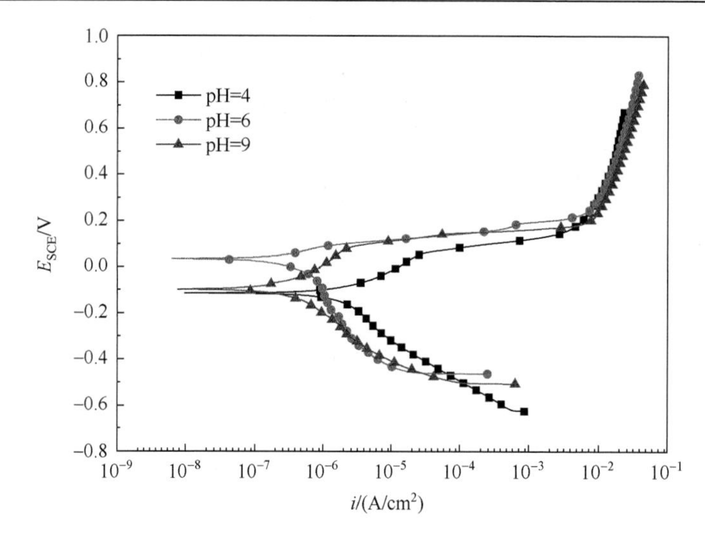

图 3-9　pH 对 P110 钢在模拟溶液中的极化曲线的影响

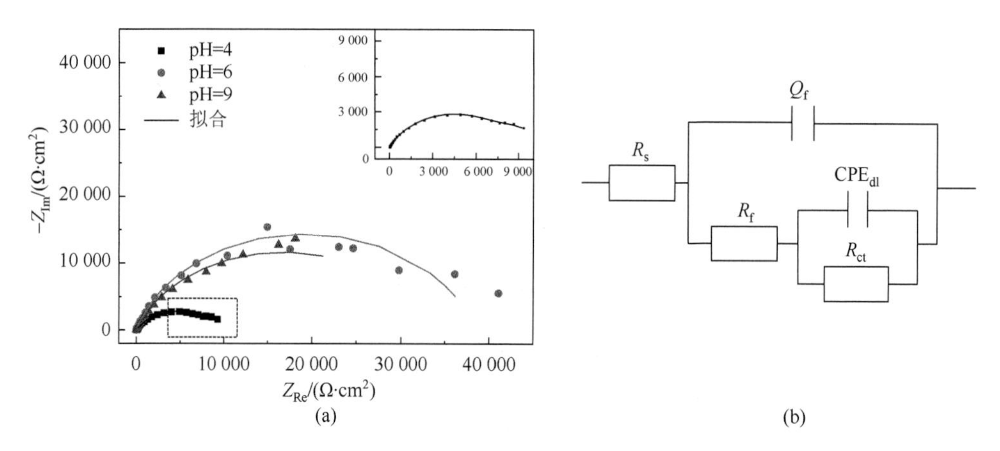

图 3-10　pH 对 P110 钢在模拟溶液中的交流阻抗谱的影响

（a）Nyquist 图；（b）等效电路

图 3-11 是 P110 钢在溶液 pH 为 4、CO_2 分压 4MPa 时，不同 H_2S 分压条件下的极化曲线。与没有 H_2S 条件下相比，加入 H_2S 使 P110 钢的自腐蚀电位明显下降，阳极和阴极过程都被明显地抑制。当 H_2S 分压从 0.05MPa 上升到 0.3MPa 时，腐蚀电流密度呈现继续降低趋势。这表明试样表面生成的 FeS_x 膜对 P110 钢的均匀腐蚀有一定的抑制作用；但是 H_2S 分压增加至 0.1MPa 以上时 i_{corr} 趋于接近，而 E_{corr} 在 H_2S 分压增加至 0.2MPa 趋于一致且最低，表明 H_2S 浓度升高能够促进 FeS_x 膜的致密化，在其分压达到 0.1MPa 以上时基本达到致密，减弱了均匀腐蚀。但由于 FeS_x 膜能促进 H 的析出及向金属中渗透，因此 H_2S 分压增加会促进 SSCC 的

敏感性增加。

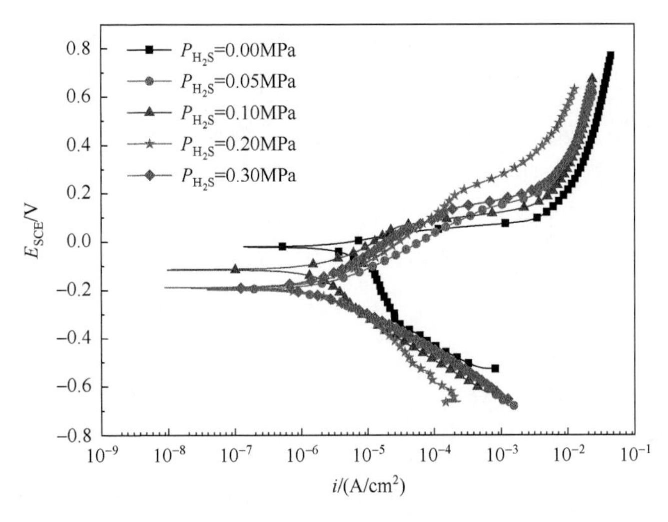

图 3-11　P110 钢在不同 H_2S 分压下的极化曲线

图 3-12 是 P110 钢在图 3-11 同条件下的电化学阻抗谱和等效电路图。可见，加入 H_2S 后 P110 钢的 Nyquist 图由无 H_2S 时的单容抗弧转变为反映界面双电层电容的高频容抗弧和反映低频腐蚀产物膜（FeS_x 膜）的低频半容抗弧的双容抗弧谱图，且随着 H_2S 分压的升高低频弧半径有增大的趋势。这进一步说 H_2S 分压升高提高了 FeS_x 膜的致密性，与图 3-11 的推论吻合。

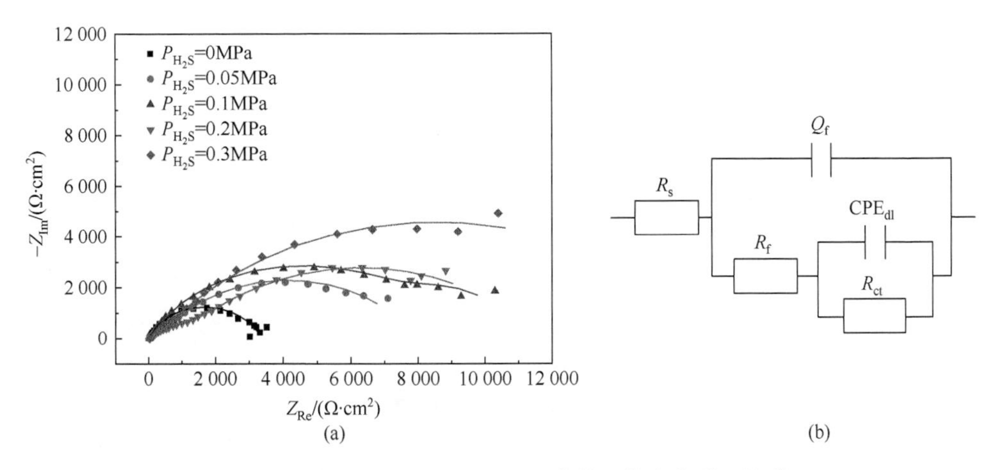

图 3-12　P110 钢在不同 H_2S 分压条件下的电化学阻抗谱

（a）Nyquist 图；（b）等效电路

2. SSCC 试验结果

P110 钢的三点弯试样在模拟介质中浸泡不同时间后的腐蚀状况如图 3-13 所示。可见，有些试样发生了明显的 SSCC 断裂，有些试样未发生明显的宏观断裂，其 SSCC 情况需要进一步微观形貌检验。经宏观和微观腐蚀形貌检验之后，不同试样的 SSCC 情况统计见表 3-3。可见，在 pH 为 4.0 下发生了 SSCC；而碱性环境或缓蚀剂浓度增加至原来的 2 倍条件下均未发现 SSCC。

(a)　　(b)

图 3-13　P110 钢试样浸泡 720h 后的宏观形貌

（a）未宏观断裂；（b）宏观断裂

表 3-3　P110 钢三点弯浸泡试验结果

载荷（$R_{t0.5}$）	pH	缓蚀剂浓度/ppm	应力腐蚀	备注
0.9	9.00	0	否	较多点蚀
	9.00	1 000	否	表面光滑
	9.00	2 000	否	表面光滑
	4.00	0	是（严重腐蚀）	SSCC、裂纹小
	4.00	1 000	是	SSCC、断裂
	4.00	2 000	否	少量点蚀
0.5	9.00	0	否	较多点蚀
	9.00	1 000	否	表面光滑
	9.00	2 000	否	较少点蚀
	4.00	0	是（严重腐蚀）	SSCC、裂纹小
	4.00	1 000	是	SSCC、裂纹长
	4.00	2 000	否	较多点蚀

注：CO_2 分压为 4.0MPa，总压为 9.0MPa，浸泡时间为 720h。

综合 3.3.2 节的电化学试验结果可知，P110 钢在 CO_2 注入井环空模拟溶液中在较高压力+较低 pH+较高硫化物浓度+适中的缓蚀剂浓度（如 10g/L）的条件下，既具有较高的腐蚀速率，又会发生较强的阴极析氢反应，从而具有较高的应力腐蚀敏感性。pH 升高、缓蚀剂浓度增大、硫化物浓度降低、压力降低均能降低应力腐蚀的敏感性。而在未添加缓蚀剂的条件下，试样表面严重结垢，发生了严重的垢下腐蚀，其 SSCC 敏感性反而较低。说明除了 H_2S 和 pH 之外，缓蚀剂浓度也是 SSCC 在环空环境下的一个重要影响因素，其详细情况在 4.3.1 节中有进一步阐述。

3.4　分析与讨论

3.4.1　室内外相关性分析

本章是本书第一个实际研究案例，特对室内外相关性进行简述，供读者参考。

由油管服役情况看，油管存在长期泄漏情况，环空中存在较高浓度的 CO_2。如表 3-1 所示，CO_2 注入井环空环境是含有高浓度硫化物和 Cl^- 的偏酸性环境，在实际环空高 CO_2 分压情况下，大量 CO_2 溶解于环空水溶液后，导致其 pH 会大幅降低。因此，CO_2 注入井环空环境是含较高浓度的 Cl^- 和 H_2S 环境，亦即 SSCC 敏感环境。这种情况下，H_2S 会成为 P110 钢的析氢反应的毒化剂，环空环境中的 CO_2 进一步促进了油管的断裂失效。同时，对失效油管裂尖处的腐蚀产物分析发现其中存在较多的 Cl 和 S 元素，其浓度比内外壁表面腐蚀产物中 Cl 和 S 元素浓度高 3～4 个数量级。且由表 3-1 可知，S 主要以 S^{2-}（硫化物）存在。因此，裂纹尖端的 Cl 和 S 元素主要为 Cl^- 和 S^{2-}。此外，由于裂尖腐蚀生成的 Fe^{2+} 和 Fe^{3+} 的水解作用，其 pH 为 3～4 的酸性环境，从而导致裂尖处于 SSCC 敏感环境。裂尖腐蚀产物分析进一步证明了 CO_2 注入井环空环境是 SSCC 敏感环境。而实际油管服役受到重力及工作载荷产生的拉应力，并存在残余应力迹象，现场工况具备 SSCC 发生的力学条件。

而实验室研究是基于现场工况条件分析建立的，其电化学介质与实际 CO_2 注入井环空环境具有高度相似性。同时，所用 SSCC 研究方法是 SSCC 研究的成熟方法，其试验结果能够反映 SSCC 的行为规律。实验室研究所用材质为现场服役油管的同批材质。上述条件保证了实验室获得的结果与现场腐蚀的电化学机理一致、主要影响因素相同，因此，实验室结果与现场结果应是相符合的。

3.4.2　腐蚀环境分析

环空溶液含有 CO_2 和 H_2S 两种酸性气体，经过水的电离作用最终达到以下平衡：

$$CO_2(g) = CO_2(aq), \quad K_H = \frac{a_{CO_2}}{f_{CO_2}} = \frac{C_{CO_2}}{\varphi \cdot P_{CO_2}} \tag{3-1}$$

$$CO_2(aq)+H_2O = H_2CO_3, \quad K_{hy} = \frac{a_{H_2CO_3}}{f_{H_2CO_3}} = \frac{C_{H_2CO_3}}{\varphi \cdot C_{CO_2}} \tag{3-2}$$

$$H_2CO_3 = H^+ + HCO_3^-, \quad K_1 = \frac{a_{HCO_3^-} \cdot a_{H^+}}{a_{H_2CO_3}} = \frac{\gamma_{\pm1}^2 \cdot C_{HCO_3^-} \cdot C_{H^+}}{C_{H_2CO_3}} \tag{3-3}$$

$$HCO_3^- = H^+ + CO_3^{2-}, \quad K_2 = \frac{a_{H^+} \cdot a_{HCO_3^-}}{a_{HCO_3^-}} = \frac{\gamma_{\pm1} \cdot C_{CO_3^{2-}} \cdot C_{H^+}}{C_{HCO_3^-}} \tag{3-4}$$

$$H_2S = H^+ + HS^-, \quad K_3 = \frac{a_{H^+} \cdot a_{HS^-}}{a_{H_2S}} = \frac{\gamma_{\pm1}^2 \cdot C_{HS^-} \cdot C_{H^+}}{C_{H_2S}} \tag{3-5}$$

$$HS^- = H^+ + S^{2-}, \quad K_4 = \frac{a_{H^+} \cdot a_{S^{2-}}}{a_{HS^-}} = \frac{\gamma_{\pm1} \cdot C_{S^{2-}} \cdot C_{H^+}}{C_{HS^-}} \tag{3-6}$$

$$H_2O = H^+ + OH^-, \quad K_W = a_{H^+} \cdot a_{OH^-} = \gamma_{\pm1}^2 \cdot C_{OH^-} \cdot C_{H^+} \tag{3-7}$$

式中，K_H、K_{hy}、K_1、K_2、K_W分别为反应［式（3-1）～式（3-5）］的平衡常数。在一定的温度和压力下，当体系达到平衡时，以上各反应的平衡常数可以根据表3-4计算。

表 3-4　平衡常数的计算经验公式

$$K_H = \frac{14.5}{1.002\,58} \times 10^{-(2.27+5.65\times10^{-3}\cdot T_f - 8.06\times10^{-6} T_f^2 + 0.075I)}$$

$$K_{hy} = 0.00258$$

$$K_1 = 387.6 \times 10^{-(6.41-1.594\times10^{-3}\cdot Tf + 8.52\times10^{-6} Tf^2 - 3.07\times10^{-5} P - 0.4772 I^{1/2} + 0.1180 I)}$$

$$K_2 = 10^{-(10.61-4.97\times10^{-3}\cdot T_f + 1.331\times10^{-5} T_f^2 - 2.624\times10^{-5} P - 1.166 I^{1/2} + 0.3466 I)}$$

$$K_3 = 9.1 \times 10^{-8}$$

$$C_H^+$$

$$K_W = 10^{-(29.3868-0.0737549 T_K + 7.478\,81\times10^{-5} t T_K^2)}$$

注：T_f为华氏温度，℉=9×℃/5+32；T_K为开氏温度，K=273+℃；P为压力，单位为psi，1bar=0.1MPa=14.5psi；I为离子强度，$I=\frac{1}{2}\sum_i m_i \cdot z_i^2$，其中$m_i$为离子强度、$z_i$为离子价数。$f_{CO_2}$为$CO_2$的逸度，$\varphi$为逸度系数，$\log\varphi = P\cdot(0.031-\frac{1.4}{T_K})$；$P$为压力，单位为bar；$\gamma_{\pm1}$为平均活度系数，$\log\gamma_{\pm1} = -A|z_+z_-|(\frac{\sqrt{I}}{1+\sqrt{I}} - 0.30I)$`，$A$为与温度有关的常数，298K时为0.5，$z_+$和$z_-$为正负离子价数。

根据电中性，溶液中的正电荷与负电荷相等，即

$$C_{Na^+} + C_{H^+} = C_{OH^-} + C_{HCO_3^-} + 2C_{CO_3^{2-}} + C_{HS^-} + 2C_{S^{2-}} \tag{3-8}$$

式中，C_{Na^+} 为溶液中所加入的 $NaHCO_3$ 中的 Na^+ 和 Cl^- 的浓度，其值均为 0.53mol/L；C_{H^+}、C_{OH^-}、$C_{HCO_3^-}$ $C_{CO_3^{2-}}$ 分别为体系达到平衡时溶液中 H^+、OH^-、HCO_3^-、CO_3^{2-} 的浓度，C_{CO_2} 和 $C_{H_2CO_3}$ 分别为水溶液中的 CO_2 和 H_2CO_3 的浓度。联立式（3-3）～式（3-6），可以得出氢离子 C_{H^+} 的计算方程：

$$C_{H^+}^3 + C_{Na^+}C_{H^+} - \frac{(K_W + K_1 C_{H_2CO_3} + K_3 C_{H_2S})C_{H^+}}{\gamma_{\pm}^2} - \frac{2(K_1K_2C_{H_2CO_3} + K_3K_4C_{H_2S}}{\gamma_{\pm}^3} = 0 \tag{3-9}$$

对式（3-9）进行求解，可得出饱和 CO_2 含量时的溶液 pH，结果如图 3-14 所示。由该图可见，环空水溶液在油管存在 CO_2 泄漏、介质中有硫化物存在的情况下，压力为 4～20MPa、温度 0～30℃的条件下，溶液的 pH 在 4 左右。当温度和压力降低时，pH 会低于 4。在 pH≈4 的条件下，FeS 和可溶性硫化物均容易水解形成 H_2S。而由表 3-1 知道环空水溶液样本中发现的大量硫化物（高达 5510mg/L，可能是管道上沉积的硫化物在取样时脱落所致），其水解会形成分压较高的 H_2S。

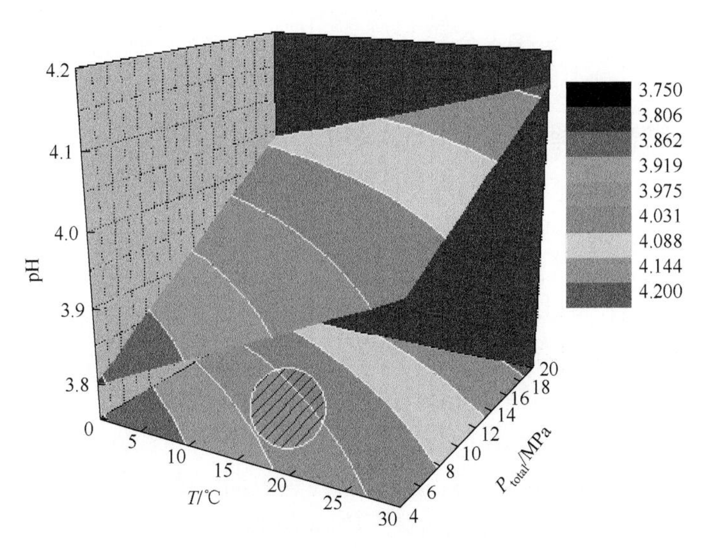

图 3-14　环空水溶液中温度、压力和 pH 的计算结果

图 3-15 为美国标准 NACE MR0175 给出的结构钢在 H_2S 存在时发生 SSCC 的条件。可见，在总压 10MPa 左右时，H_2S 只要在 0.0003MPa（0.05psi）以上时就可能发生 SSCC。由此可见，CO_2 注入井环空溶液的腐蚀性比较苛刻。

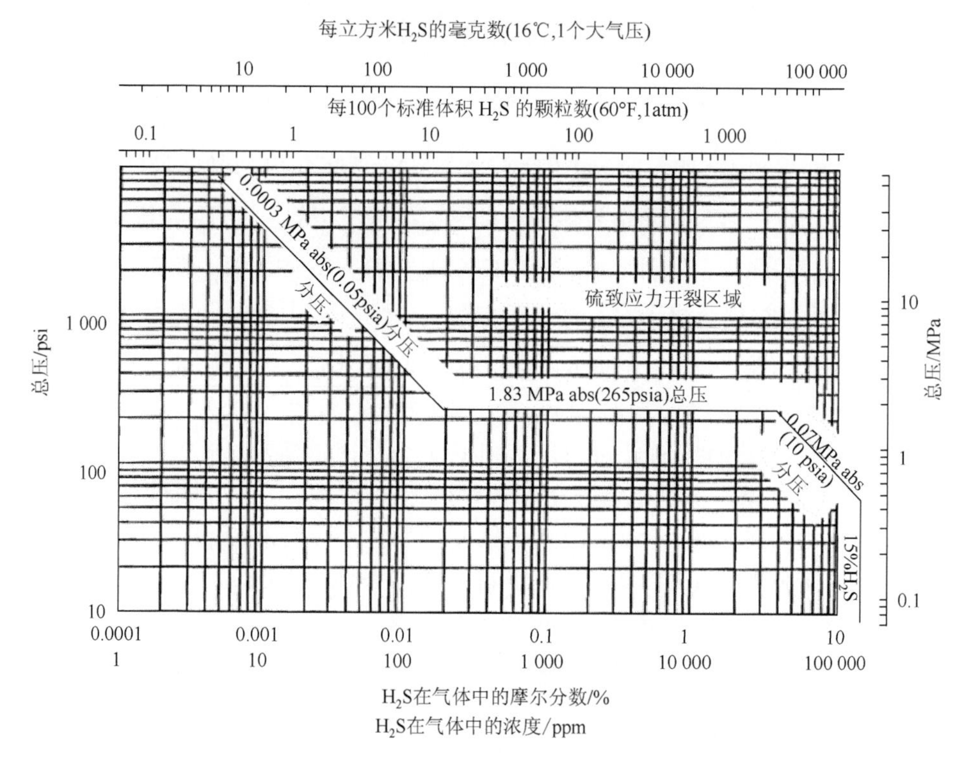

图 3-15　H_2S 分压、压力与应力腐蚀发生条件的关系

3.4.3　应力腐蚀机理分析

高强度钢在含有弱酸和 Cl^-的环境中的应力腐蚀机理通常为阳极溶解（AD）和氢脆（HE）的混合机理，即 AD+HE 机理。局部 AD 作用能够促进裂纹形核和裂尖的扩展，而 HE 作用能够加速裂纹的扩展，并促进阳极溶解反应的速率，二者具有协同效应。

CO_2 注入井环空溶液呈弱酸性，在注入介质渗漏的情况下其 pH 可达到 4 左右，含有较高浓度的 H_2S、H_2CO_3 和 Cl^-。因此其应力腐蚀机理应该属于 AD+HE 机理。由 3.3.2 节内容可知，H_2S 和 CO_2 可在钢表面形成保护性产物膜，对均匀腐蚀具有保护作用，但 Cl^-容易穿过腐蚀产物膜的薄弱点在膜下局部聚集并导致点蚀（表 3-3），在拉应力作用下，除了点蚀还会产生 SSCC 微裂纹。而在点蚀和 SSCC 裂纹内部，pH 进一步降低、硫化物和 Cl^-进一步富集而加速裂纹的生长。即 AD 作用促进 SSCC 的萌生。同时，FeS_x 膜的毒化作用会促进阴极反应生成的 H 扩散进入钢的基体中，并在应力的作用下在裂尖等应力集中处富集，促进裂尖发生 HIC 和阳极溶解，进一步加速裂纹的快速扩展。

由本书 2.3.1 节内容可知，高浓度 CO_2 可导致严重的均匀腐蚀，因此当介质中不添加缓蚀剂时，阳极溶解的速率会大大加快，而阴极充氢作用不会明显改变，因此 P110 钢会发生严重的均匀腐蚀，而不发生应力腐蚀。环空保护液中的缓蚀剂由于能够抑制阳极和阴极过程，在足够高的浓度下少量的缓蚀剂则抑制了全面腐蚀，但不能抑制局部腐蚀，因此缓蚀剂浓度较低时，SSCC 敏感性反而增大（表 3-3）。当缓蚀剂浓度足够高时，AD 和 HE 机理均被抑制，SSCC 敏感性降低。

3.5　结　　论

（1）通过油管钢失效分析确认 CO_2注入井环空环境是 SSCC 的敏感环境，其敏感介质特征为含大量 CO_2、Cl^-、SO_4^{2-} 及少量硫化物，并含有适量浓度的缓蚀剂；CO_2将环境介质的 pH 降至敏感范围，少量硫化物可促进应力腐蚀的发生。

（2）通过实验室模拟方法可以建立 CO_2注入井环空环境模拟体系，用以研究油管钢的腐蚀行为机理及主要影响因素。通过结合电化学方法和 SSCC 方法，可分析其腐蚀影响因素的作用机理及规律，为现场腐蚀防护措施的建立提供参考和依据。

（3）P110 等油管钢在 CO_2注入井环空环境中的 SSCC 机理具有 AD 和 HE 混合机理特征。pH、H_2S 分压、Cl^-、缓蚀剂等是其主要影响因素。

第 4 章　CO_2 注入井环空腐蚀防护方法研究

4.1 引　　言

由第 3 章内容可知，CO_2 注气井的环空环境恶劣且难探测，油管具有极高的 SSCC 或 SCC 的风险。油管因应力腐蚀开裂失效导致油气井维护成本升高甚至整个油气井的报废，该问题一直困扰着从事油气田开发与开采的工作者。CO_2 驱注气井相对于普通气井由于 CO_2 的注入而具有更为复杂的环空环境，CO_2 导致的环境酸化以及 CO_2 气流的冲刷使油管钢的腐蚀更为严重且行为更为复杂。解决这类问题的有效方法是更新材质并采用适当的工艺防腐措施。常用的工艺防腐措施有向环空中添加缓蚀剂、脱硫剂、杀菌剂等对油管进行防护。不同的防护手段及其防护程度对 CO_2 驱注气井中油管的腐蚀行为会有显著影响。因此，有必要对以上几种防护手段展开研究，以期获取效果最佳的油管腐蚀防护方法。

本章研究对比了不同种类和不同浓度缓蚀剂、脱硫剂、杀菌剂和油管材质在典型 CO_2 注入井环空环境下的防护效果，以便为相似情况的腐蚀防护措施的建立提供参考。

4.2 研 究 方 法

4.2.1 应力腐蚀试验

试验溶液的基准溶液（母液）为 2.71g $NaHCO_3$ + 6.15g NaCl 溶液，并用 0.5% CH_3COONa+CH_3COOH 调节酸碱度至 pH=4，溶液试验前先通入 N_2 两小时除氧。此基准溶液是在表 3-2 的基础上进一步简化而来。

应力腐蚀试验采用三点弯试样和 U 形弯试样两种方法。其中三点弯试验方法参见 3.2.3 节。U 形弯试样的特点是通过对试验材料预变形和加载高应力，使材料获得苛刻的受力条件，是最苛刻的应力腐蚀试验方法之一，适合用于加速研究各油管材料在实际服役环境中的 SSCC 行为。因此，本章主要用以比选耐蚀材料、缓蚀剂浓度、脱硫剂等防护工艺的优劣。U 形弯试样的形状尺寸及加工精度的执行标准是 GB/T 15970.3—1995，如图 4-1 所示（试样厚度为 2mm）。试验前，将试样编号，试样表面需沿长度方向冷打磨至 0.8μm 精度，用丙酮擦拭表面除油并吹干待用，然后用预压机将试样预制成张角 150°的预形变试样，再用螺栓将试样加载呈 U 形并禁锢（图 4-2），然后用酒精擦拭试样表面备用。将加载好的试样依次放入装有试验介质的高压釜内，密闭高压釜。将试样放置到高压釜内的溶液中并固定位置、防止试样互相接触，然后密闭高压釜；然后依次通入 1MPa 高纯 N_2 并放出，再连续通入高纯 N_2 一个小时置换出高压釜中的氧气，以消除溶液中的氧气对试验结果的影响。除氧后首先通入 H_2S，通过调节流量计控制通入 H_2S 的分压，持续通入约 15min，让 H_2S 充分溶解在溶液里；然后用高压 CO_2 和 N_2 依次为高压釜加压至所需的 CO_2 分压和总压。试样浸泡时间为 1 个月。试验温度 25℃±2℃。试验第 16 天起每 7 天开釜检查试样一次。每次检查完，按上述程序重新加压。

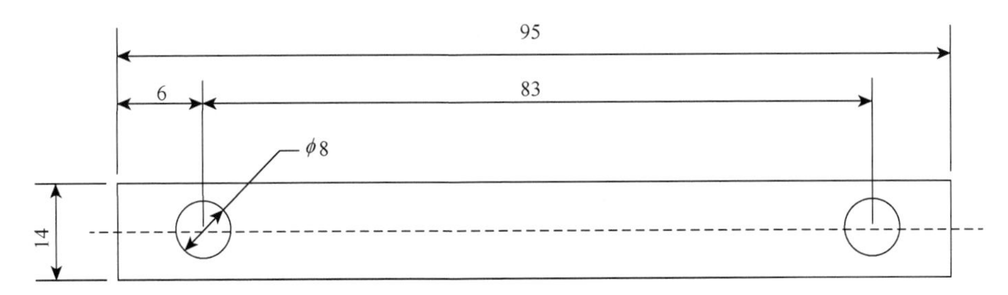

图 4-1　U 形弯试样形状尺寸

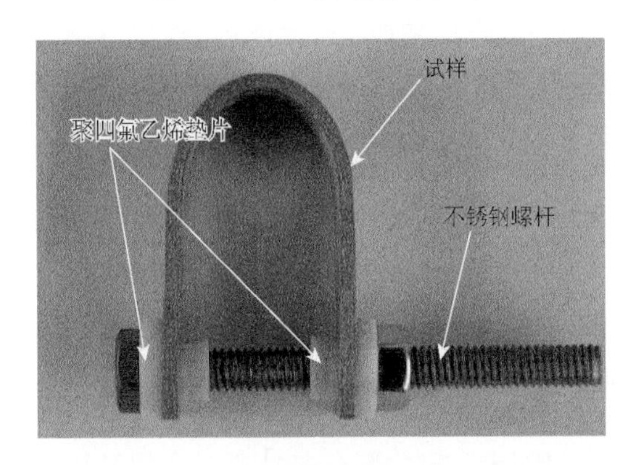

图 4-2　U 形弯浸泡实验试样加载图

实验结束后，取出试样，用蒸馏水清洗干净，并用除锈液去除试样表面的腐蚀产物（参见 3.2.3 节），利用 SEM 观察试样表面腐蚀形貌。

4.2.2　电化学实验

电化学试样制备见 3.2.3 节。试验溶液母液同 4.2.1 节。试验前将试样逐级打磨至 1000#，然后试样表面依次用丙酮除油、去离子水清洗、吹干备用。将试样放置到高压釜内的溶液中，然后密闭高压釜，之后依次通入 1MPa 高纯 N_2 并放出，再连续通入高纯 N_2 一个小时置换出高压釜中的氧气，以消除溶液中的氧气对试验结果的影响。除氧后首先通入 H_2S，通过调节流量计控制通入 H_2S 的分压，持续通入约 15min，让 H_2S 充分溶解在溶液里；然后用高压 CO_2 和 N_2 依次为高压釜加压至所需的 CO_2 分压和总压。电化学试验采用三电极体系，各钢试样为工作电极，Ag/AgCl 电极为参比电极，铂片为辅助电极。采用 EC-LabVMP3 电化学工作站对试样进行电化学测试，在测试前先给试样施加−800mV（相对于参比电极 E_{SCE}）的电位除去表面的氧化膜，然后让其在溶液中自然成膜。在开路电位（E_{OCP}）保持 40min 至电极电位稳定，开始试验。极化曲线的扫描范围为−500～800mV（vs. OCP），扫描速率为 0.5mV/s。交流阻抗测试频率范围为 100kHz～10MHz，激励电位为 10mV。试验温度 25℃±2℃。

4.3 研 究 结 果

4.3.1 缓蚀剂种类的影响

注入缓蚀剂是金属应力腐蚀防护的重要手段，其特点是通过在腐蚀介质中添加某种物质或某些物质的混合物来抑制金属腐蚀过程而并不显著改变介质的其他性能。本小节采用电化学方法和应力腐蚀试验，对比研究了缓蚀剂浓度对典型油管钢 SSCC 行为的影响。试验条件见表 4-1。

表 4-1 缓蚀剂浓度对 SSCC 影响的实验介质条件

Na_2S 浓度 C_{Na_2S}/(mg / L)	pH	CO_2 分压 P_{CO_2} /MPa	总压 P_{total}/MPa	H_2S 分压 P_{H_2S} /MPa	缓蚀剂浓度 C_{CI}/ppm	温度/℃
0	4	4	9	0.1	400/1000/2000	25

图 4-3 是 P110 和 TP110TS 钢分别在编号为 JI-2 和 IMC 的缓蚀剂（咪唑啉类复配缓蚀剂）下的交流阻抗谱。可见，对于同一种油管钢，JI-2 缓蚀剂下的阻抗弧半径明显大于 IMC 缓蚀剂。这说明 JI-2 缓蚀剂的缓蚀效果好于 IMC 缓蚀剂。可发现对于同一种缓蚀剂，TP110TS 的阻抗弧半径明显大于 P110 的阻抗弧半径。这说明在这两种缓蚀剂存在情况下，TP110TS 的耐蚀性明显优于 P110。

图 4-4 是 P110 和 TP110TS 钢分别在 JI-2 和 IMC 缓蚀剂下的极化曲线。从极化曲线图中可以明显地看出，对于同一种油管钢，在介质中加入 IMC 缓蚀剂比加入 JI-2 缓蚀剂的腐蚀电流密度有明显的升高，说明 JI-2 缓蚀剂的缓蚀效果优于 IMC 缓蚀剂。对比图 4-4（a）和（b）中同种缓蚀剂下的极化曲线，可发现对于

同一种缓蚀剂，TP110TS 的腐蚀电流密度明显小于 P110 的腐蚀电流密度。这说明在这两种缓蚀剂存在情况下，TP110TS 的耐蚀性优于 P110。这与阻抗谱所得结论一致。

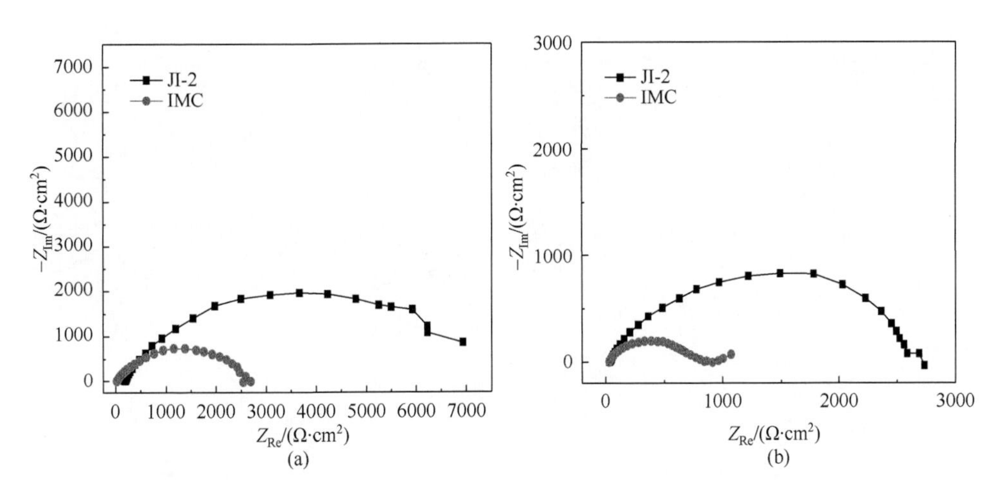

图 4-3　不同缓蚀剂对 P110 钢（a）和 TP110TS 钢（b）Nyquist 谱的影响（pH=4，P_{H_2S}=0.1MPa，P_{total}=9MPa，C_{Cl^-}=400ppm）

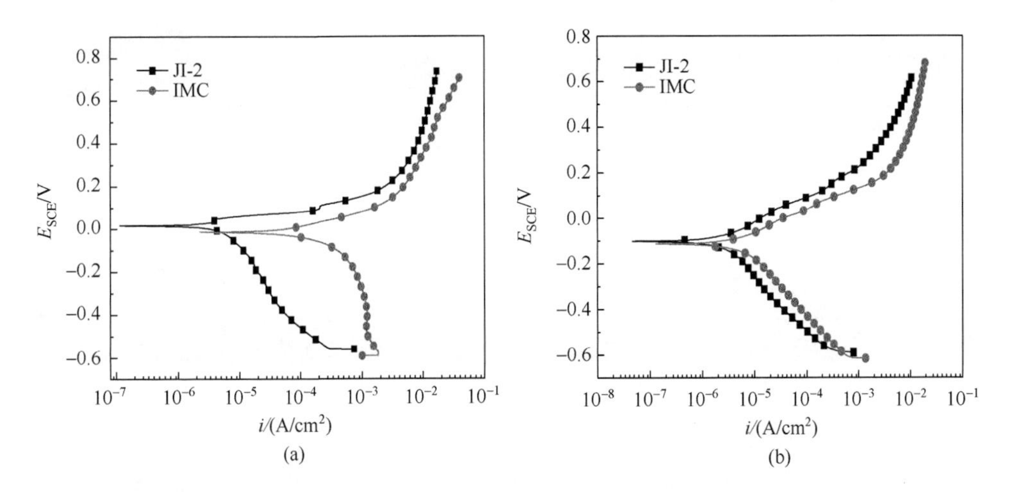

图 4-4　不同缓蚀剂下 P110 钢（a）和 TP110TS 钢（b）的极化曲线（pH=4，P_{H_2S}=0.1MPa，P_{total}=9MPa，C_{Cl^-}=400ppm）

图 4-5 是 P110 和 TP110TS 试样分别在添加了 JL-2 和 IMC 两种缓蚀剂的腐蚀介质中浸泡 720h 后的微观腐蚀形貌。由图中可以看出，不同种类的缓蚀剂对两种材料的缓蚀效果差别很大。对比发现，JL-2 缓蚀剂效果明显好于 IMC 缓蚀剂。JL-2

缓蚀剂作用下材料的腐蚀坑明显少于 IMC 缓蚀剂，并且腐蚀坑的深度也相对较小。腐蚀坑是应力腐蚀的重要萌生位置，所以 JL-2 缓蚀剂比 IMC 缓蚀剂降低材料应力腐蚀敏感性的作用效果要好。同时发现，P110 表面腐蚀坑明显比 TP110TS 要大且深，所以 P110 应力腐蚀敏感性比 TP110TS 更高。

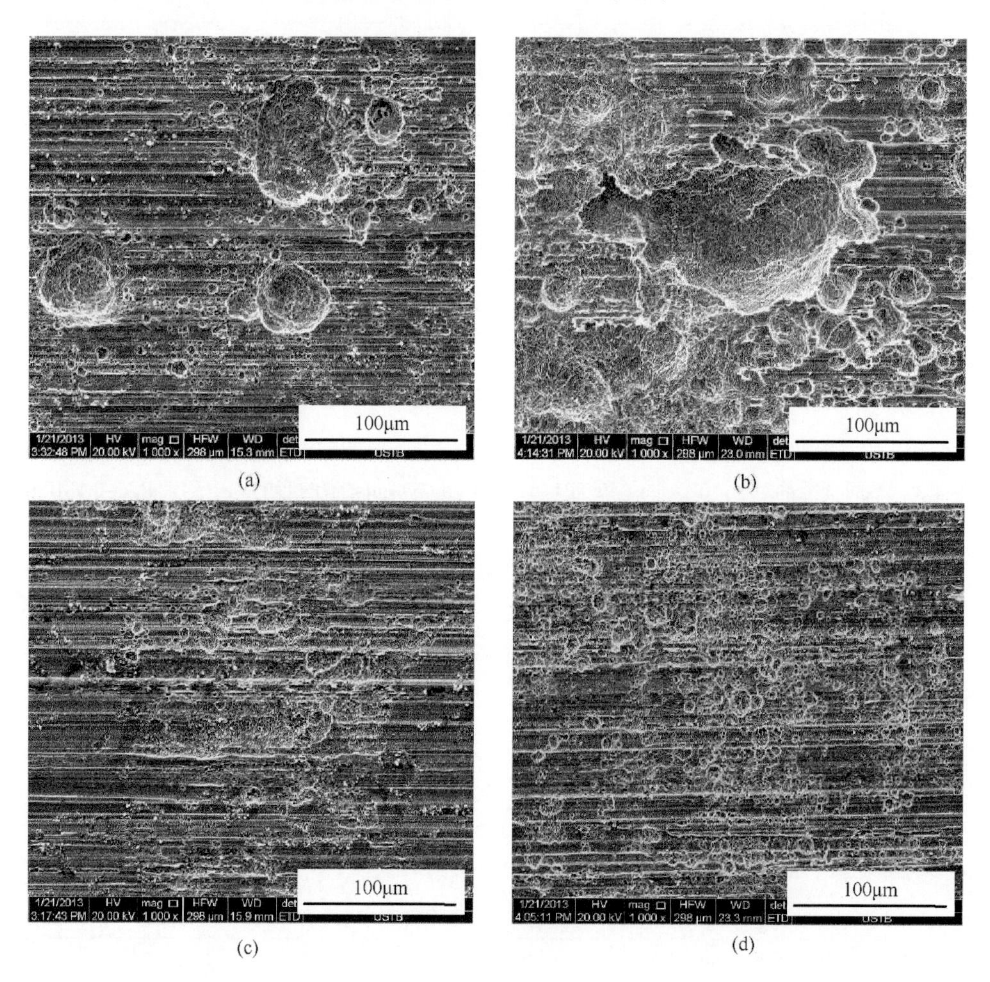

图 4-5　U 形弯试样在添加不同缓蚀剂的试验介质中浸泡 720h 后的 U 形弯顶部微观形貌

（a）JL-2，P110；（b）IMC，P110；（c）JL-2，TP110TS；（d）IMC，TP110TS（pH=4，P_{H_2S}=0.1MPa，P_{total}=9MPa，C_{Cl^-}=400ppm）

4.3.2　缓蚀剂浓度的影响

本小节采用电化学和 U 形弯浸泡试验研究了不同浓度的缓蚀剂对 P110 油管钢的 SSCC 行为的影响，试验条件如表 4-2。

表 4-2　缓蚀剂浓度对 SSCC 影响的试验条件

Na_2S/（mg/L）	pH	缓蚀剂/ppm	CO_2 分压/MPa	总压/MPa	H_2S 分压/MPa
0	4	0	4	9	0.1
0	4	400	4	9	0.1
0	4	1 000	4	9	0.1

由图 4-6 可见，缓蚀剂浓度对 P110 钢 Nyquist 图阻抗模值的影响较大，随缓蚀剂浓度增大，交流阻抗谱形状未变化，但容抗弧半径不断增大。说明对 P110 钢来说，缓蚀剂浓度越大，耐腐蚀能力越强。图 4-7 是不同缓蚀剂浓度下的极化

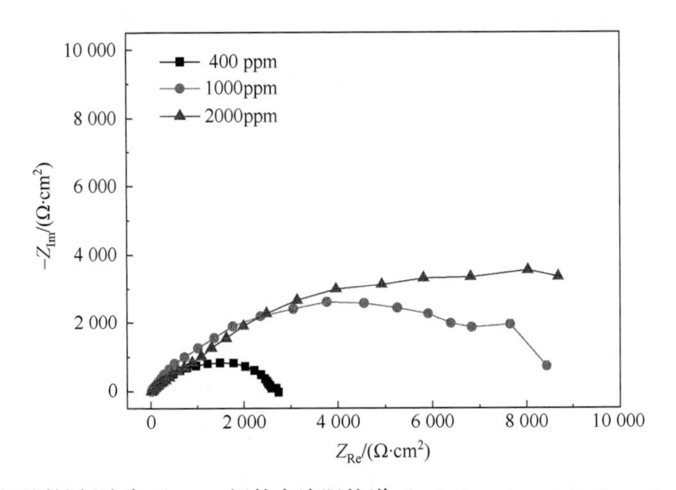

图 4-6　不同缓蚀剂浓度下 P110 钢的交流阻抗谱（pH=4，P_{H_2S}=0.1MPa，P_{total}=9MPa）

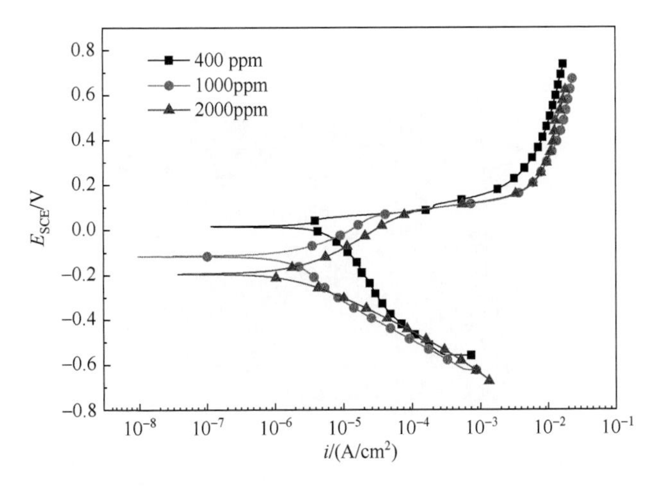

图 4-7　不同缓蚀剂浓度下 P110 钢的极化曲线（pH=4，P_{H_2S}=0.1MPa，P_{total}=9MPa）

曲线，可见随着缓蚀剂浓度的增大，P110 钢的腐蚀电位（E_{corr}）依次降低，且其腐蚀电流（I_{corr}）呈减小的趋势，说明缓蚀剂浓度越大，P110 钢的阴极和阳极过程均受到抑制。结合 Nyquist 图和极化曲线，缓蚀剂通过吸附成膜减缓了电极过程，从而降低了 P110 钢的腐蚀速率。但对于 SSCC 而言，缓蚀剂浓度不足可导致局部活性点的存在，这些部位更容易发生点蚀和萌生 SCC 裂纹。因此，须结合 SSCC 试验结果判断缓蚀剂浓度的具体影响。

由以上不同浓度缓蚀剂的电化学试验可以看出，缓蚀剂浓度变化对金属材料在 H_2S-CO_2 环境中的腐蚀防护有很大的影响，注入缓蚀剂是金属腐蚀防护的重要手段，随缓蚀剂浓度的升高，金属材料的耐腐蚀性能增强。

图 4-8 为不同缓蚀剂浓度条件下 P110 钢 U 形弯试样的微观形貌，从图中可以看出，不同浓度的缓蚀剂对 P110 的缓释效果差别很大，在没有缓蚀剂存在的情况下，试样发生了断裂；400ppm 缓蚀剂浓度下 U 形试样未发生断裂，点存在明显的点蚀，点蚀深度较深，随着腐蚀时间的延长存在发生 SSCC 的风险；当缓蚀剂浓度达到 1000ppm 时，U 形试样顶端未发生明显点蚀和裂纹。这表明缓蚀剂需要达到一定的浓度才能较好地抑制均匀腐蚀和局部腐蚀。

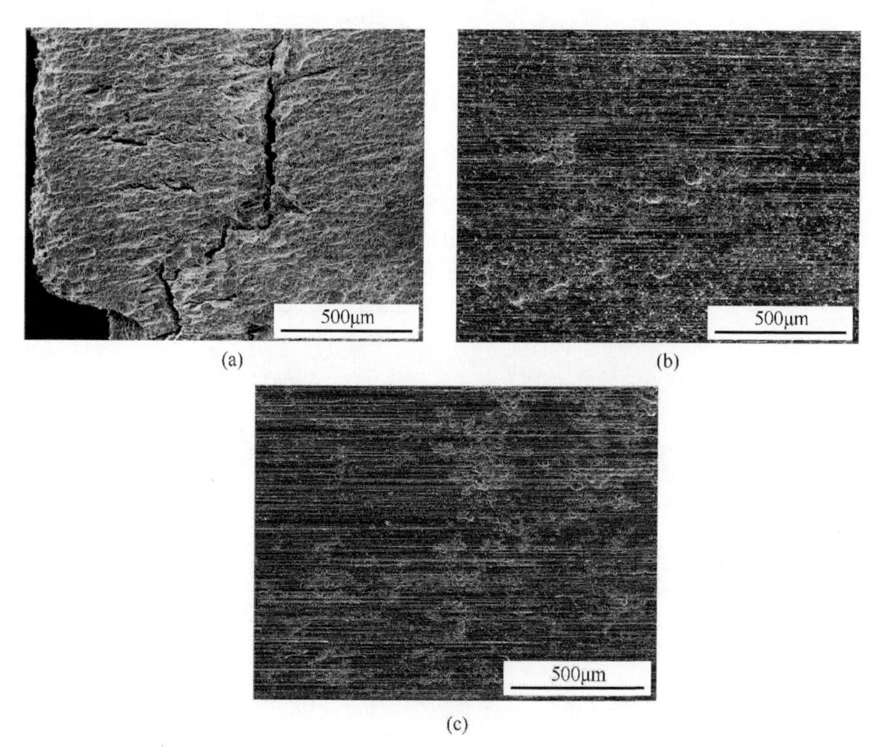

(a)　(b)　(c)

图 4-8　P110 不同浓度缓蚀剂下的微观形貌

（a）0ppm；（b）400ppm；（c）1000ppm

4.3.3 抗硫腐蚀添加剂的选择

高含硫气井环空腐蚀环境主要由环井液中的细菌与溶解氧及可能入侵的CO_2、H_2S等组成，其中的管材腐蚀通常以硫化氢腐蚀、二氧化碳腐蚀、硫腐蚀和氧腐蚀为主。另外，在具有一定温度的密闭环境中，细菌腐蚀也不容忽视，杀菌剂必须合理选择。在选择杀菌剂时，要根据具体情况选择具有广谱杀菌效果的种类，确保对套管环空保护液中可能存在的细菌种类皆有抑制生长的作用，并且杀菌剂本身及其分解产物不能对材料产生腐蚀作用。本节主要采用U形弯浸泡试验研究了不同浓度脱硫剂和杀菌剂对缓蚀效果的影响，以及不同种类的杀菌剂对缓蚀效果的影响，确定脱硫剂浓度和杀菌剂种类。

通过U形弯浸泡试验，在无缓蚀剂条件下，对有、无脱硫剂情况下P110和TP110TS两种油套管钢的应力腐蚀行为进行了研究，试验条件见表4-3。

表4-3 脱硫剂影响试验条件

组别	Na_2S浓度/（mg/L）	pH	缓蚀剂/ppm	CO_2分压/MPa	总压/MPa	H_2S分压/MPa	脱硫剂浓度/ppm	杀菌剂浓度/（10g/L）
1	0	4	0	4	9	0.2	0	0
2	0	4	0	4	9	0.2	500	0

图4-9和图4-10分别为P110和TP110TS钢在没有脱硫剂和500ppm脱硫剂条件下的U形弯浸泡试验结果，两种油套管钢在没有脱硫剂的条件下，都发生了U形弯断裂，并伴有大量的二次裂纹和点蚀现象的发生，而在单独加入脱硫剂后，两种钢的U形弯都没有断裂，只有轻微的点蚀和腐蚀裂纹产生，腐蚀现象不是很明显。说明脱硫剂对H_2S/CO_2环境中的油套管应力腐蚀和均匀腐蚀有明显的缓蚀作用。因此，为提高油套管钢的耐H_2S腐蚀及腐蚀开裂问题，应在环空中添加脱硫剂。

(a)

(b)

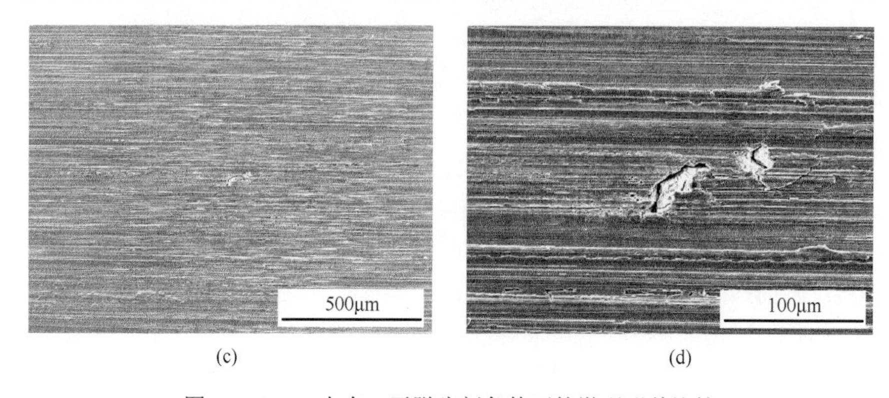

(c)　　(d)

图 4-9　P110 在有、无脱硫剂条件下的微观形貌比较

（a）无脱硫剂，200 倍放大；（b）无脱硫剂，1000 倍放大；（c）脱硫剂 500ppm，200 倍放大；（d）脱硫剂 500ppm，1000 倍放大

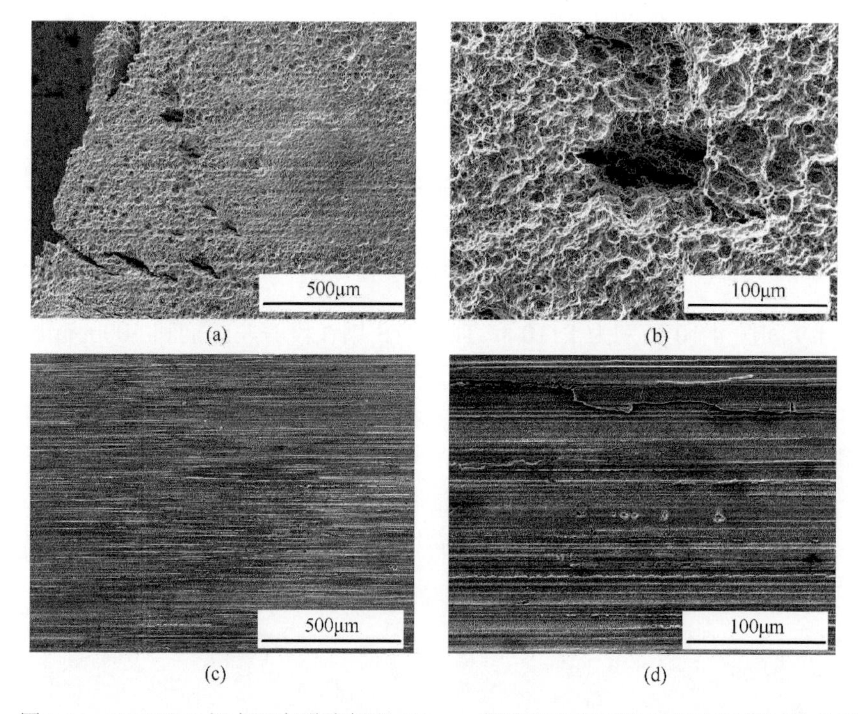

(a)　　(b)

(c)　　(d)

图 4-10　TP110TS 钢在没有脱硫剂和 500ppm 脱硫剂条件下的 U 形弯浸泡试验结果

（a）无脱硫剂低倍放大形貌；（b）无脱硫剂，局部放大形貌；（c）500ppm 脱硫剂，局部放大形貌；（d）500ppm 脱硫剂，局部放大形貌

对 TP110TS 和 P110 两种油套管钢分别进行了添加 500ppm 和 1500ppm 脱硫剂条件下的 U 形弯浸泡试验，试验条件如表 4-4 所示，试验所添加的 1 号杀菌剂微 HG-B1，2 号杀菌剂为 HG-B3。浸泡后的试样腐蚀形貌如图 4-11～图 4-18 所示。

表 4-4 环空保护液改性试验条件

组别	Na_2S 浓度 /（mg/L）	pH	缓蚀剂 /ppm	CO_2 分压 /MPa	总压/MPa	H_2S 分压 /MPa	脱硫剂浓度 /ppm	杀菌剂浓度 /（mg/L）
1	0	4	1 000	4	9	0.2	500	1 号 100
2	0	4	1 000	4	9	0.2	500	2 号 100
3	0	4	1 000	4	9	0.2	1500	1 号 100
4	0	4	1 000	4	9	0.2	1500	2 号 100

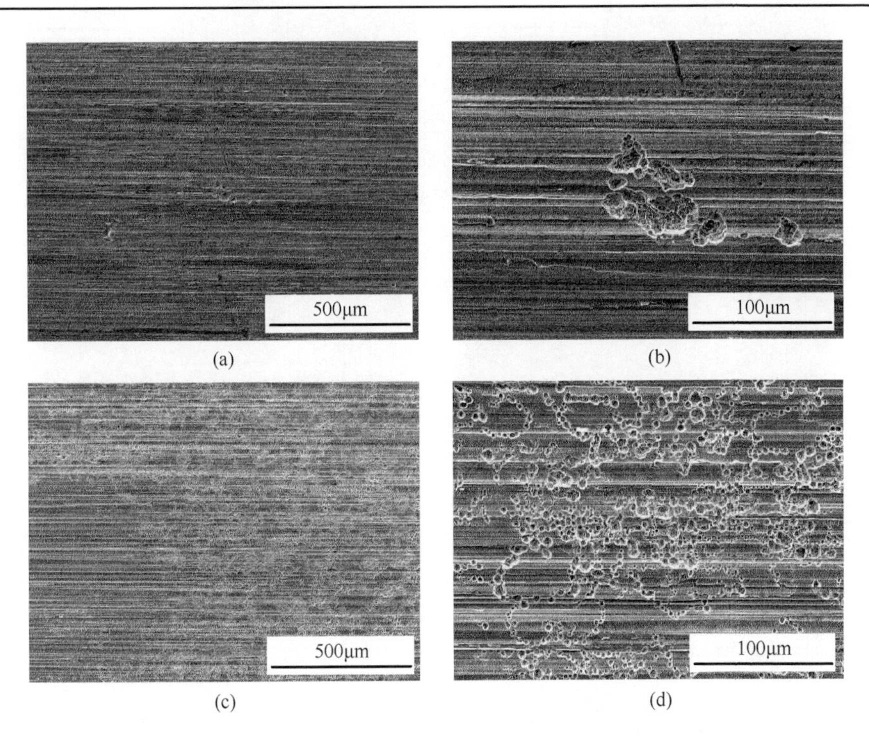

图 4-11 P110 在不同浓度脱硫剂+1 号杀菌剂条件下的微观形貌

（a）脱硫剂 500ppm，200 倍放大；（b）脱硫剂 500ppm，1000 倍放大；（c）脱硫剂 1500ppm，200 倍放大；（d）脱硫剂 1500ppm，1000 倍放大

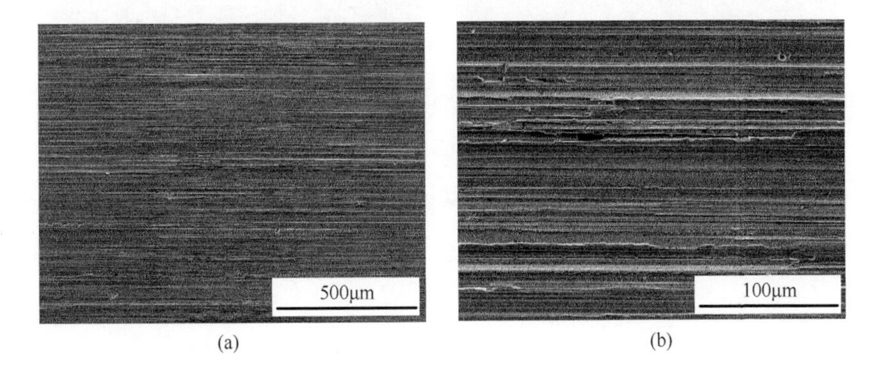

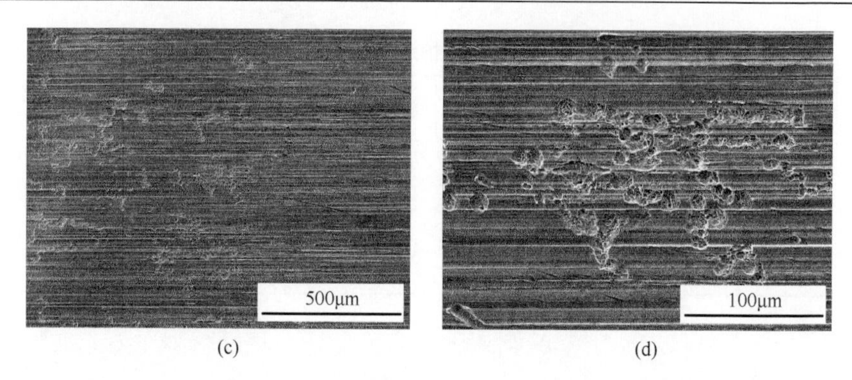

(c)　(d)

图 4-12　TP110TS 在不同浓度脱硫剂+1 号杀菌剂条件下的微观形貌

（a）脱硫剂 500ppm，200 倍放大；（b）脱硫剂 500ppm，1000 倍放大；（c）脱硫剂 1500ppm，200 倍放大；（d）脱硫剂 1500ppm，1000 倍放大

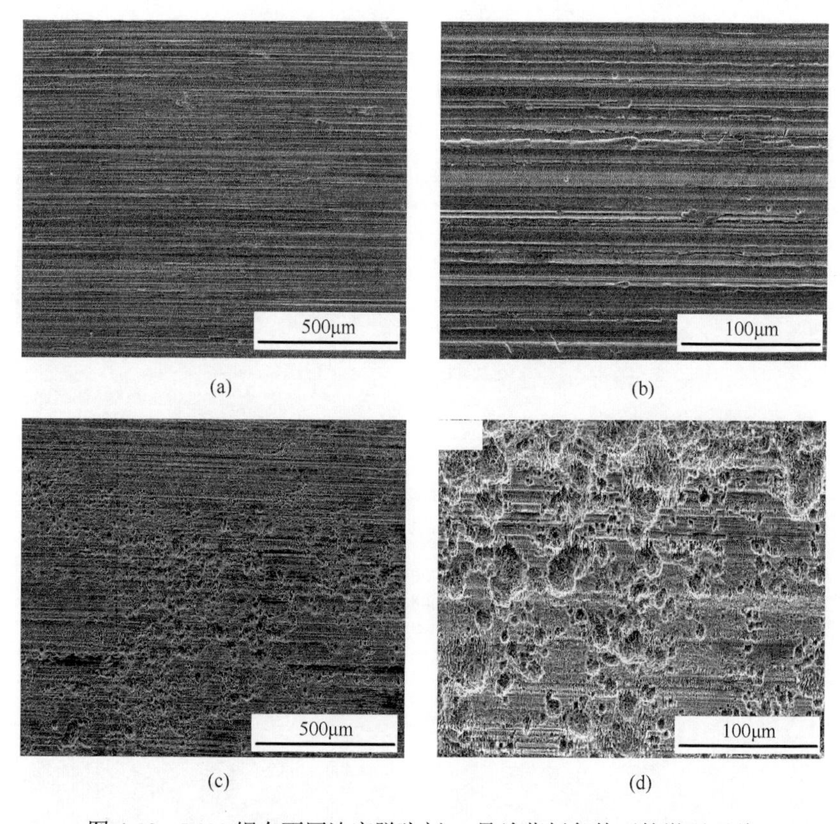

(a)　(b)

(c)　(d)

图 4-13　P110 钢在不同浓度脱硫剂+2 号杀菌剂条件下的微观形貌

（a）脱硫剂 500ppm，200 倍放大；（b）脱硫剂 500ppm，1000 倍放大；（c）脱硫剂 1500ppm，200 倍放大；（d）脱硫剂 1500ppm，1000 倍放大

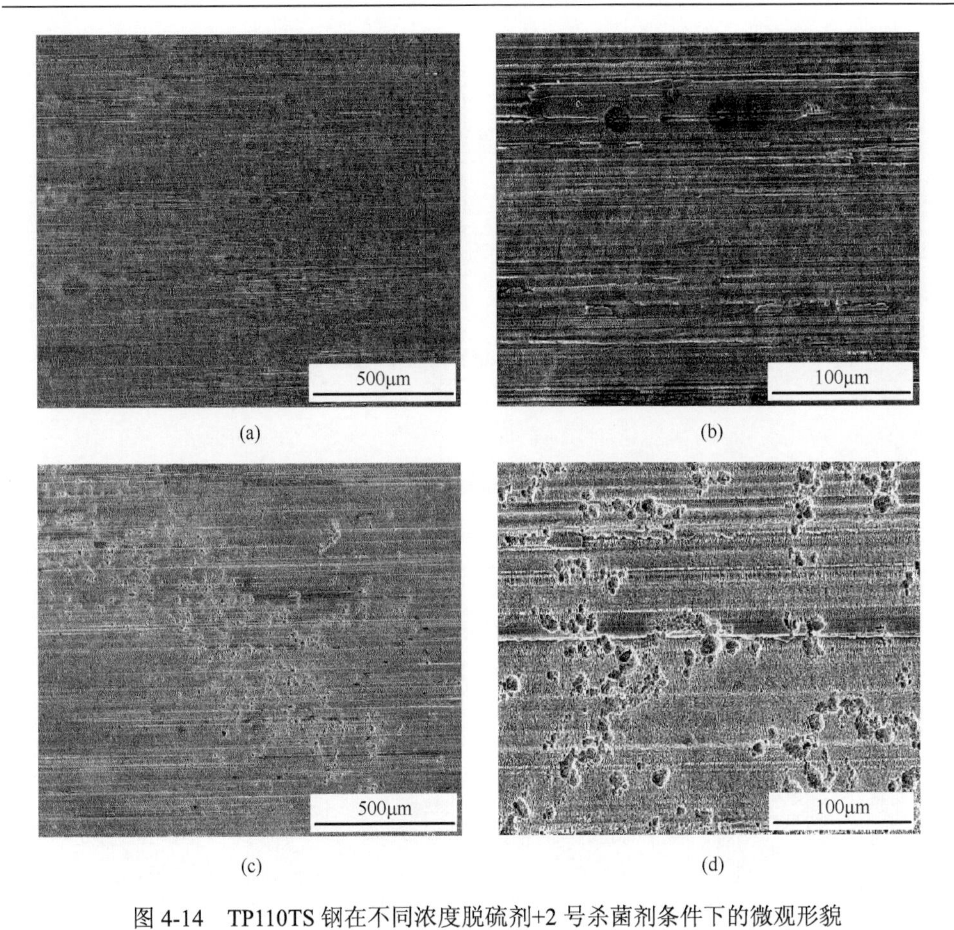

(a)　(b)

(c)　(d)

图 4-14　TP110TS 钢在不同浓度脱硫剂+2 号杀菌剂条件下的微观形貌

（a）脱硫剂 500ppm，200 倍放大；（b）脱硫剂 500ppm，1000 倍放大；（c）脱硫剂 1500ppm，200 倍放大；（d）脱硫剂 1500ppm，1000 倍放大

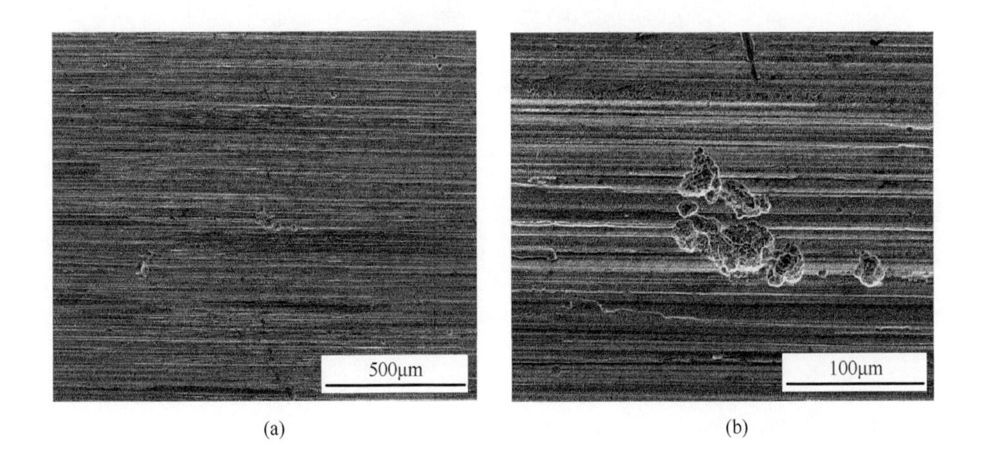

(a)　(b)

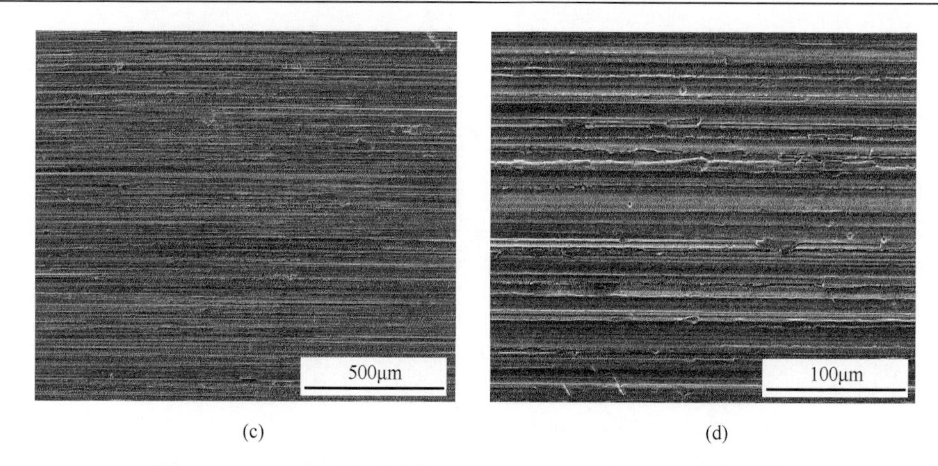

图 4-15 P110 在不同杀菌剂+500ppm 脱硫剂条件下的微观形貌

（a）杀菌剂 1，200 倍放大；（b）杀菌剂 1，1000 倍放大；（c）杀菌剂 2，200 倍放大；（d）杀菌剂 2，1000 倍放大

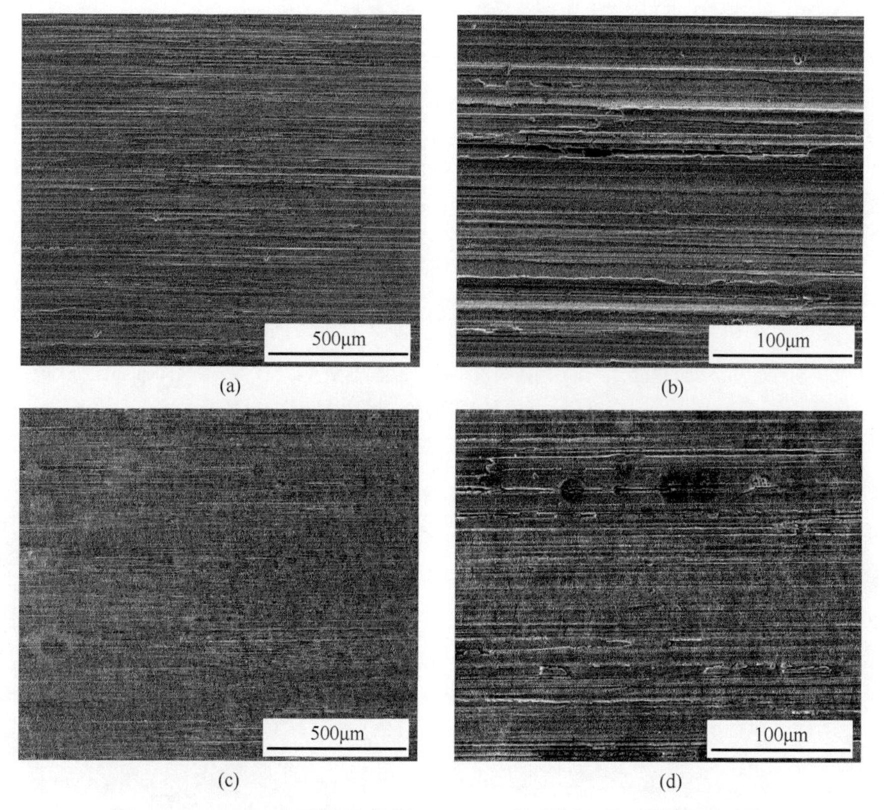

图 4-16 TP110 在不同杀菌剂+500ppm 脱硫剂条件下的微观形貌

（a）杀菌剂 1，200 倍放大；（b）杀菌剂 1，1000 倍放大；（c）杀菌剂 2，200 倍放大；（d）杀菌剂 2，1000 倍放大

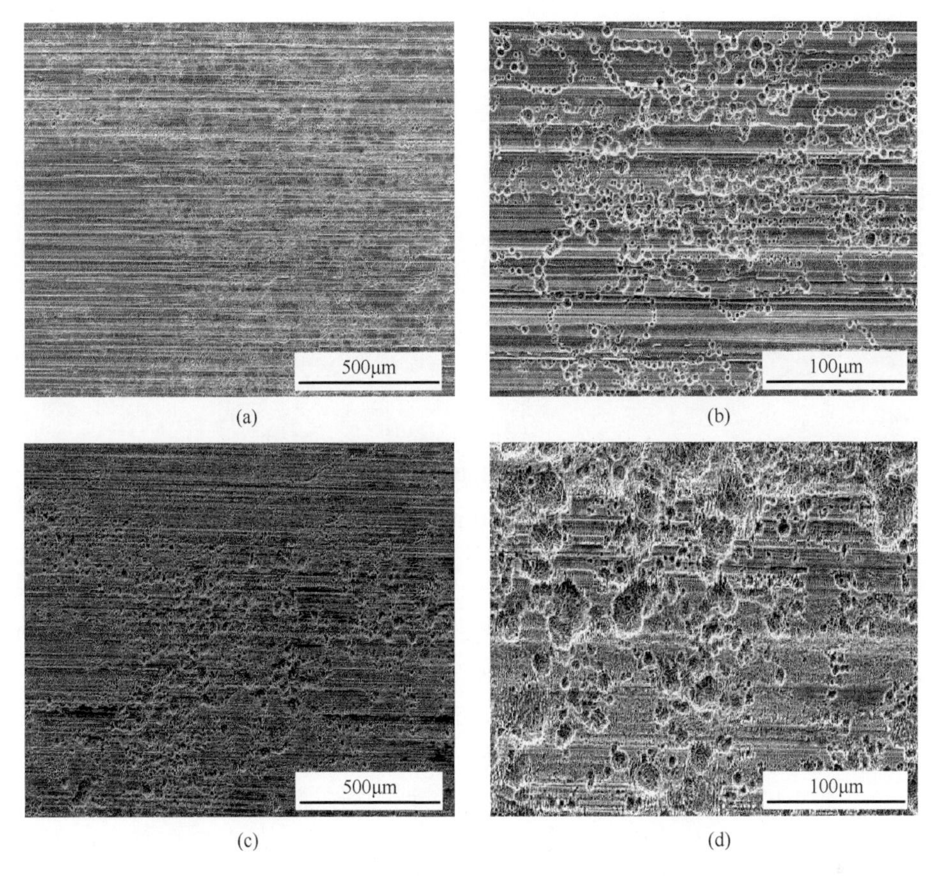

(a)　(b)　(c)　(d)

图 4-17　P110 在不同杀菌剂+1500ppm 脱硫剂条件下的微观形貌

（a）杀菌剂 1，200 倍放大；（b）杀菌剂 1，1000 倍放大；（c）杀菌剂 2，200 倍放大；（d）杀菌剂 2，1000 倍放大

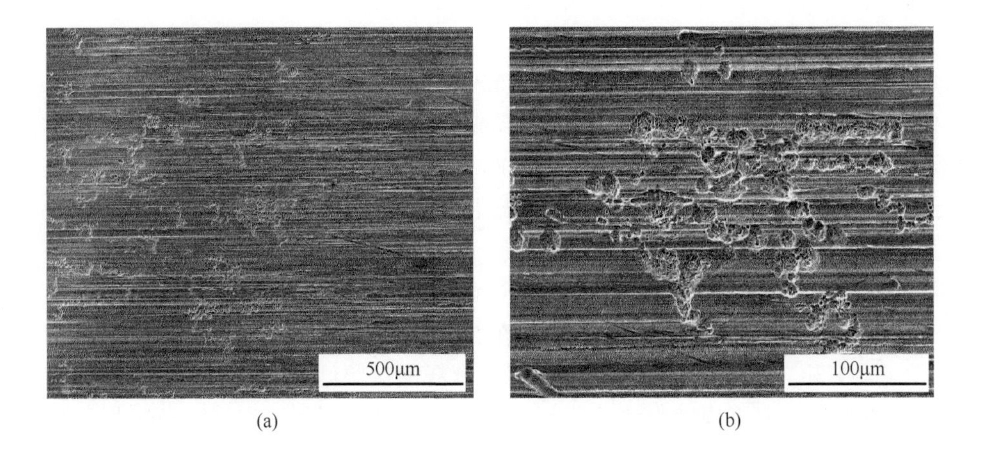

(a)　(b)

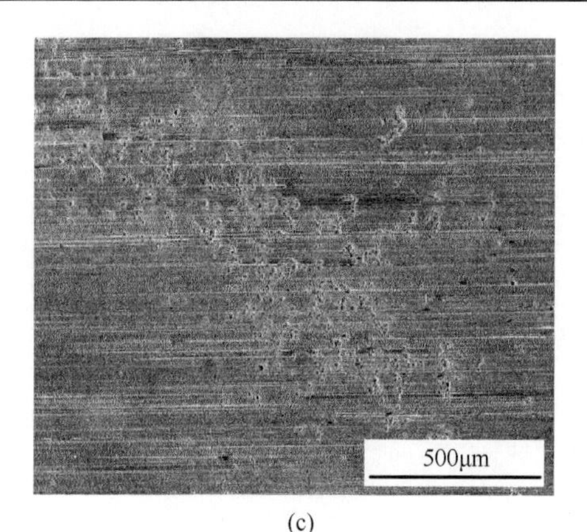

(c)

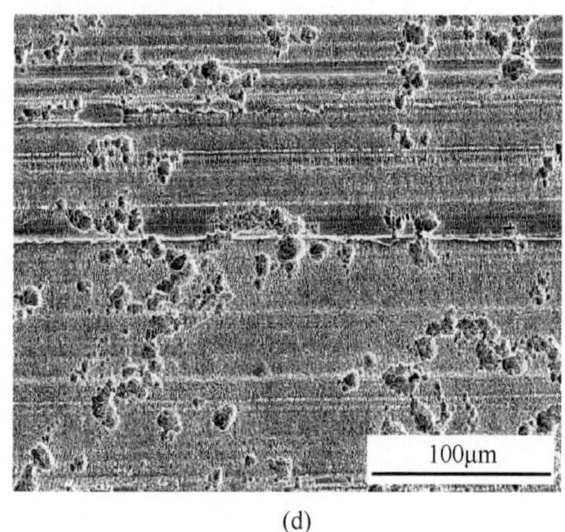

(d)

图 4-18 TP110 在不同杀菌剂+1500ppm 脱硫剂条件下的微观形貌

（a）杀菌剂 1，200 倍放大；（b）杀菌剂 1，1000 倍放大；（c）杀菌剂 2，200 倍放大；（d）杀菌剂 2，1000 倍放大

图 4-11 和图 4-12 为添加 1 号杀菌剂的试验结果，从图中可以看出，在 500ppm 脱硫剂+1000ppm 缓蚀剂+100mg/L 杀菌剂条件下［图 4-11（a）和（b），图 4-12（a）和（b）］，两种钢的腐蚀相对比较轻微，没有明显的裂纹产生，只有少量的点蚀现象发生，对比 1500ppm 脱硫剂+1000ppm 缓蚀剂+100mg/L 杀菌剂条件下［图 4-11（c）和（d），图 4-12（c）和（d））］的试验结果，两种钢在脱硫剂浓度升高的情况下，腐蚀情况有加重的趋势，但是也没有明显的裂纹产生，点蚀密度有增大的趋势，主要原因可能是，由于脱硫剂浓度过高，改变了离子的扩散速率，增大了局部点蚀发生的可能性。从两种钢的腐蚀情况来看，添加脱硫剂对硫化物腐蚀有一定的缓蚀效果，但随脱硫剂浓度的升高，并没有起到更好的效果，反而有加大腐蚀的趋势，所以在加入脱硫剂时，应注意脱硫剂浓度的控制，浓度不宜过高。

图 4-13 和图 4-14 为添加 2 号杀菌剂的试验结果，从图中可以看出，试验结果与加入 1 号杀菌剂的结果基本一致，在 500ppm 脱硫剂+1000ppm 缓蚀剂+100mg/L 杀菌剂条件下，两种钢的腐蚀相对比较轻微，没有明显的裂纹产生，只有少量的点蚀现象发生，对比 1500ppm 脱硫剂+1000ppm 缓蚀剂+100mg/L 杀菌剂条件下的试验结果，两种钢在脱硫剂浓度升高的情况下，腐蚀情况有加重的趋势，但是也没有明显的裂纹产生，点蚀密度有增大的趋势，主要原因可能是，由于脱硫剂浓度过高，反而改变了离子的扩散速率，增大了局部点蚀发生的可能性。

图 4-15 和图 4-16 为两种油套管钢在 500ppm 脱硫剂条件下，分别添加杀菌剂 1 号 HG-B1 和 2 号 HG-B3 条件下的 U 形弯浸泡试验结果。两种油套管钢在同一脱硫剂浓度中加入不同种类的杀菌剂，腐蚀情况差别不大，在 500ppm 脱硫剂条件下，分别加入杀菌剂 1 号和 2 号，两种钢的腐蚀状况基本相同，都没有明显的

裂纹发生，只有少量的点蚀现象，整体腐蚀状况较轻微。

图 4-17 和图 4-18 为两种油套管钢在 1500ppm 脱硫剂条件下，分别添加杀菌剂 1 号 HG-B1 和 2 号 HG-B3 条件下的 U 形弯浸泡试验结果。两种油套管钢在同一脱硫剂浓度中加入不同种类的杀菌剂，腐蚀情况差别不大，在 1500ppm 脱硫剂条件下，分别加入杀菌剂 1 号和 2 号，两种钢的腐蚀状况基本相同，都没有明显的裂纹发生，只有少量的点蚀现象，整体腐蚀状况较轻微。

从两种钢的腐蚀情况来看，在两种不同的杀菌剂条件下，分别添加脱硫剂对硫化物腐蚀有一定的缓蚀效果，但随脱硫剂浓度的升高，都没有起到更好的效果，反而有加大腐蚀的趋势，所以在加入脱硫剂时，应注意脱硫剂浓度的控制，浓度不宜过高。杀菌剂 HG-B1 和 HG-B3 对两种油管钢在 H_2S/CO_2 环境中的腐蚀没有加速作用，且两种杀菌剂的腐蚀情况没有明显差异，效果基本相同。

4.4　分析与讨论

1）缓蚀剂的效果

通过研究缓蚀剂对油管钢在环空环境下发生应力腐蚀的抑制效果，发现：①CO_2 注入井环空环境下，JL-2 缓蚀剂对降低油管钢的应力腐蚀敏感性的作用效果比 IMC 缓蚀剂要好；②在没有缓蚀剂存在的 H_2S/CO_2 环境中，P110 和 TP110TS 都发生了断裂，在加入一定浓度的缓蚀剂（400ppm 和 1000ppm）的条件下，都不发生断裂，且随着缓蚀剂浓度增加，腐蚀速率降低，应力腐蚀敏感性降低。缓蚀剂在 H_2S/CO_2 环境中对油管钢的缓蚀效果非常明显，并对应力腐蚀有明显防护效果。

2）脱硫剂的效果

通过研究 P110 和 TP110TS 钢在有、无缓蚀剂条件下脱硫剂对其应力腐蚀敏感性的影响，发现两种油套管钢的应力腐蚀敏感性变化规律相一致。以 TP110TS 钢为例，其结果如表 4-5 所示。由表中可以看出，在未添加缓蚀剂的情况下，添加脱硫剂后的 U 形弯试样没有发生开裂，这说明，脱硫剂的添加抑制了应力腐蚀的发生。另外，在添加缓蚀剂的条件下，脱硫剂的浓度并不是越大越好，当脱硫剂浓度超过 500ppm 时，腐蚀反而有加重现象。因此，在添加脱硫剂时，以 500ppm 为宜。

表 4-5　TP110TS 钢在不同脱硫剂浓度下的 U 形弯浸泡结果

缓蚀剂浓度/ppm	脱硫剂浓度/ppm	断裂情况	腐蚀情况
0	0	断裂	—
	500	未断裂	点蚀，程度中等

续表

缓蚀剂浓度/ppm	脱硫剂浓度/ppm	断裂情况	腐蚀情况
1 000	0	未断裂	点蚀，程度中等
	500	未断裂	点蚀，较为轻微
	1 500	未断裂	点蚀，程度中等

3）杀菌剂的效果

杀菌剂 HG-B1 和 HG-B3 对环空环境中的腐蚀并没有加速作用，而且加入两者的腐蚀情况基本相同，没有明显的差异。这说明，添加适量的 HG-B1 或 HG-B3 杀菌剂，对缓蚀剂、脱硫剂和杀菌剂的相容性无不良影响，对缓蚀剂或脱硫剂的作用效果无不良影响。因此，在现场可以采用加入杀菌剂的方法改变油套管钢所处的环空环境，且加入 HG-B1 和 HG-B3 都可以。

4.5　结　　论

（1）CO_2 注入井环空环境下，JL-2 和 IMC 缓蚀剂对油管钢的缓蚀效果非常明显，并对应力腐蚀有明显防护效果。其中，JL-2 缓蚀剂对减小油管钢应力腐蚀敏感性的作用效果比 IMC 缓蚀剂要好。

（2）CO_2 注入井环空环境下，脱硫剂的添加能极大地抑制应力腐蚀的发生。另外，在添加缓蚀剂的条件下，当脱硫剂浓度超过 500ppm 时，腐蚀反而有加重现象。因此，在添加脱硫剂时，以 500ppm 为宜。

（3）CO_2 注入井环空环境下，添加适量的 HG-B1 或 HG-B3 杀菌剂，对缓蚀剂和脱硫剂的作用效果无不良影响，缓蚀剂、脱硫剂和杀菌剂具有良好的相容性，两种杀菌剂的作用效果基本相同。

（4）在 CO_2 注入井环空环境中使用油基环空保护液时，P110 和 TP110TS 两种油套管钢 U 形弯试样在浸泡过后表面均没有明显的点蚀和裂纹出现，这说明油基环空保护液是 CO_2 驱注井环空环境下比较理想的腐蚀防护方法。

第5章　高含H_2S-CO_2气井油套管材料腐蚀规律研究

5.1　引　言

目前国内石油气田中H_2S气体含量高、压力高、产能高的三高气田为数不少，井下套管腐蚀情况非常严重，每年造成了巨大的经济损失。井下套管的腐蚀行为已受到国内外学者的广泛关注。

我国三高气田具有气藏埋藏深（井深4000～7000m）、温度高、地层压力大、H_2S与CO_2高腐蚀性气体共存等特点，是对安全生产的重大挑战，也为经济开发提出了考验。油管所处的环境非常复杂，腐蚀环境随生产状况、气藏不同、开采方式、井身设计以及井深的变化而变化。

三高气田（高H_2S、高CO_2和高压力）腐蚀具有两方面特征：一是腐蚀环境苛刻，油管的腐蚀环境是复杂的高温、高压环境，温度和压力随气藏和生产情况还有地下的井深的变化而变化，环境中不仅含有高浓度的H_2S（分压不低于0.0003MPa）以及高浓度的CO_2和高矿化度的地层水，CO_2使pH降低而促进腐蚀；二是油管柱和套管柱承受较高的工作载荷，包括几十兆帕的内压或外压以及管道悬重产生的拉伸载荷。上述两个方面的协同作用会导致油管和套管发生严重的SSCC和HIC等高危失效模式。因此控制油套管的腐蚀有重大的安全意义和经济意义。

本章结合我国西南某油田的工况实例，通过电化学和腐蚀实验研究了抗硫油套管钢在三高气田环境下的腐蚀行为规律，为三高气田开发选材提供了参考和依据。

5.2　研究方法

5.2.1　模拟体系的建立

1. 模拟介质

表5-1为西南某气田的出井液成分分析结果，其成分取自采样井统计工况的上限值。为模拟三高气田井内产出流体介质实际工况，根据表5-1结果配平的三

高气田模拟溶液母液成分如表 5-2 所示，其相应的 CO_2 分压为 0.6MPa，H_2S 浓度为 150～300g/m^3。由于本实验室条件限制，总压采用 10MPa。

表 5-1 西南某三高气田井下介质的成分分析

井号	取样时间	Na^+/（mg/L）	K^++Na^+/（mg/L）	Ca^{2+}/（mg/L）	Mg^{2+}/（mg/L）	Cl^-/（mg/L）	矿化度/（mg/L）	pH（平均）
龙岗 001-1	09-07-07	1 592	1 943	10 484	7 296	33 650	53 535	5.0

表 5-2 三高气田出井液模拟溶液成分

NaCl/（mg/L）	KCl/（mg/L）	$CaCl_2$/（mg/L）	$MgCl_2$/（mg/L）	pH
4 710	780	33 850	33 600	5.0

2. 试样制备

试样沿套管的轴向切取，每个实验条件下 4 个平行试样，其中 1 个用于腐蚀观察及腐蚀速率测量，3 个用于力学性能测试。试样尺寸按照国标 GB/T 15970. 7—2000 确定（图 5-1），实验前套管钢试样表面用水砂纸打磨至 800#，打磨方向与拉应力方向一致。实验前试样表面依次用丙酮和酒精除油、去离子水冲洗，吹干备用。干燥后，称重，测量工作区面积（其余部分封耐热硅橡胶）。

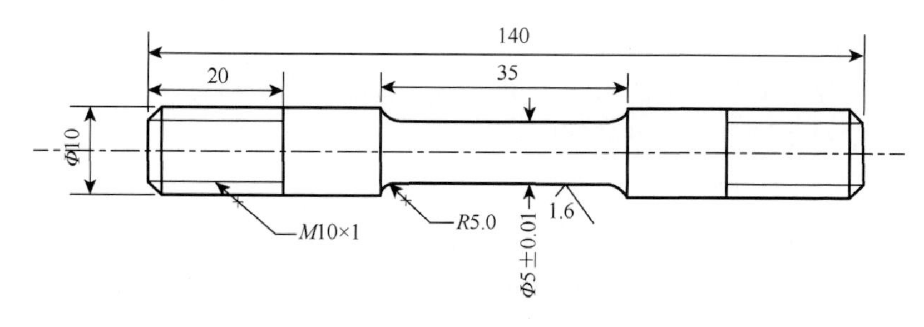

图 5-1 试样尺寸图

预拉应力试样及其表面处理与无应力试样一致（图 5-2），试样的拉伸预应力加载方式如图 5-2 所示。加载时先用材料拉伸试验机将试样加载到足够应力水平，然后将夹具套在试样上，采用陶瓷垫片绝缘，螺母加载至拉伸机的示数为零（载荷由夹具承担），然后用高温密封硅胶密封试样两端及整个夹具。待硅胶凝固后，清洗试样工作区、备用。

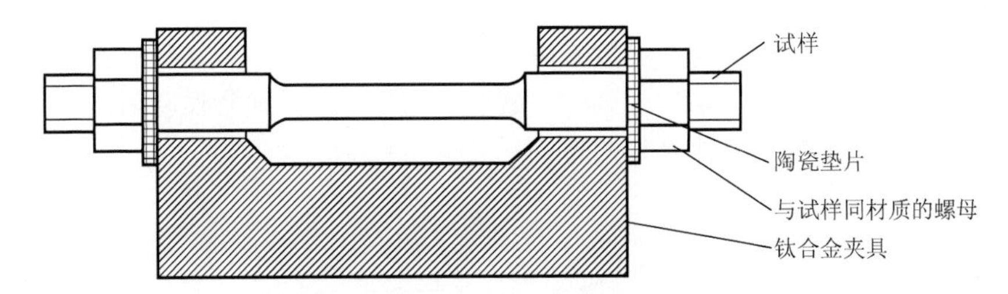

图 5-2　恒载荷拉伸试验加载装置示意图

为了评估油管在地层中的抗挤毁性能随腐蚀时间的变化，本章设计了预压应力试验。试样尺寸如图 5-3 所示，加载后试样如图 5-4 所示。实验前试样预处理程序和预应力加载方式同拉伸试样。

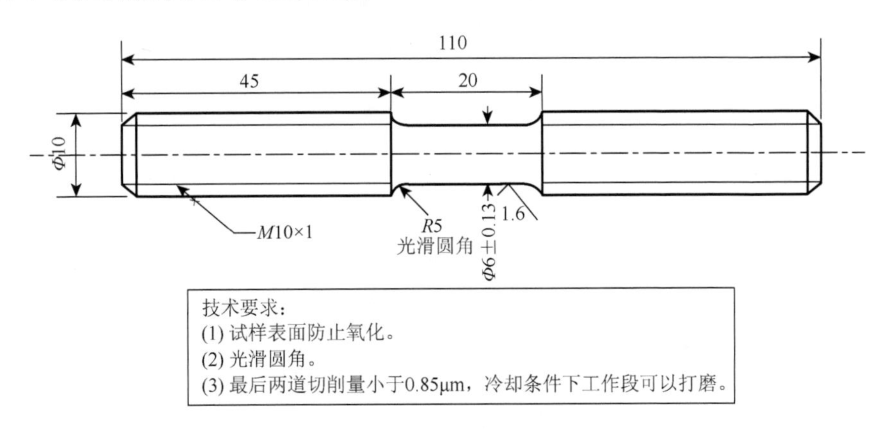

图 5-3　恒载荷压缩试验的试样尺寸

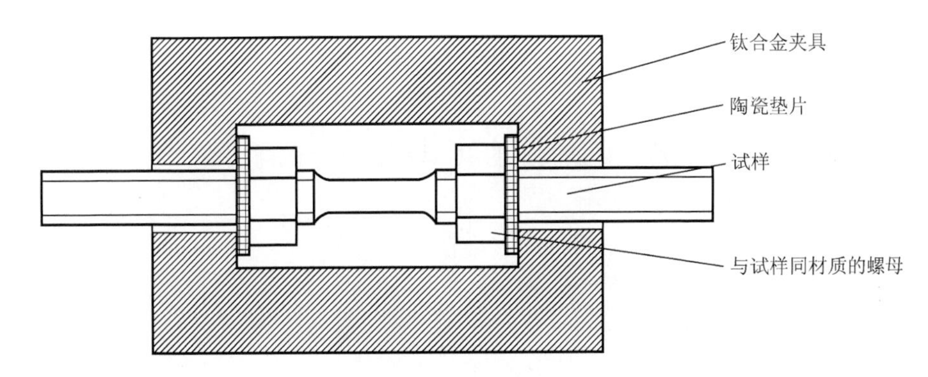

图 5-4　恒载荷压缩试验加载装置示意图

5.2.2　腐蚀试验

将无应力和预应力的试样按设定条件放入高压釜。

上述试样的均匀腐蚀速率测量采用截取法进行测量。截取法适合测量初始状态下局部几何和物理状态均匀的试样，截取其均匀部分，进行试验后的失重速率测量。对于棒状试样，其计算公式为

$$R_{\mathrm{W}}=\frac{W_{\mathrm{i0}}-W_{\mathrm{i}}}{A_{\mathrm{i}}t}=\frac{\dfrac{R_{\mathrm{i0}}^{2}\overline{L}_{\mathrm{i}}}{R_{0}^{2}\overline{L}_{0}}W_{0}-W_{\mathrm{i}}}{2\pi R_{\mathrm{i0}}\overline{L}_{\mathrm{i}}\mathrm{t}} \tag{5-1}$$

式中，R_{W} 为均匀腐蚀速率[$\mathrm{g/(dm^2 \cdot a)}$（克每平方分米每年）]；$W_0$ 为标准试样标距长度内的质量（g）；W_{i0} 为被测试标距长度内的质量（g）；W_{i} 为标准试样标距长度内的质量（g）；A_{i} 为被测试标距长度内的表面积（$\mathrm{dm^2}$）；t 为试验时间[a（年）]；R_{i0} 为被测试试样标距区内试样直径（mm）；R_0 为标准试样标距区内试样直径（mm）；$\overline{L}_{\mathrm{i}}$ 为被测试试样标距长度（dm）；$\overline{L}_0$ 为标准试样标距长度（dm）。

5.2.3 电化学充氢实验

电化学充氢实验在 PS-268A 型电化学测量仪上进行。充氢溶液采用 0.5mol/L H_2SO_4 + 250mg/L 的三氧化二砷（As_2O_3）溶液，充氢电流密度为 $10\mathrm{mA/cm^2}$、$30\mathrm{mA/cm^2}$ 和 $50\mathrm{mA/cm^2}$，充氢温度采用 30℃、40℃、50℃和 90℃，充氢时间为 24h。充氢完毕的试样立即放入充满液状石蜡的带有刻度的漏斗形玻璃管中，静置到不再放出气泡为止，测量试样的室温放氢量。

利用式（5-2）就可以计算出氢在 TP110TS 钢中的质量百分数：

$$\text{放氢量}=\frac{0.089(\mathrm{g/L})\times V}{m} \tag{5-2}$$

式中，0.089g/L 为 H_2 密度；V 是放出的 H_2 体积；m 为试样质量。

5.3 研 究 结 果

5.3.1 试样宏观形貌

图 5-5 和图 5-6 分别是无应力试样和预拉应力试样腐蚀之后的宏观形貌。可见，TP110TS 钢在模拟三高气田环境中腐蚀之后表面均生成一层黑褐色腐蚀产物，无应力试样的腐蚀产物比较均匀，而拉应力试样的拉伸区中部的腐蚀产物较厚（图 5-6）。试样在空气中放置一段时间后部分试样表面生成红色三价铁氧化物。

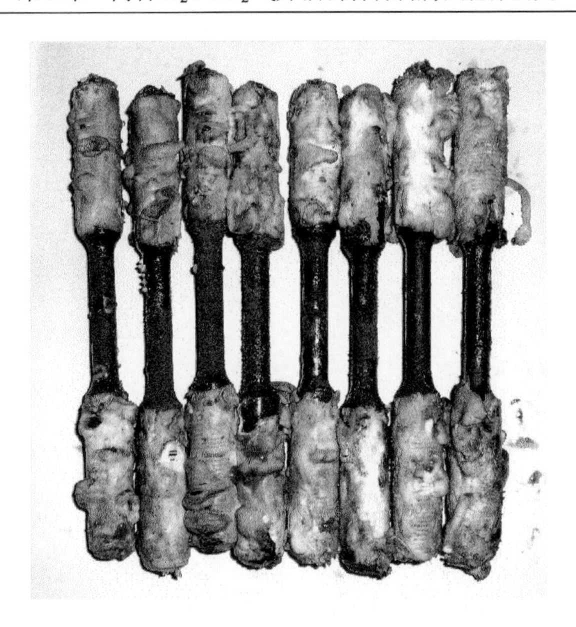

图 5-5　无应力试样腐蚀后的宏观形貌，两端白色物质为高温硅橡胶

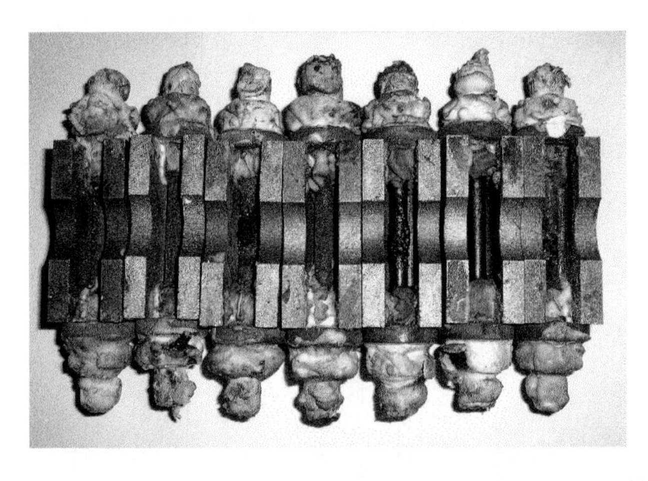

图 5-6　拉应力试样腐蚀后的宏观形貌，两端白色物质为高温硅橡胶

5.3.2　腐蚀速率

图 5-7 是存在无应力和拉应力情况下温度对腐蚀速率的影响规律。可以看出，温度从 60℃升高至 100℃腐蚀速率明显增加。同时，存在拉应力时 60℃和 100℃下的腐蚀速率均相应增加，增幅约 50%，表明拉应力存在能够加速 TP110TS 钢的腐蚀速率。

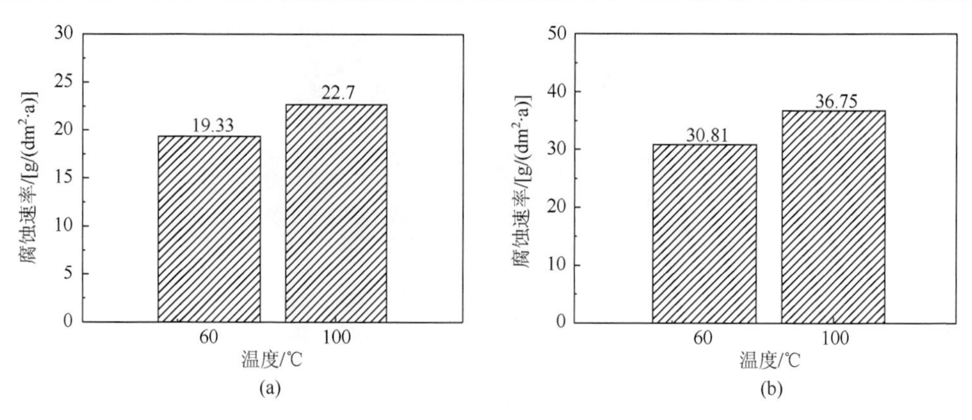

图 5-7　300g/m^3H_2S 下无应力（a）和 50%σ_s 拉应力（b）时 TP110TS 钢在不同温度下浸泡 120h 后的平均腐蚀速率

图 5-8 为 100℃时不同应力状态下腐蚀速率随时间的变化，可见，在相同实验条件下，腐蚀速率随时间变化较小，基本上近似相等，说明腐蚀时间对腐蚀速率影响较小；同时不同应力状态下的腐蚀速率差别较大，在压应力下腐蚀速率与无应力时的相当，而拉应力存在时，腐蚀速率明显增加，表现出应力腐蚀倾向。

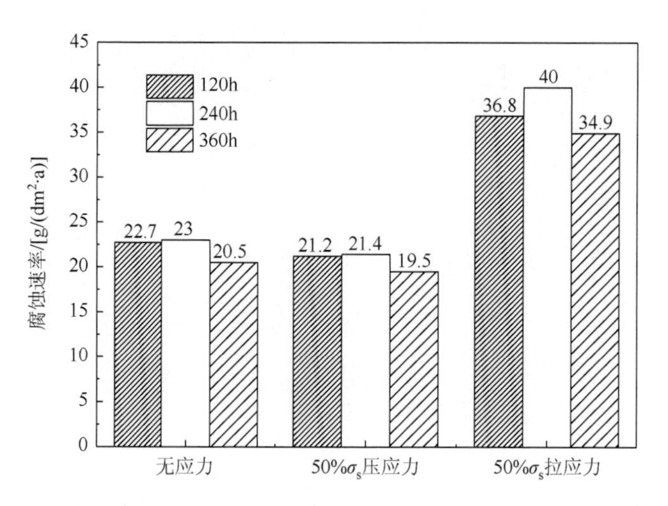

图 5-8　300g/m^3 H_2S、100℃下不同应力状态试样腐蚀速率随时间的变化

图 5-9 为 H_2S 浓度对腐蚀速率的影响，可见，当 H_2S 浓度降低时，不同条件下的腐蚀速率均出现不同程度的降低，但降低幅度不大。这表明 H_2S 浓度的增加能够促进应力腐蚀的过程，但从 150g/m^3 增加到 300g/m^3 时其促进作用有限。而且，在 150g/m^3 的 H_2S 浓度下，腐蚀速率的变化趋势与 300g/m^3 条件下的一致。

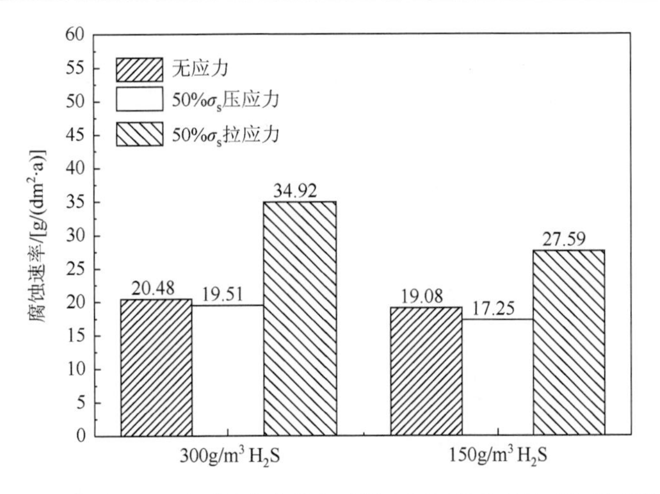

图 5-9　100℃、腐蚀 360h 后不同应力状态试样在不同硫化氢浓度下的平均腐蚀速率

5.3.3　力学性能测试

图 5-10 和图 5-11 是 300g/m^3 H_2S、100℃下 TP110TS 钢在高压釜中浸泡后的拉伸曲线，拉伸速率为 1mm/min。

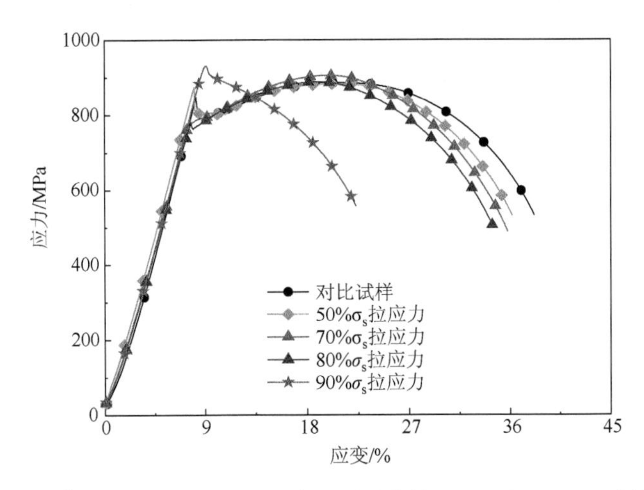

图 5-10　300g/m^3 H_2S、100℃下不同应力水平下腐蚀 720h 后 TP110TS 钢的拉伸曲线

由图 5-10 可见预拉应力水平对腐蚀后的力学性能有重要影响。预拉应力从 50%σ_s 增加到 70%σ_s 以上时，TP110TS 钢的强度和延伸率随加载水平的增加而逐渐降低，特别当浸泡拉应力增加到 90%σ_s 时延伸率大大降低，几乎没有均匀变形行为，表现出明显的应力腐蚀敏感性；而当加载水平在 80%σ_s 以下时，应力腐蚀敏感性大幅降低，表明该材料在试验条件下的应力腐蚀门槛值应该介于 80%σ_s 和 90%σ_s 之间。

但参照 NACE TM0177 标准的规定，经过 720h 的试验，TP110TS 钢在 90%σ_s 拉应力下并未发生断裂，表明其耐 H_2S 应力腐蚀的能力在试验条件下能达到要求。

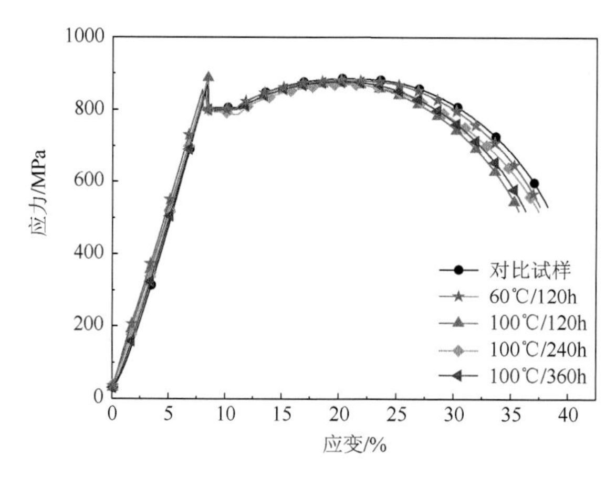

图 5-11　300g/m³ H_2S、无应力作用下腐蚀 720h 后 TP110TS 钢的拉伸曲线

图 5-11 是无加载应力时的情况，经过不同腐蚀时间和温度腐蚀之后，TP110TS 钢的力学性能未发生明显劣化，仍具有较好的力学性能，表面介质的阳极溶解作用不足以导致材料脆化。对比图 5-10 和图 5-11 可知，拉应力与服役介质环境具有协同作用可导致 TP110TS 钢产生明显的 HE 现象，进一步证明 TP110TS 钢在三高气田环境下具有一定的 SSCC 敏感性。

图 5-12 对比了预拉应力和预压应力对 TP110TS 钢不同腐蚀时间之后力学性能的影响结果，可见，50%σ_s 的拉应力对 TP110TS 钢的力学性能有较明显的影响，

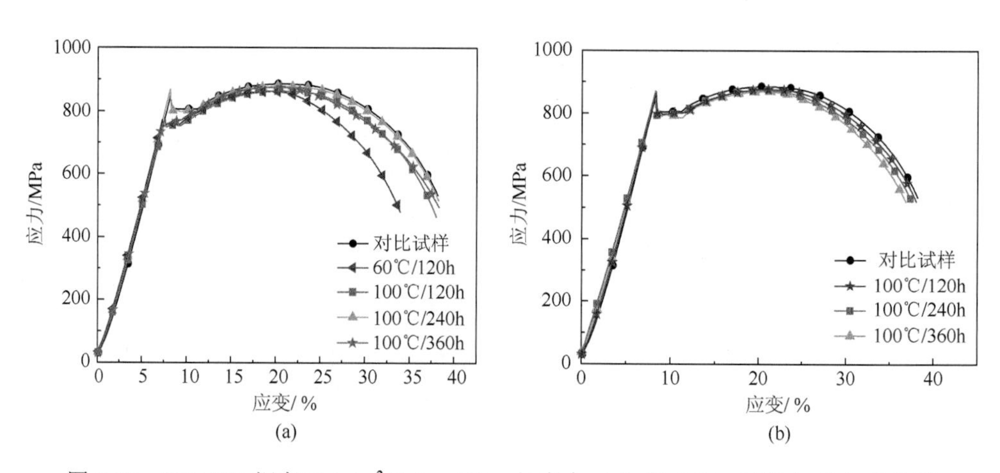

图 5-12　TP110TS 钢在 300g/m³ H_2S、50%σ_s 拉应力（a）和 50%σ_s 压应力（b）条件下腐蚀后的拉伸曲线

但同水平的压应力作用下该钢在实验条件下未发生明显劣化，仍具有较好的力学性能；表明 TP110TS 钢在压应力作用下能够保持材料的力学性质，压应力与腐蚀介质无明显的交互作用。

为了研究 TP110TS 钢在试验溶液中的应力腐蚀敏感性，分别计算了在不同条件下试样断后的强度损失 I_σ、延伸率损失 I_δ 和断面收缩率损失 I_ψ。

$$I_\sigma=(1-\frac{\sigma_E}{\sigma_0})\times 100\% \tag{5-3}$$

$$I_\delta=(1-\frac{\delta_E}{\delta_0})\times 100\% \tag{5-4}$$

$$I_\psi=(1-\frac{\psi_E}{\psi_0})\times 100\% \tag{5-5}$$

式中，下标 E 表示在溶液中浸泡过试样的力学参数；0 表示未浸泡试样在惰性介质（空气）中的力学参数；σ、δ、ψ 分别表示断裂强度、延伸率和断面收缩率。上述三个指标中任意一个指标正向增加均代表应力腐蚀敏感性增大。上述三种指标的计算结果如图 5-13 和图 5-14 所示。

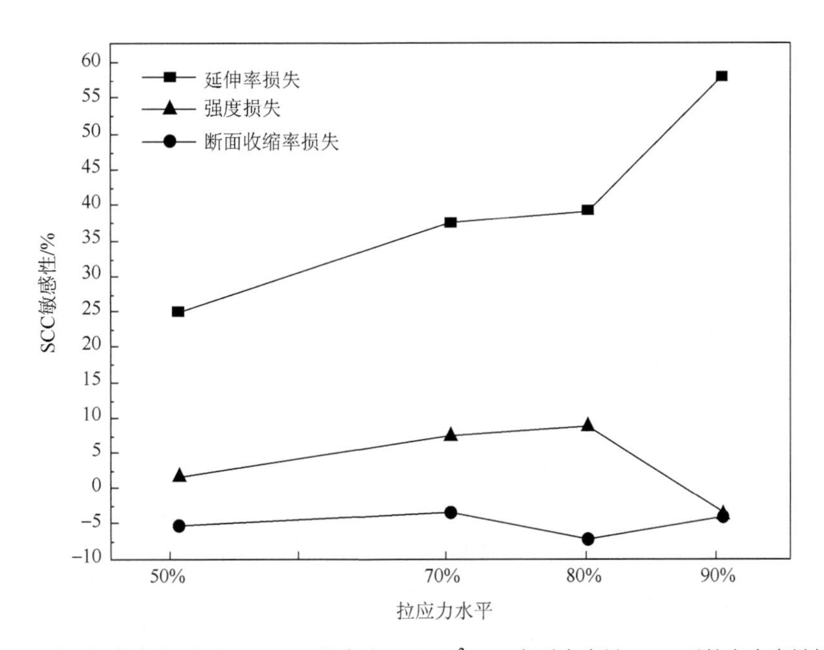

图 5-13　不同拉应力水平下 TP110TS 钢在含 300g/m³ H_2S 介质中腐蚀 720h 后的应力腐蚀敏感性

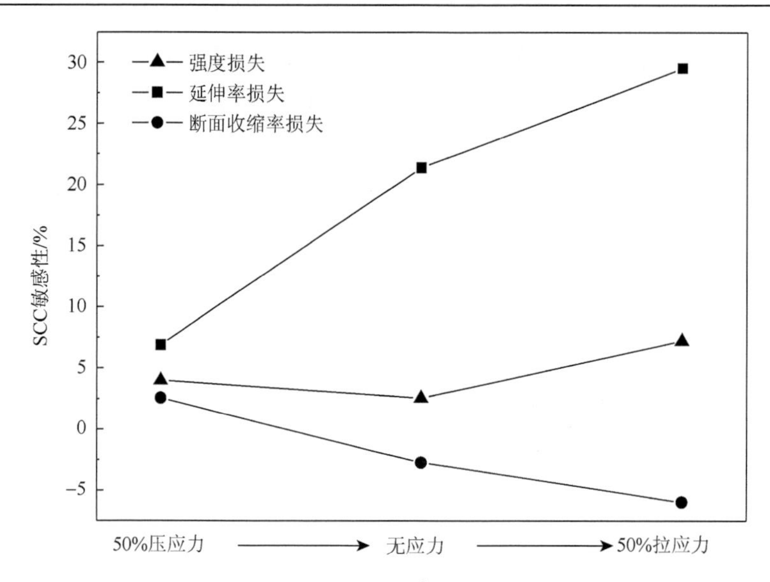

图 5-14　不同应力状态下 TP110TS 钢在含 300g/m³ H_2S 介质中腐蚀 720h 后的应力腐蚀敏感性

由图 5-13 可见，I_σ、I_ψ 随应力水平的增加的变化均较小，即用这两个指标不能判断该钢在试验条件下的应力腐蚀敏感性，而 I_δ 数值较大、且随应力水平的增加逐渐增大，特别是应力水平达 90%σ_s 时，应力腐蚀敏感性达到 60%左右，表现出高的应力腐蚀倾向。

由图 5-14 可见，I_σ、I_ψ 随应力水平的增加的变化均较小，即用这两个指标不能判断该钢在试验条件下的应力腐蚀敏感性，而 I_δ 数值较大，且在拉应力作用下最高，无应力时其次，压应力下最低。I_δ 表明拉应力状态能够明显增大该钢材质劣化的程度，在无应力时，由于 H_2S 的存在材质也会发生一定程度的性能衰退，而压应力存在时材料性能劣化的程度最低。

5.3.4　腐蚀产物分析

由图 5-15 是可见，TP110TS 钢在实验介质中的腐蚀产物主要是铁的硫化物（FeS 或 FeS_x），但在受预拉应力的试样表面检测出铁的氧化物。这表明受拉应力的试样表面的腐蚀产物可能比较疏松，导致部分硫化物在送检过程中氧化。由 1.2 节内容可知，FeS 膜的存在可以促进阴极反应生成的 H 向金属内部扩散，诱发 SSCC。结合图 5-5 和图 5-6 结果可见，预拉应力条件下的腐蚀产物比较厚、表观疏松，这可导致预拉应力条件下钢的充氢程度增加，从而加剧钢的 SSCC 敏感性。

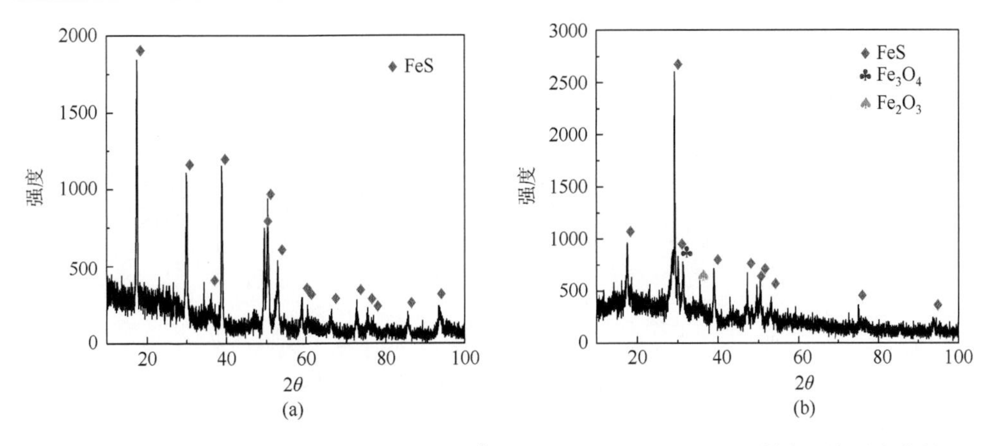

图 5-15　TP110TS 钢在 100℃、含 300g/m^3 H_2S 介质中浸泡 720h 后试样表面腐蚀产物的 XRD 分析结果

（a）无应力状态；（b）90%σ_s 拉应力

5.3.5　电化学充氢

TP110TS 钢在充氢溶液中充氢后浸入液状石蜡中测得的放氢量与充氢温度和充氢电流密度的关系分别如图 5-16 和图 5-17 所示。这些试验可定性模拟出 H_2S 环境中温度变化对钢中渗氢作用的影响规律。

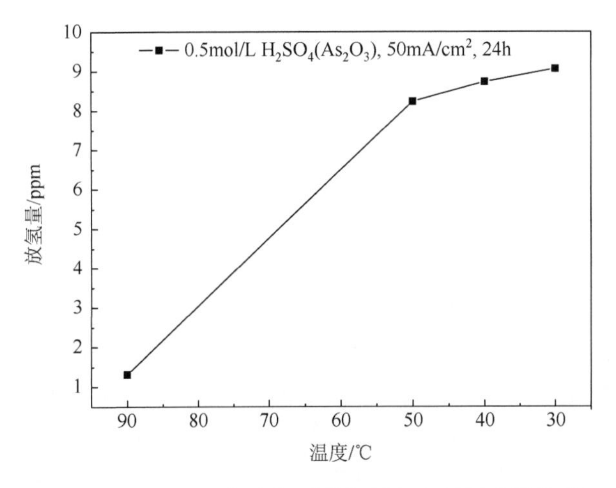

图 5-16　TP110TS 钢充氢后放氢量与充氢温度的关系

由图 5-16 可见，随着温度的升高，TP110TS 钢在腐蚀过程中吸收的氢的量逐渐降低，100℃时钢中的含氢量仅为 30℃时的 10%左右。由于渗入钢中的氢是发

生应力腐蚀的关键因素，上述结果说明 TP110TS 钢在 100℃时的应力腐蚀敏感性会比温度较低条件下的低。这点由图 5-12 中的结果可以印证。

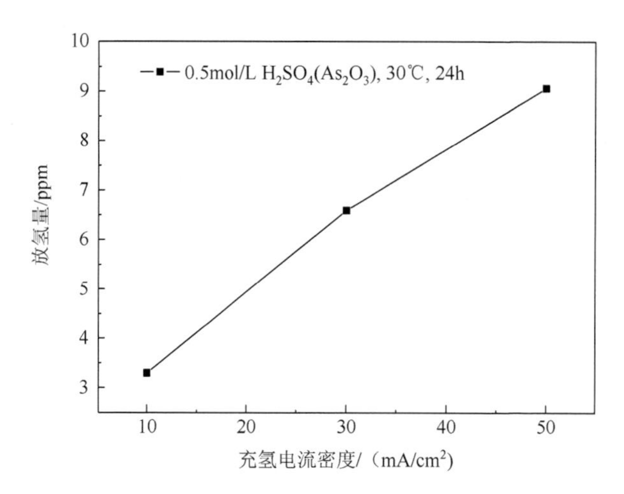

图 5-17　TP110TS 钢充氢后放氢量与充氢电流密度的关系

图 5-17 是充氢电流对钢中含氢量的影响，其结果可以模拟 H_2S 浓度改变对钢中含氢量的影响。可见，随着充氢电流密度的增加，钢中含氢量线性增加。这说明介质中 H_2S 浓度增加后，钢中含氢量会线性增加，从而增加应力腐蚀敏感性。

上述电化学充氢实验的结果表明，TP110TS 钢在 100℃时仍可受到介质充氢的作用的影响，从而导致其 SSCC 行为表现出明显的氢脆特征。

5.4　分析与讨论

5.4.1　应力腐蚀机理

三高气田环境是一种含有 CO_2、H_2S、Cl^-、SRB 等多种腐蚀性介质的高压环境，目前国内外关于该环境下的应力腐蚀机理的认识主要分为以下三类观点。

1）氢致开裂机理

在湿 H_2S 环境中，钢表面吸附的硫化物阴离子加速水合氢离子放电，同时减缓氢原子重组生成氢分子的过程，抑制阴极析氢，从而聚集在钢的表面并继续向钢内渗透，富集在钢材的缺陷和应力集中处并结合成氢分子，导致氢致裂纹的产生，即氢压理论；此外，氢能促进位错的运动和发射，降低位错周围的局部塑性，微裂纹在局部应力作用下发生解理扩展，即氢促进局部塑性变形从而导致断裂的理论。

2）阳极溶解机理

局部阳极溶解诱导产生应力腐蚀裂纹，以阳极的快速溶解为主，裂纹尖端位于阳极区，但是目前广大学者对于应力腐蚀裂纹产生的诱因存有争议。

应力腐蚀开裂的萌生与 Cl^-导致的阳极溶解作用密切相关，裂纹一般由 Cl^-导致的点蚀坑底部起源，以台阶状扩展进入内部，并沿夹杂物/基体界面及轧制方向晶界的择优溶解使其呈台阶状裂纹。然而，氢在阳极溶解型应力腐蚀开裂中起到了重要作用，能促进阳极溶解型 SCC。SSCC 或 SCC 过程中氢可以进入试样并在裂尖富集，其浓度低于产生氢致开裂的临界值时，不会引起氢致开裂；但是进入的氢能改变钝化膜或表层金属的性质，促进阳极溶解，导致阳极溶解型应力腐蚀开裂。

3）混合机理

应力腐蚀过程中，同时有氢致开裂和阳极溶解作用，共同促进应力腐蚀的发生和发展。

在 H_2S 的介质中，H_2S 电离产生的 S^{2-}和 HS^-能阻碍原子氢结合成氢分子，使氢进入金属材料内部诱发裂纹进而产生氢致裂纹。一方面，氢致裂纹的产生增大了表面的活性进而加速了阳极溶解；另一方面，阳极溶解的又促进氢原子的产生和聚集，即金属裂纹的产生和扩展是阳极溶解和氢致开裂同时存在作用的结果。

SSCC 机理应是综合应力腐蚀开裂机理，即阳极溶解和氢脆共同作用的结果。其局部的阳极溶解促进裂纹的萌生，而裂纹尖端聚集的氢引起的附加应力影响裂纹的扩展。SSCC 的阳极溶解机理和氢致开裂机理很难严格区分开来，并且在湿 H_2S-CO_2 共存环境体系中，金属材料的腐蚀规律及机理不仅取决于腐蚀环境，还取决于材料本身，不同材料在不同环境下发生应力腐蚀开裂的机理及控制因素不同。

因此，本章中 TP110TS 钢的应力腐蚀机理应该是 HE 和 AD 的混合机理。由 1.2.2 节内容可知，在温度低于 80℃时，随着温度的降低，H_2S 介质中的氢更容易渗入钢中，导致 HIC 或 HE 机理的应力腐蚀。当温度为 20～50℃时这种作用最明显。当温度高于 80℃时，阴极反应在金属表面生成的 H 更容易结合成分子而析出，进而降低了其导致 HIC 或 HE 的作用，引起应力腐蚀敏感性降低。

当温度升高至 80℃以上（如 100℃）时，渗入钢中的氢量随温度快速减小，常温下比 100℃时钢中的含氢量高近 10 倍（图 5-16），这说明在 100℃时，TP110TS 钢的 HIC 或 HE 敏感性会大大降低，进而导致其应力腐蚀敏感性比常温下低［图 5-12（a)］。

尽管 100℃时钢中的渗氢浓度比温度低时大大降低，但是在较高拉应力情况下，由于部分晶格被拉长，钢中有效的氢阱密度增加导致其具有较高的氢脆敏感性，即均匀拉伸变形能力大大损失而导致应力腐蚀敏感性大幅增加。这些结果表明，TP110TS 钢在 100℃时仍具有 HE 特征，即其应力腐蚀机理具有 HIC 或 HE 机理。

同时，由图 5-7～图 5-9 可见，存在拉应力时 TP110TS 钢的腐蚀速率明显增大，说明阳极溶解作用在应力腐蚀过程中起重要作用，特别是对于其裂纹的萌生过程，拉应力导致的阳极溶解可能加速点蚀生长进而引发裂纹。也就是说，这种钢在试验介质中的应力腐蚀也具有 AD 的特征。

综上所述，TP110TS 钢在模拟的三高气田环境中的应力腐蚀机理是阳极溶解与氢脆的混合机理（AD+HE 机理）。

5.4.2 压应力的作用

由于应力腐蚀只有在敏感材料、敏感环境和拉应力三者共同的作用下才能发生。因此，在对试样施加压应力条件不会发生应力腐蚀。由本章内容可见，TP110TS 钢在压应力下其腐蚀速率均比同条件下其他加载方式的低，且材料的力学性能损失很小（图 5-8，图 5-9，图 5-12）。这主要是由于以下几个原因。

（1）压应力存在时，材料表面的腐蚀产物膜会更加致密，导致其介质传输受到一定的抑制作用，从而降低了腐蚀速率。同时，电极过程受到抑制后，扩散到金属中的 H 浓度会降低，进而抑制了 H 促进阳极溶解的过程，从而进一步降低了腐蚀速率。

（2）压应力存在时，渗入钢中的氢虽然能在缺陷处聚集，但压应力增大了 HIC 发生的阻力，使得 HIC 不能扩展、发生率降低，从而对材料性能的损伤很小。

（3）压应力的存在压缩了晶格尺寸，导致 H 扩散激活能增大，降低了 H 在钢中的扩散速率，从而降低了 H 向氢阱运输的过程，进而降低了 HE 和 HIC 的发生概率。

5.4.3 应力门槛值及安全性

应力腐蚀发生必须要有足够高的拉应力水平，即需要满足应力门槛值，应力腐蚀才能发生。由图 5-10 和图 5-13 可见，只有当拉应力水平达到约 80%σ_s 以上时，它们在 100℃的模拟介质中才表现出强应力腐蚀敏感性，亦即其应力腐蚀门槛值为 80%σ_s～90%σ_s。但是，当拉应力超过 70%σ_s 时已经具有一定的应力腐蚀敏感性。这表明，这两种材料在实际使用过程中，应力水平在 70%σ_s 以下时，具有较高的安全性。

同时，由于温度降低后（如 60℃），材料的应力腐蚀敏感性增大，导致其在 50%σ_s 条件下即表现出应力腐蚀敏感性。这表明在温度较低的条件下服役时，其安全应力门槛值要降低至至少 50%σ_s 才能达到一定的安全性。

5.5 结 论

（1）TP110TS 钢在模拟的三高气田环境中的应力腐蚀机理是阳极溶解与氢脆的混合机理（AD+HE 机理）。温度较高时（100℃）钢中的含氢量大幅度降低、HE 作用减弱，导致其应力腐蚀敏感性低于较低温度（60℃）时低。同时，温度较低（60℃）时阳极溶解作用降低，但 HE 作用增强，导致其应力腐蚀敏感性高于同应力下 100℃时的。

（2）压应力存在时，材料表面的腐蚀产物膜会更加致密，导致其介质传输受到一定的抑制作用，从而降低了腐蚀速率；同时，电极过程受到抑制后，扩散到金属中的 H 浓度会降低，进而抑制了 H 促进阳极溶解的过程，从而进一步降低了腐蚀速率。压应力增大了 HIC 发生的阻力，使得 HIC 不能扩展、发生率降低，从而对材料性能的损伤很小；压应力的存在压缩了晶格尺寸，导致 H 扩散激活能增大，降低了 H 在钢中的扩散速率，从而降低了 H 向氢阱运输的过程，进而降低了 HE 和 HIC 的发生概率。上述因素导致了压应力能够一定程度上降低了钢的腐蚀速率以及降低材料机械性能损失的程度。

（3）TP110TS 钢在 100℃的模拟介质中，当拉应力超过 70%σ_s 时才表现出具有一定的应力腐蚀敏感性，表明这两种材料在实际使用过程中应力水平在 70%σ_s 以下时具有较高的安全性。同时，由于温度降低后（如 60℃），其安全应力门槛值要降低至至少 50%σ_s 才能达到一定的安全性。

第 6 章　高含 H_2S-CO_2 油井油管材料腐蚀规律研究

6.1　引　　言

“三高”油田是指具有腐蚀性气体（H_2S-CO_2）含量高、压力高和产能高特点的油田。与气井环空环境的薄液腐蚀及气相冲刷腐蚀不同，油井地下环空环境由于同时存在着矿化水和原油，其腐蚀形式常表现为垢下的腐蚀穿孔和断裂。由于井下环境的复杂性，影响井下油管腐蚀行为的因素很多，主要包括油管所承受的应力、井下 CO_2-H_2S 浓度、采出水的矿化度以及温度等因素。随着各影响因素的变化，井下油管的腐蚀行为也大为不同。目前关于这些因素对油井地下环空环境中油管腐蚀行为的影响的研究缺乏综合性的认识，对其腐蚀机理阐述的并不明确。所以有必要对“三高”油田井下环空环境中油管的腐蚀行为进行多因素的综合考察，并对其腐蚀机理进行分析和阐述。

本章通过实验室模拟油田井下套管服役工况，采用高温高压条件下应力腐蚀研究方法和电化学测量分析研究了 L80 油套管钢在“三高”油田环境中的应力腐蚀行为，通过不同预应力、CO_2 浓度、H_2S 浓度、腐蚀介质中含母液率和温度等影响因素的研究，综合阐述了套管材料在模拟不同受力条件下在“三高”油田采出液环境中的腐蚀速率大小、应力腐蚀敏感性和各主要影响因素的作用规律。

6.2　研 究 方 法

6.2.1　恒载荷浸泡实验

高温高压下恒载荷浸泡实验所用材料为 L80 油套管钢，试样准备过程和试验过程参照第 3 章。根据伊拉克某“三高”油田地层水的总矿化度配置母液，如表 6-1 所示。然后根据油田不同出产时间段的典型油水比，向母液中加入四种不同比例的石油原油，形成包括含母液率（含母液率后文一致简称含水率）5%、30%、50%和 80%（质量分数，其余为纯石油）的 4 种试验介质，以研究不同采出阶段的腐蚀介质状况。介质含水率与其所模拟的服役年限（相同含水率原油所对应的大致开采时间）对应关系如表 6-2 所示。

表 6-1　地层水暨母液成分

成分	NaCl	$NaHCO_3$	Na_2SO_4	$CaCl_2$	$MgCl_2 \cdot 6H_2O$	pH
数量当量	236.5 当量	1.01 当量	0.64 当量	26.64 当量	12.68 当量	6

表 6-2　介质含水率与当量服役年限的对应关系

含水率（质量分数）	5%	30%	50%	80%
当量服役年限	0～10	11～15	16～20	21～30

6.2.2　电化学实验

高温高压下电化学测量试验材料为 L80 油套管钢。在对应的浸泡试验条件下，对每种材料各测试一条极化曲线和一条交流阻抗谱曲线。极化曲线电位区间为–1.5～1V，扫描速率 0.5mV/s。EIS 曲线的激励电位为 10mV，频域范围为 100kHz～10MHz。

6.3　研究结果

6.3.1　宏观腐蚀形貌

图 6-1（a）、（b）和（c）分别是 L80 油套管钢的无预应力拉伸试样、预拉应

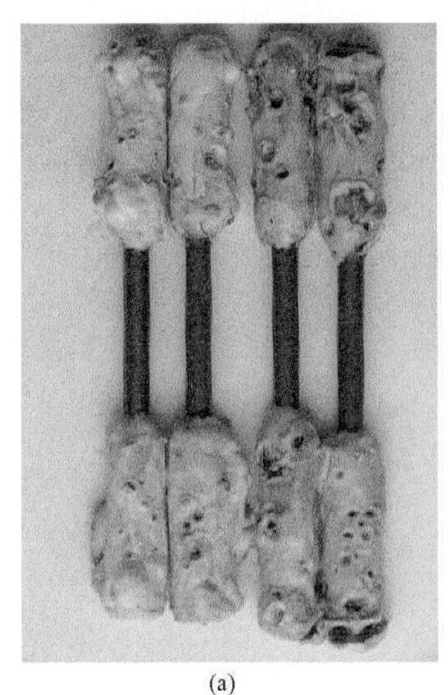

(a)

(b)

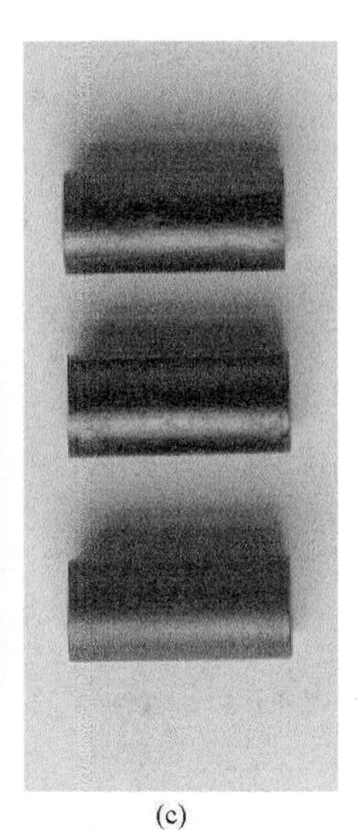

(c)

图 6-1　无预应力拉伸试样（a）、预拉应力试样（b）和无预应力压缩试样（c）腐蚀后的宏观形貌

两端白色物质为高温硅橡胶

力试样和无预应力压缩试样经过高温高压 H_2S+CO_2 环境腐蚀之后的宏观形貌图。由图可以看出，L80 在模拟“三高”气田环境中腐蚀之后表面均生成一层黑褐色腐蚀产物，无应力和压应力试样的腐蚀产物比较均匀，而拉应力试样的拉伸区中部的腐蚀产物较厚。试样在空气中放置一段时间后部分试样表面生成红色三价铁的氧化物。

6.3.2 腐蚀速率

图 6-2 是无预拉应力下的 L80 在模拟“三高”油田环空环境试验介质中的腐蚀速率随着腐蚀介质中含水率变化的情况。随着含水率的增加，腐蚀速率均相应增大。

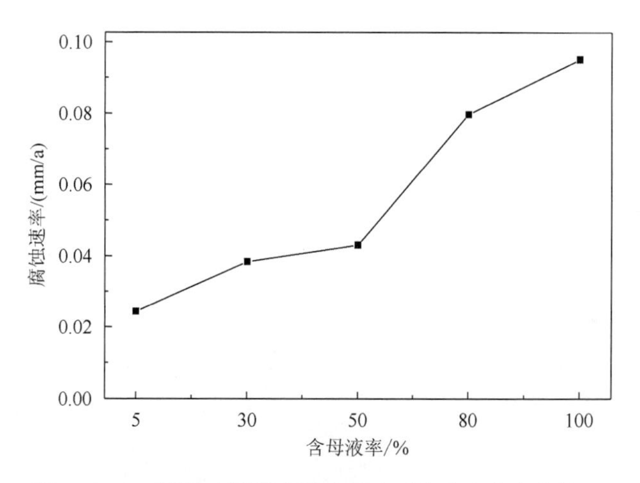

图 6-2　L80 钢的腐蚀速率随腐蚀介质中含水率变化情况

无预拉应力、0.15MPa H_2S、1.1MPa CO_2、总压 10MPa、温度 80℃

图 6-3 是 L80 在模拟“三高”油田环空环境试验介质中的腐蚀速率随着预拉应力变化的情况。可见，随着套管钢所承受的预拉应力增大，其腐蚀速率也相应增大，在拉应力达到 $1.0\sigma_s$ 时高达 2.25mm/a。这说明 L80 在所处腐蚀介质中具有一定的应力腐蚀敏感性。

图 6-4 是 L80 在模拟“三高”油田环空环境试验介质中的腐蚀速率随 H_2S 分压变化的情况。该图表明随着 H_2S 分压增加，L80 的腐蚀速率增大。

图 6-5 是 L80 在模拟“三高”油田环空环境试验介质中的腐蚀速率随 CO_2 分压变化的情况。可见，随着 CO_2 分压增大，L80 的腐蚀速率出现降低的现象。可能是因为 CO_2 分压增大促使难溶碳酸盐增多，覆盖在钢表面阻碍反应进行。通过

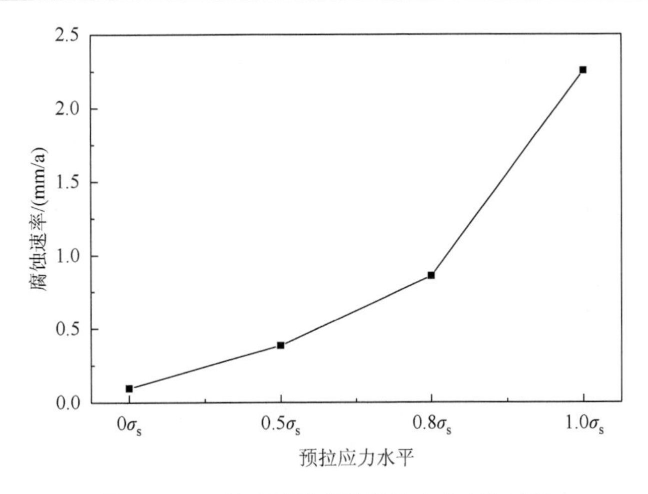

图 6-3　L80 的腐蚀速率随预拉应力变化情况

0.15MPa H_2S、1.1MPa CO_2、80%含水率、总压 10MPa、温度 80℃

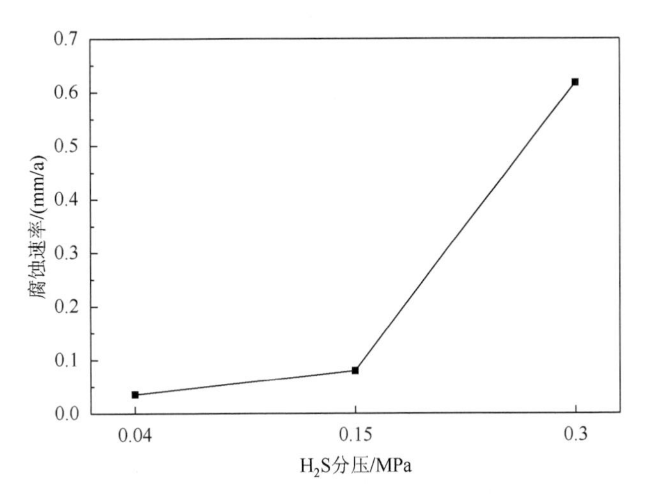

图 6-4　L80 的腐蚀速率随 H_2S 分压变化情况

无预拉应力、1.1MPa CO_2、80%含水率、总压 10MPa、温度 80℃

将图 6-5 与图 6-4 的纵坐标对比可知，套管钢的腐蚀速率对于 H_2S 分压变化更为敏感，也就是说 H_2S 对于套管钢腐蚀速率的影响较 CO_2 显著。

图 6-6 是 L80 在模拟“三高”油田环空环境试验介质中的腐蚀速率随温度变化的情况。可见，随着温度升高，L80 的腐蚀速率先以较大幅度增大后再小幅度减小，在 80～100℃之间达到最大。不难理解，油套管钢的腐蚀速率随温度升高而增大是因为温度上升活化了阴阳极反应，腐蚀速率在温度超过 80～100℃间某一临界值出现了下降趋势则可能因为温度升高导致碳酸盐等难溶性盐溶解度降低，

致使覆盖在钢表面的钙镁沉积层增厚，从而阻碍了阴阳极反应的扩散过程。

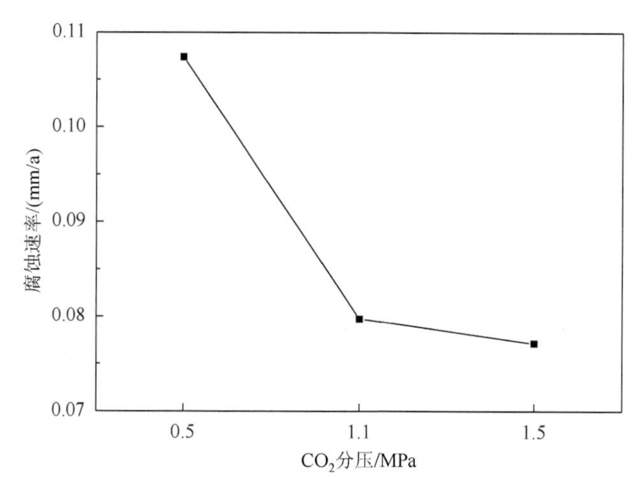

图 6-5　L80 的腐蚀速率随 CO_2 分压变化情况

无预拉应力、0.15MPa H_2S、80%含水率、总压 10MPa、温度 80℃

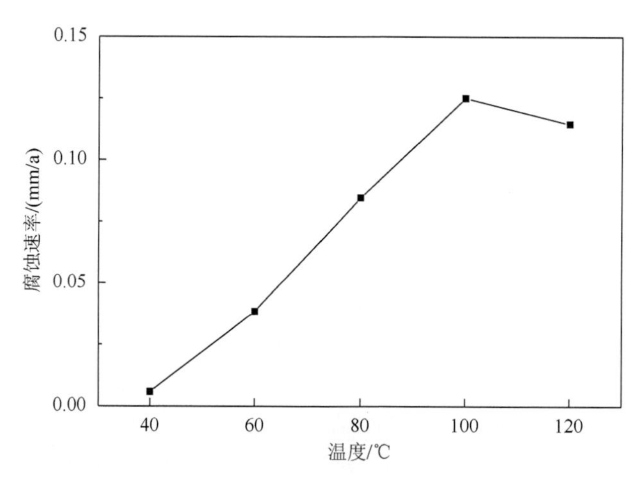

图 6-6　五种套管钢的腐蚀速率随温度变化情况

无预拉应力、0.15MPa H_2S、1.1MPa CO_2、80%含水率、总压 10MPa

6.3.3　应力-应变曲线

图 6-7 为 L80 钢在不同含水率的模拟油田采出水（无预拉应力、0.15MPa H_2S、1.1MPa CO_2、总压 10MPa 和温度 80℃）浸泡 720h 后的拉伸曲线。从图中可知，L80 的机械性能随含水率的增大并未出现明显劣化。

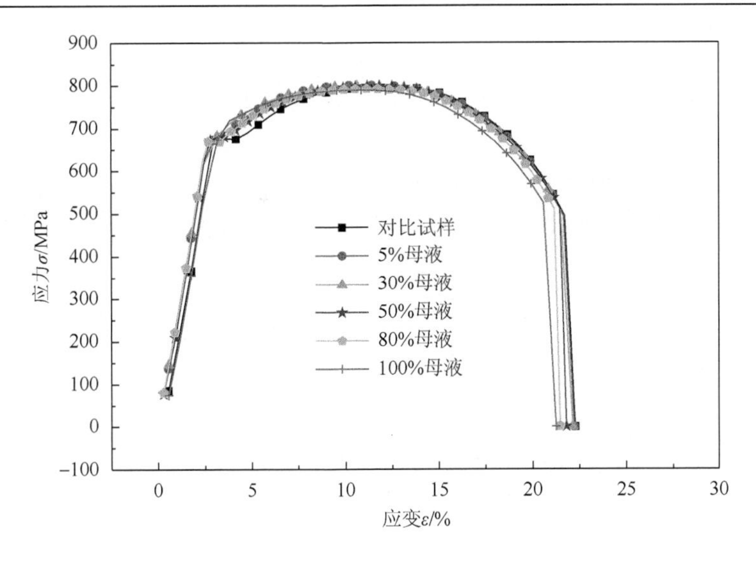

图 6-7　L80 钢在不同含水率的模拟油田采出水浸泡 720h 后的拉伸曲线

无预拉应力、0.15MPa H_2S、1.1MPa CO_2、总压 10MPa、温度 80℃

图 6-8 为 L80 钢在不同预拉应力的模拟油田采出水（0.15MPa H_2S、1.1MPa CO_2、80%含水率、总压 10MPa 和温度 80℃）浸泡 720h 后的拉伸曲线。从图中可知，L80 的机械性能随预拉应力的增大出现了较为明显的劣化，延伸率出现一定程度减低，表明 L80 在该环境下表现出了一定的应力腐蚀倾向。

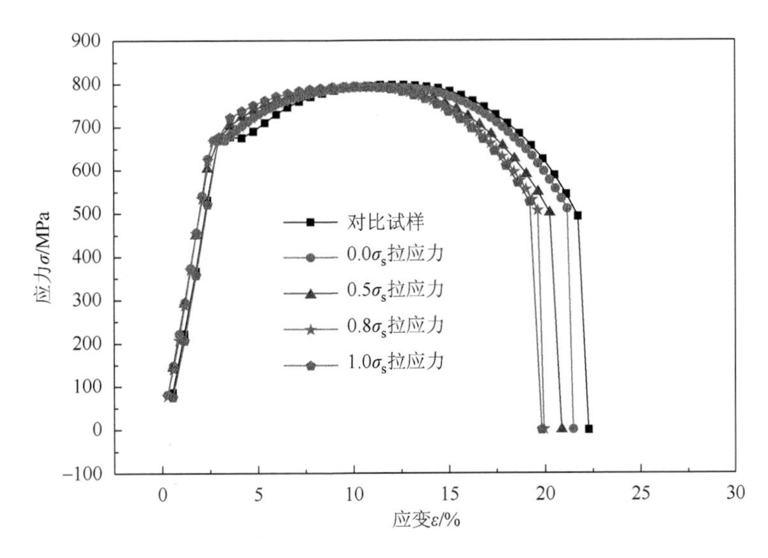

图 6-8　不同预应力 L80 钢在模拟油田采出水浸泡 720h 后的拉伸曲线

0.15MPa H_2S、1.1MPa CO_2、80%含水率、总压 10MPa、温度 80℃

图 6-9 为 L80 钢预应力试样在不同 H_2S 分压的模拟油田采出水环境中浸泡 720h 后的拉伸曲线。从图中可知，L80 的机械性能在 H_2S 分压从 0.15MPa 增加至 0.3MPa 时出现了较为明显的劣化，延伸率出现明显减低，而 0.15MPa 和 0.04MPa 条件下的拉伸曲线较为接近，这表明在 H_2S 分压 0.15～0.3MPa 时存在一个应力腐蚀门槛值，超过该值，L80 表现出较为明显的应力腐蚀倾向。

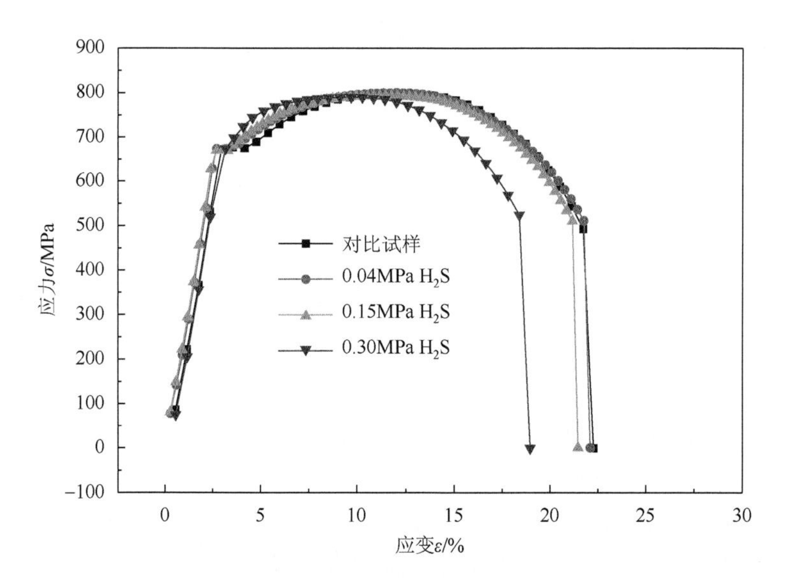

图 6-9　L80 钢在不同 H_2S 分压的模拟油田采出水浸泡 720h 后的拉伸曲线

50%σ_s 预拉应力、1.1MPa CO_2、80%含水率、总压 10MPa、温度 80℃

图 6-10 为 L80 钢预应力试样在不同 CO_2 分压的模拟油田采出水环境中浸泡 720h 后的拉伸曲线。从图中可知，L80 的机械性能随 CO_2 分压的增大并未出现明显劣化。

图 6-11 为 L80 钢预应力试样在不同温度的模拟油田采出水环境中浸泡 720h 后的拉伸曲线。从图中可知，L80 的机械性能随温度的升高并未出现明显劣化。表明温度变化对 L80 钢在实验条件下的 SSCC 行为无明显影响。

6.3.4　电化学测量

图 6-12 和图 6-13 是腐蚀介质中不同含水率下的极化曲线和交流阻抗谱。

由图 6-12 可知，L80 油管钢的极化曲线随着腐蚀介质中含水率的增大呈现向纵轴负方向和横轴正方向平移的趋势，并且在 50%和 80%之间横坐标上存在着一个大幅度变化。亦即随着腐蚀介质中含水率的增加，L80 钢的腐蚀电位和腐蚀电流密度分别呈减小和增大的趋势。显而易见，含水率的增加促进了腐蚀反应的进行。

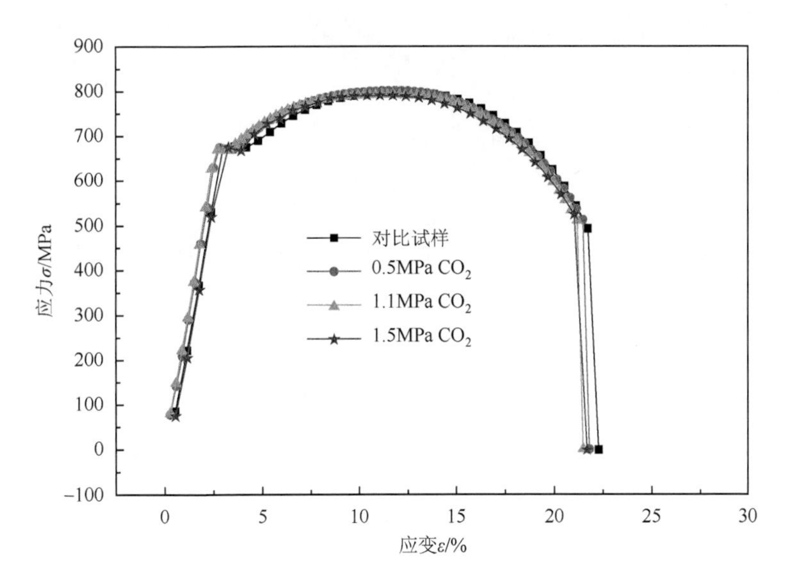

图 6-10　L80 钢在不同 CO_2 分压的模拟油田采出水浸泡 720h 后的拉伸曲线

50%σ_s 预拉应力、0.15MPa H_2S、80%含水率、总压 10MPa、温度 80℃

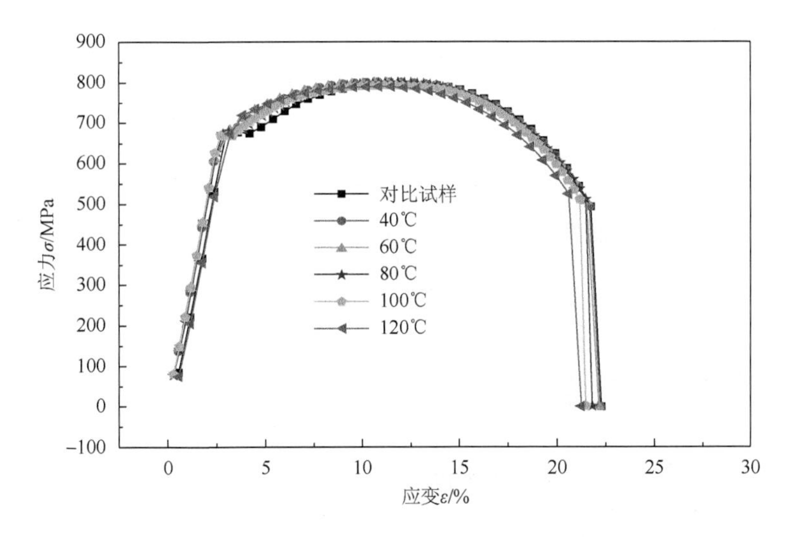

图 6-11　L80 钢在不同温度的模拟油田采出水浸泡 720h 后的拉伸曲线

50%σ_s 预拉应力、0.15MPa H_2S、1.1MPa CO_2、80%含水率、总压 10MPa

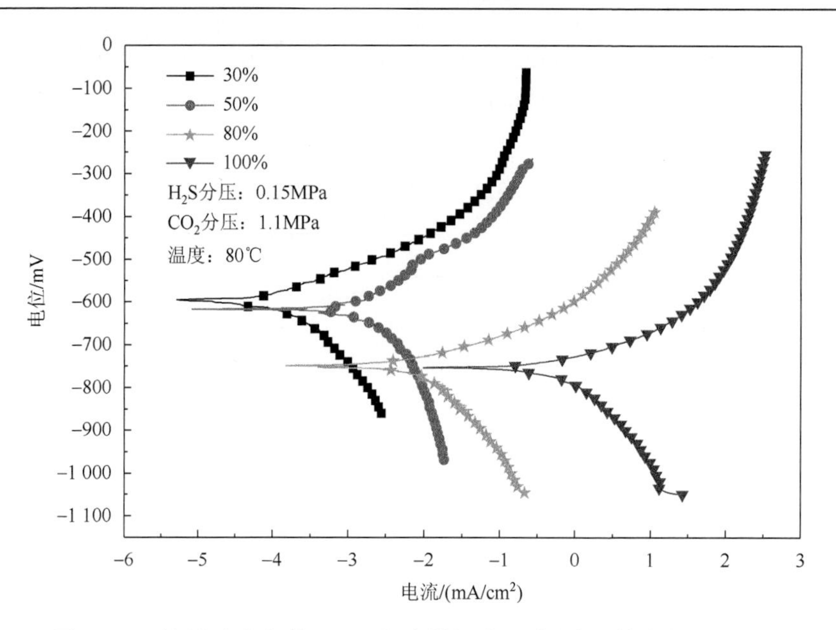

图 6-12　不同含水率条件下 L80 钢在模拟油田采出水环境中的极化曲线

5%含母液率条件下无法测得

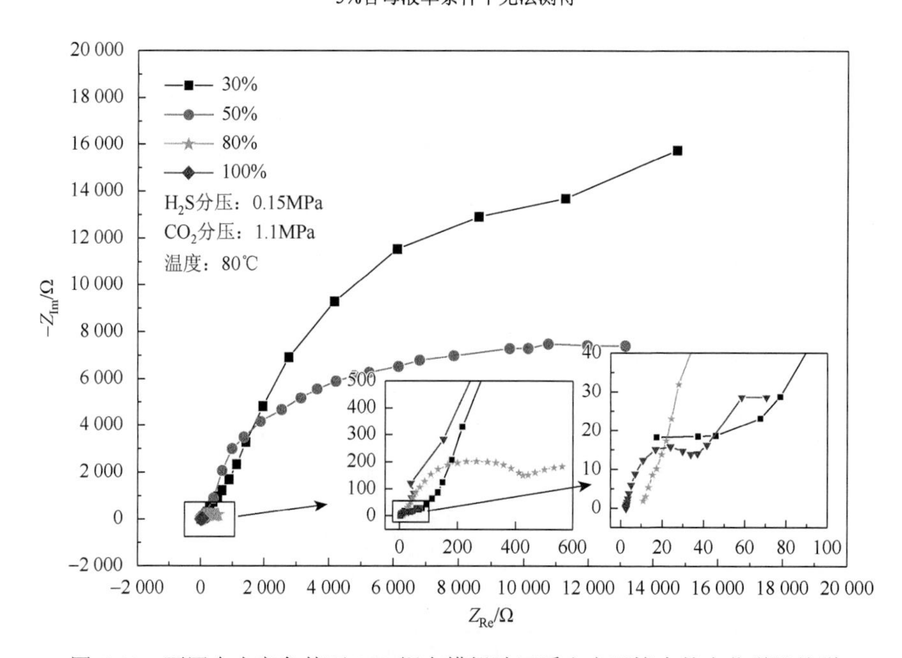

图 6-13　不同含水率条件下 L80 钢在模拟油田采出水环境中的电化学阻抗谱

5%含母液率条件下无法测得

由图 6-13 可知，L80 油管钢的阻抗谱半径随着腐蚀介质中含水率的增加而减小，并且在 50%和 80%之间存在较大幅度的变化。这反映了 L80 油套管钢的腐蚀速率随着含水率的增大而增大，并且在由 50%增加到 80%出现大幅增大。阻抗谱所反映的结果与图 6-12 极化曲线的结果一致。

图 6-14 和图 6-15 是不同 H_2S 分压条件下的极化曲线和交流阻抗谱。由图 6-14 可知，L80 油管钢的极化曲线随着 H_2S 分压的增大呈现先向横纵轴的负方向平移后向横纵轴正方向平移的趋势，转折处位于 0.06MPa 附近。也就是说随着 H_2S 分压增加，L80 的腐蚀电位和腐蚀电流密度均呈先减小后增大的趋势，在 0.06MPa 附近最小。这表明，在 0MPa 至转折处之间，H_2S 分压的增加可能抑制了钢表面的阴极过程。实际上，H_2S 与 CO_2 对钢的腐蚀作用存在着竞争机理。一般 H_2S 会抑制 CO_2 水解，同时 H_2S 会先与 CO_2 与母液中 Ca^{2+}、Mg^{2+}、Fe^{2+}等阳离子作用形成难溶的硫化物沉淀覆于试样表面，从而抑制了钢表面的阴极过程，导致腐蚀电位和腐蚀电流密度的下降。在 H_2S 分压为转折点至 0.3MPa 之间，虽然 H_2S 此时仍抑制 CO_2 的水解，但 H_2S 分压的增加促进其自身的水解，使溶液酸化，弥补了 CO_2 对阴极过程的促进作用，从而导致随着 H_2S 分压的增加，钢表面的阴极反应加速，促使腐蚀电位升高和腐蚀电流密度增大。

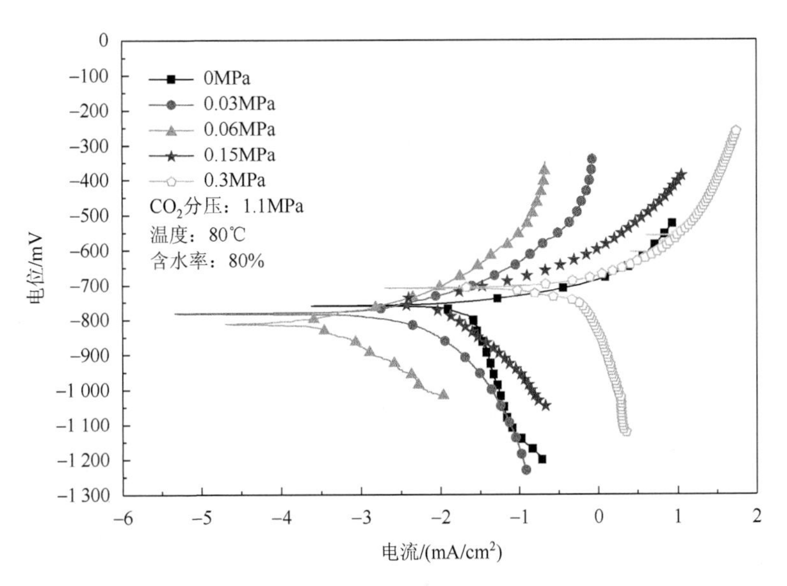

图 6-14　不同 H_2S 分压条件下 L80 钢在模拟油田采出水环境中的极化曲线

由图 6-15 可知，L80 油管钢阻抗谱半径均随着 H_2S 分压的增加呈现先增大后减小的趋势，半径最大对应于 0.06MPa。这也反映了 L80 的腐蚀速率随着 H_2S 分压增加而呈现先减小后增加的趋势，与之前对于极化曲线讨论所得结果一致。同时对比上节所讨论的 CO_2 对于阻抗谱的影响，可以发现 H_2S 分压高于 0.15MPa 时，阻抗谱的低频部分均未出现扩散控制尾，说明 H_2S 分压主要影响的是阴阳极反应的活化过程，而不是通过与 Ca^{2+}、Mg^{+}、Fe^{2+}作用形成难溶沉淀，阻碍阴阳极反应的扩散过程。

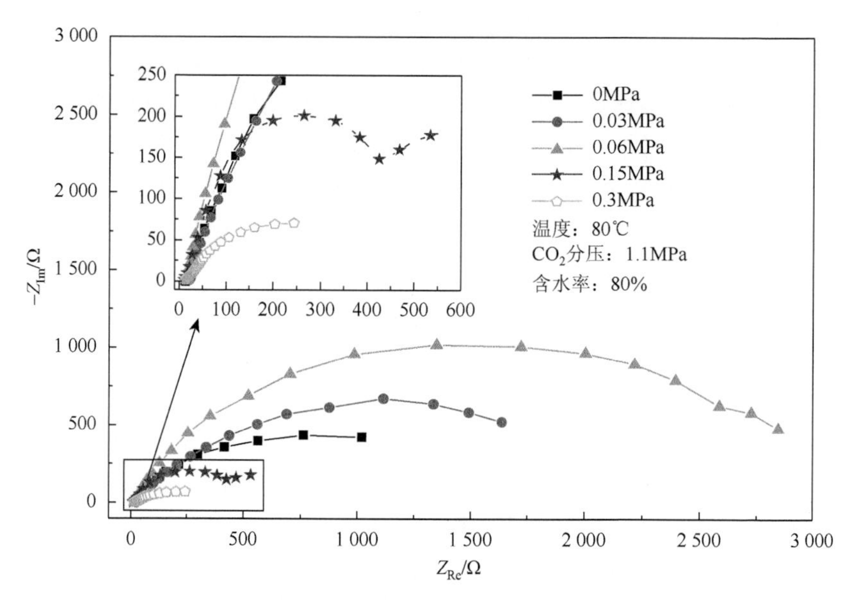

图 6-15　不同 H_2S 分压条件下 L80 钢在模拟油田采出水环境中的电化学阻抗谱

图 6-16 分析了 CO_2 分压对 L80 钢腐蚀行为的影响。由图 6-16 可知，L80 油

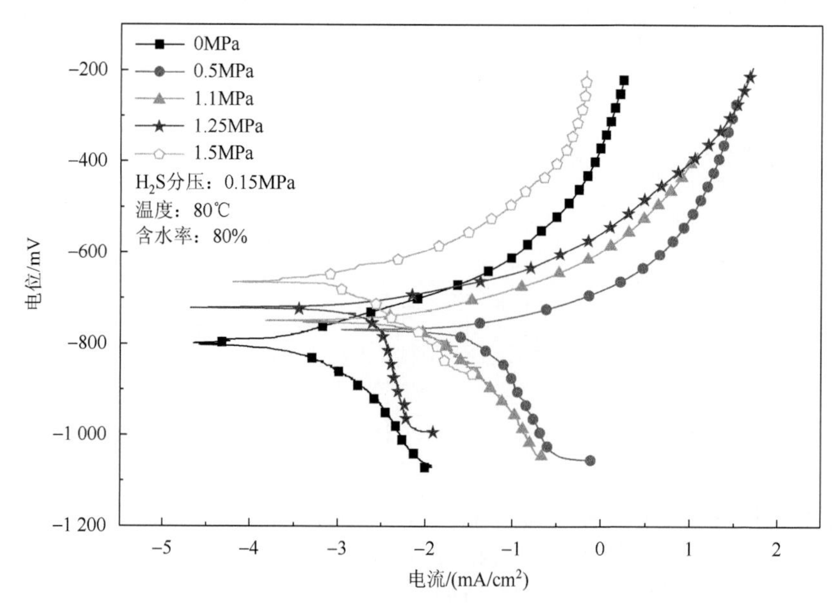

图 6-16　不同 CO_2 分压条件下 L80 钢在模拟油田采出水环境中的极化曲线

管钢的极化曲线随着 CO_2 分压的增加有先向横轴正方向和纵轴正方向平移、后向横轴负方向和纵轴正方向平移的趋势。也就是说随着气氛中 CO_2 分压的增加，L80 油管钢的腐蚀电位一直正移，而腐蚀电流密度则先增加而后减小，最大值介于 0.5～1.1MPa。这与 CO_2 对钢表面阴极反应和阳极反应作用有关。由于在进行测量之前已经对腐蚀介质除氧，其阴极反应过程应以析氢反应为主。在 0MPa 至转折点之间，CO_2 溶于水中形成 H_2CO_3，H_2CO_3 发生水解促使溶液酸化，H^+的增加促进了阴极反应的析氢过程，从而导致极化曲线向横轴正方向和纵轴正方向平移；而在转折点至 1.5MPa 之间，CO_2 随着分压增加不断溶于母液，致使母液中产生大量的 CO_3^{2-}，与 Ca^{2+}、Mg^{2+}以及钢表面阳极区形成的 Fe^{2+}作用形成难溶的碳酸盐沉淀，覆盖于阳极区表面，从而抑制了阳极反应，导致极化曲线向横轴负方向和纵轴正方向平移。

图 6-17 和图 6-18 分析了温度对电化学行为的影响规律。由图 6-17 可知，L80 油管钢的极化曲线随着温度的升高呈现先较大幅度向纵轴负方向和横轴正方向平移，后较小幅度向纵轴负方向和横轴负方向平移的趋势，转折位于 80℃左右。亦即随着温度的升高，L80 钢的腐蚀电位一直减小，腐蚀电流密度先增大后减小，在 80℃时最小。温度升高的主要作用为两个方面：一是降低 H_2S、CO_2 和碳酸盐的溶解度，更有利于形成难溶性碳酸盐沉淀，对腐蚀过程尤其是阴极过程起到抑制作用；二是促进阴阳极反应的活化过程，提高了阴阳极反应速率。当温度低于 80℃时，后者的作用占主要地位，同时前者一定程度上对阴极过程

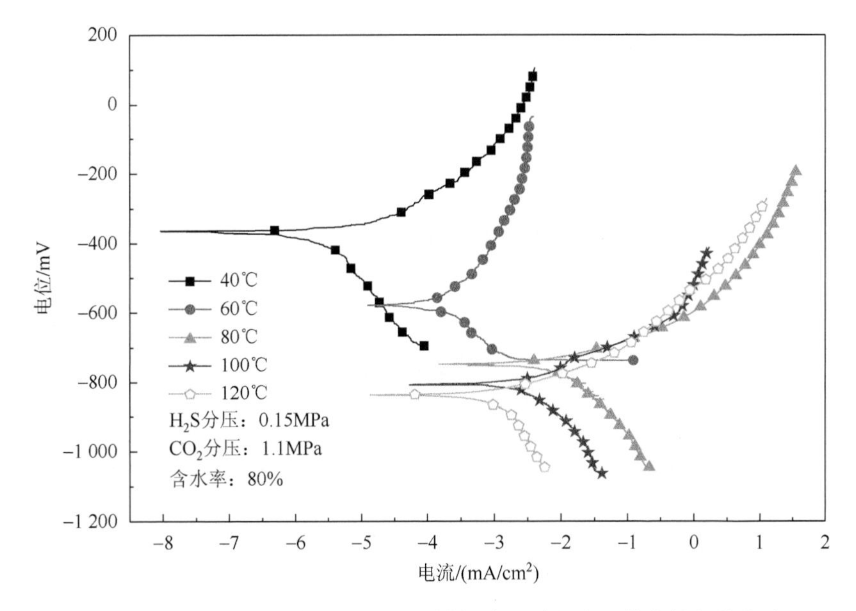

图 6-17　不同温度条件下 L80 钢在模拟油田采出水环境中的极化曲线

的控制，整体上表现为温度升高促进了阳极过程，从而导致了随着温度升高腐蚀电位下降、腐蚀电流密度增加的趋势。当温度高于 80℃时，前者的作用占主要地位，整体上表现为温度升高抑制了阴极过程，从而使腐蚀电位降低的同时腐蚀电流密度也降低，由于温度升高也促进了反应活化，所以腐蚀电位和腐蚀电流密度降低的幅度均较小。

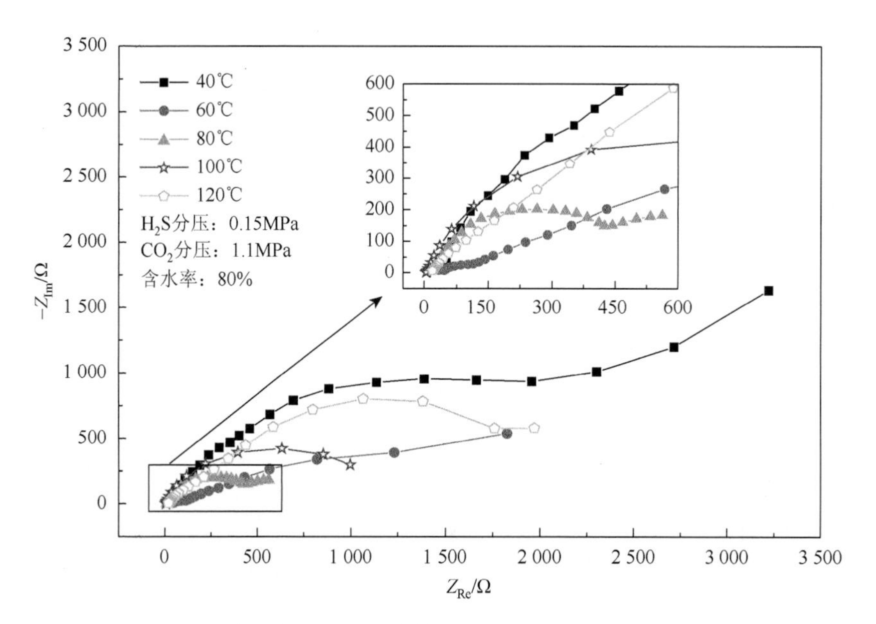

图 6-18　不同温度条件下 L80 钢在模拟油田采出水环境中的电化学阻抗谱

分析图 6-18 可知，L80 油管钢的阻抗谱半径随着温度升高呈先减小后增大的趋势，80℃时阻抗谱半径最小。这反映了 L80 油管钢的腐蚀速率随着温度的升高先增大后减小，这与极化曲线随温度变化情况一致。同时还可以发现，不同温度下 L80 钢的阻抗谱低频部分大部分出现了扩散控制尾，说明阴阳极反应的扩散传质过程在一定程度上受到了阻碍。

6.4　分析与讨论

6.4.1　应力腐蚀机理

与“三高”气田相似，“三高”油田环境也是高含 CO_2、H_2S、Cl^-、SRB 等多种腐蚀性介质的高压环境，对于套管材料其腐蚀机理与“三高”气田的相似。由 5.4.1 节内容可知，其 SSCC 为 AD+HE 的混合机理。

在 H_2S-CO_2 环境中，H_2S 分压的增加会明显导致 L80 钢韧性指标降低（图 6-9），而 CO_2 分压的升高对 L80 钢的影响较小（图 6-10）。这显示出在实验条件下 L80 钢的 SSCC 机理具有 HE 的特征。而由 5.4.1 节内容可知，温度在 80℃附近时仍会存在较明显的 H 渗入钢中的现象，这进一步可以说明 L80 钢的 SSCC 具有 HE 机理特征。

同时，综合图 6-12～图 6-16 可见，当原油中含水率超过 30%时，会明显增加阳极和阴极电流（图 6-12）；H_2S 分压的增加会促进 L80 钢的阴极过程和阳极过程，而 CO_2 分压的增加会先促进腐蚀电流密度的增加，进而又导致腐蚀电流密度的降低（图 6-16），这主要是 CO_2 即可促进电化学过程，又能导致腐蚀产物膜致密化。因此，在 CO_2 分压不足够高时会导致电极过程部分受到抑制，即存在大量局部活性点，易促进局部腐蚀的发生。即 CO_2 的存在会促进局部阳极溶解。也就是说，L80 钢在试验介质中的应力腐蚀也具有 AD 的特征。

综上所述，L80 钢在模拟的“三高”油田环境中的应力腐蚀机理是 AD+HE 混合机理。

6.4.2　应力腐蚀的行为特征

由恒载荷浸泡实验结果（图 6-7～图 6-11）可知，L80 钢在进行的模拟实验条件下并未表现出明显的 HE 敏感性，仅在 H_2S 分压较高的条件下显示出一定的延伸率降低。这表明，虽然 L80 钢的 SSCC 机理具有 AD+HE 的混合特征，但在实验条件下环境导致的 HE 作用不足以明显破坏其机械性能进而导致较强的 SSCC 敏感性。

而由失重速率测量结果（图 6-2～图 6-6）可知，L80 钢在无应力条件下，其腐蚀速率随 H_2S 分压、CO_2 分压、温度、含水率等因素的升高而小幅度升高，但总体变化幅度较小，但随预应力水平的增加而大幅增大。这表明拉应力的存在能够大幅提高 L80 钢的电化学活性，即拉应力导致 AD 作用大幅增强。且在对预应力试样表面微观分析时并未发现微观裂纹存在*。也就是说，在实验条件范围内（弹性形变和弹性应力范围内），L80 钢的应力腐蚀特征并非是裂纹形态，而是以拉应力促进局部全面腐蚀（AD 作用）发生。该特征从较低应力水平至屈服变形保持一致。也就是说，L80 钢油管在服役工况下因腐蚀减薄至拉应力水平上升至发生局部屈服变形的过程中不易发生 SSCC。这可能由于 L80 钢是专门的低合金抗 SSCC 钢的特性决定的。而所有的电化学极化曲线也表明，试验条件的改变仅影响 L80 钢的腐蚀速率，对其活化-钝化特征未产生明显影响，亦即 L80 钢在实验条

---

* 本书未提供相关结果，读者若感兴趣，可参阅作者的相关期刊文献。

件下的电化学机理是近似不变的。这从电化学的角度表明 L80 钢在所进行的实验条件范围内具有一致的腐蚀电化学机理，从而可进一步推断其 SSCC 行为特征在服役过程中的一定条件范围内保持连续不变。上述特征对下一章建立油管钢腐蚀寿命评估模型的失效判据至关重要。

6.4.3 应力腐蚀的主要影响因素

结合 6.3.2 节和 6.3.3 节的内容可知，在所进行的实验条件范围内拉应力、H_2S 分压、温度、含水率、CO_2 分压等因素对 L80 钢的腐蚀行为均具有重要影响，其中拉应力影响最为明显、含水率、硫化氢分压和温度的影响次之，CO_2 分压的影响较小。

H_2S 分压不仅可以增加 L80 钢的全面腐蚀速率（图 6-4），而且能够导致其力学性能明显劣化（图 6-8 和图 6-9），是决定 L80 钢 SSCC 敏感性的关键影响因素。特别是在现场工况下，H_2S 分压不稳定，过高的 H_2S 分压甚至可导致 L80 钢 SSCC 临界状态的改变，即发生裂纹模式的 SSCC，引发油管过早失效。

应力水平是影响 L80 钢 SSCC 失效的另一关键影响因素。随着拉应力水平的提高，L80 钢的腐蚀速率近似线性增加。这会导致套管和油管的在接箍螺纹、安装卡痕或者其他应力集中位置发生较快速率的 AD 效应积累，导致局部快速腐蚀而加速应力集中效应，从而引起 AD 和应力的协同作用，导致局部应力水平和腐蚀速率过快增加，最终导致局部穿孔或 SCC 开裂。

含水率也是 L80 钢腐蚀寿命预测需要着重考虑的因素。特别是在开采中后期，原油中的含水率会大幅增加，导致腐蚀速率快速增加。

CO_2 对 L80 钢的腐蚀行为的影响也不容忽视。虽然由腐蚀速率结果（图 6-5）和力学性能结果（图 6-10）可见，其影响较小，但由电化学行为（图 6-16）可知，在一定的分压范围内，CO_2 会因影响腐蚀产物层的成分和电化学的阴极过程，而导致整体腐蚀速率降低，但局部活性点密度增加，进而导致局部腐蚀更容易发生。因此，在特定的 P_{CO_2} / P_{H_2S} 条件下会促进 SSCC 的发生。

此外，虽然温度对 L80 钢的腐蚀过程影响也较大，但在实际工况下温度的变化幅度较小，影响规律较为固定。

6.5 结　　论

（1）“三高”油田环空环境中影响 L80 油套管钢腐蚀行为的因素主要有含水率、套管所受应力水平、H_2S 分压、CO_2 分压等；其中前三者的影响更为显著。

（2）随着油田环空环境中含水率的增加，L80 油套管钢的腐蚀速率呈逐渐增大的趋势，但其机械性能并未出现明显劣化；随着预拉应力水平和 H_2S 分压的增加，L80 油套管钢的腐蚀速率呈明显增大趋势，同时，其机械性能发生了不同程度的劣化，表现出明显的 SSCC 倾向；随着 CO_2 分压的增加，L80 钢的腐蚀速率减小，但其局部腐蚀敏感性可能增加。

（3）L80 钢在所进行的实验条件范围内的 SSCC 行为具有一致的腐蚀电化学机理，从而可进一步推断其 SSCC 行为特征在服役过程中的一定条件范围内保持连续不变；该特征对进一步建立油管钢腐蚀寿命评估模型的失效判据至关重要。

第 7 章　高含 H_2S-CO_2 油气井材料腐蚀寿命评价方法研究

7.1 引　　言

目前，我国油井管年需求量近百万吨，随着油井数量和井深逐年增加，油套管需求量会更大。但由于近 10 余年来开发了大量“三高”油气田和低产油气井，采用 NACE MR0175 等方法进行选材设计具有巨大的经济成本，导致很多工程难以进行。因此，在实际中采用大量低合金耐蚀钢和低等级不锈钢[如 L80（13Cr）、TP110TS 等]作为油套管材料。这些材料虽具有一定的耐蚀性，但其耐蚀性有限，服役寿命较短，且需要合适及有效的工艺防腐措施进行辅助。随着油套管使用年限的增加，腐蚀现象日益严重，致管道壁厚减薄，承压能力下降，当腐蚀达到一定程度时，就会造成局部腐蚀穿孔泄漏或断裂事故。在这些情况下，油气井材料腐蚀寿命评价非常重要，是工程设计和服役安全评估的重要手段。

工程上一般采用实验室加速试验和现场挂片试验的方法收集腐蚀数据，并使用一些商用软件进行辅助评估和评价，通过建立腐蚀速率模型对腐蚀寿命进行预测，主要包括极值统计腐蚀速率模型、BP（backpropagation，反向传播）神经网络以及遗传算法（genetic algorithm，GA）的腐蚀速率模型、可靠性概率剩余寿命预测模型等。但现行方法不够科学和细致。在评估中很少考虑腐蚀速率和模式随时间、应力水平、材料劣化水平以及现场工况等因素变化的综合影响结果。

本章主要介绍通过已有腐蚀数据进行油管钢腐蚀寿命评价，旨在提供一种有效可行的腐蚀评估方法和数据处理模型。数据处理方法采用腐蚀速率模型，考虑了各主要因素对腐蚀速率的影响以及各主要因素随时间变化的关系，从而可以对油套管钢的腐蚀剩余寿命进行评估。

7.2 评 估 思 路

根据腐蚀减薄导致套管剩余壁厚不满足服役要求，可以建立一种腐蚀寿命评估判据（简称厚度判据）如下：

$$\frac{L_0 - \Delta L}{n} \geqslant L_0 \tag{7-1}$$

式中，L_0 为初始壁厚，9mm；ΔL 为经过时间 t 腐蚀损失的壁厚；n 为壁厚安全系数，出于保守考虑，取 0.5。

根据腐蚀减薄导致应力集中超过屈服强度而使材料最终失稳，可以建立另一种腐蚀寿命评估判据（简称强度判据）如下：

$$mS_0 \frac{L_0}{L_0 - \Delta L} \leqslant S_c \tag{7-2}$$

计算套管的使用年限时应该考虑其服役部位的受力情况和安全系数。在拉应力区，腐蚀速率应该用对应的拉应力水平下的数值，且赋予一个相应的安全系数，比如套管强度的安全系数是 m，初始服役应力是 S_0，许用应力为 S_c，腐蚀速率是 C_w。其中强度安全系数 m 可取 1.3、1.5 和 1.8；许用应力 S_c 可取材料的屈服强度（应力 S 在本章中均表示为以一个屈服强度为单位）；使用年限根据要求取 20 年，初始服役应力 S_0 需根据实际现场情况而定。判断材料是否满足服役寿命要求，需同时满足厚度判据和强度判据，即式（7-1）和式（7-2）。

注意：①在压应力和无应力服役条件下，腐蚀速率安全系数可适当降低；②温度降低至 60℃以下时，需相应提高设计的安全系数；③拉应力的安全服役水平宜控制在 $0.5\sigma_{0.5}$ 以下；④腐蚀介质强于本实验条件的情况下（如 Cl、CO_2、H_2S 浓度升高，pH 降低），须增大安全系数。

7.3　评估过程和结果

对 L80 钢的服役寿命进行预测，表 7-1 是 L80 钢在不同影响因素下的“三高”油田环空环境模拟介质中的腐蚀速率。一般情况下，驱注油井在经过一段时间开采后，地下环空环境中 H_2S 分压、CO_2 分压和温度会保持相对稳定，而影响油套管钢腐蚀速率的因素则主要为含水率和油套管所受的拉应力。根据与 Savak-AZN-4 油井地下环境相似且服役多年的 Halfaya 油田（同为中东某国油田）的监测结果，H_2S 分压和 CO_2 分压基本保持在 3.6vol%（体积分数）和 0.51vol%（体积分数）。图 7-1 为 Halfaya 油田的含水率随开采时间的变化关系。

表 7-1　不同影响因素下 L80 钢在“三高”油田环空环境中的腐蚀速率

实验目的	预拉应力/σ_s	H_2S 含量/分压 /（vol%/MPa）	CO_2 含量/分压/（vol%/MPa）	含水率 /wt%（质量分数）	温度/℃	总压/MPa	平均减薄速率 /（mm/a）
含水率对无预应力拉伸试样腐蚀速率的影响	0	0.51/0.15	3.6/1.1	5	80	10	0.024 3
				30			0.038 4
				50			0.043 1
				80			0.079 7
				100			0.095 1

续表

实验目的	预拉应力/σ_s	H_2S 含量/分压/（vol%/MPa）	CO_2 含量/分压/（vol%/MPa）	含水率/wt%（质量分数）	温度/℃	总压/MPa	平均减薄速率/（mm/a）
拉伸预应力对腐蚀速率的影响	0.5	0.51/0.15	3.6/1.1	80	80	10	0.384 5
	0.8						0.856 9
	1.0						2.252 9
CO_2、H_2S 介质浓度对腐蚀速率的影响	0	0.51/0.15	3.55/0.5	80	80	10	0.107 3
			10.64/1.5				0.077 1
		0.13/0.04	3.6/1.1				0.035 8
		1.0/0.3					0.087 4
温度对腐蚀速率的影响	0	0.51/0.15	3.6/1.1	80	40	10	0.005 8
					60		0.038 4
					80		0.084 6
					100		0.125 1

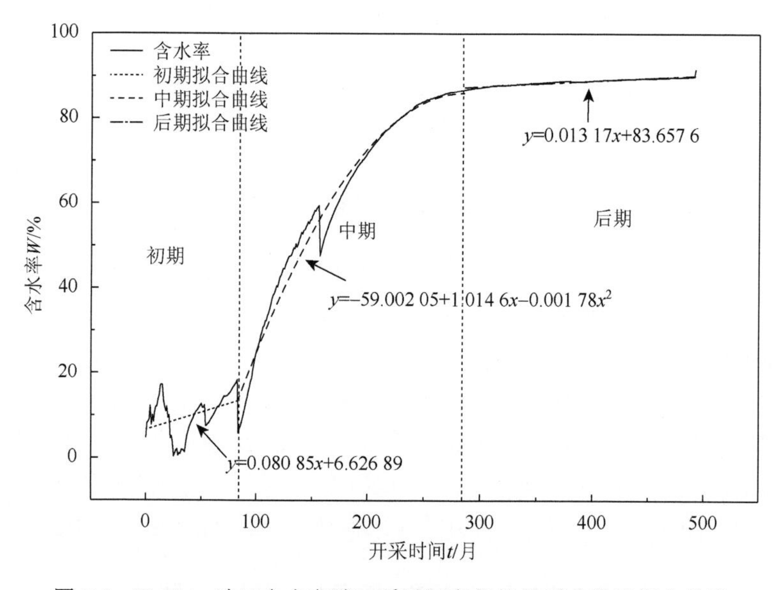

图 7-1　Halfaya 油田含水率随开采时间变化的关系曲线及拟合曲线

根据表 7-1 可以得到不同预拉应力条件下 L80 在“三高”油田环空环境模拟介质中的腐蚀速率和含水率的关系及其拟合曲线，如图 7-2 所示。由于图 7-2 中横坐标是图 7-1 中的纵坐标，结合图 7-1 和图 7-2 可得不同预拉应力条件下 L80 在“三高”油田环空环境模拟介质中的腐蚀速率和开采时间的关系曲线，如图 7-3 所示。此外，由表 7-1 还可以获得含水率一定（80%）时 L80 腐蚀速率随预拉应力的变化关系，如图 7-4 所示。

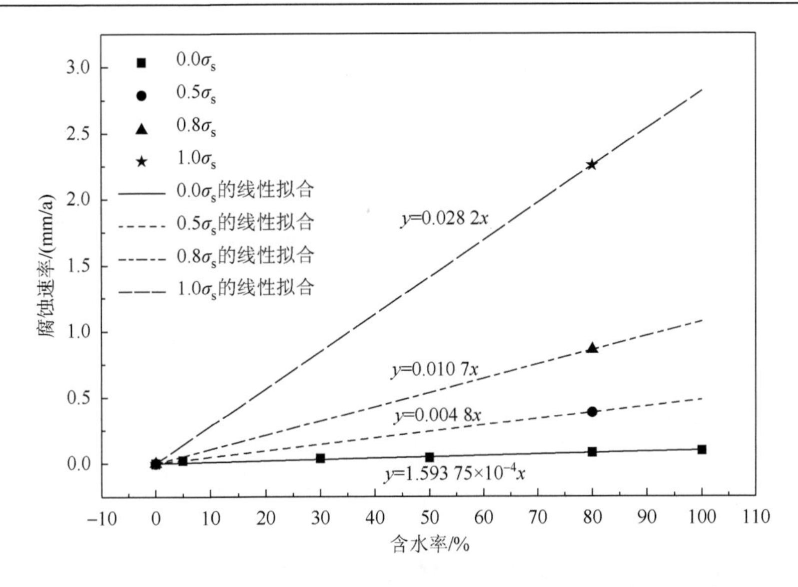

图 7-2　不同预拉应力条件下 L80 的腐蚀速率和含水率的关系

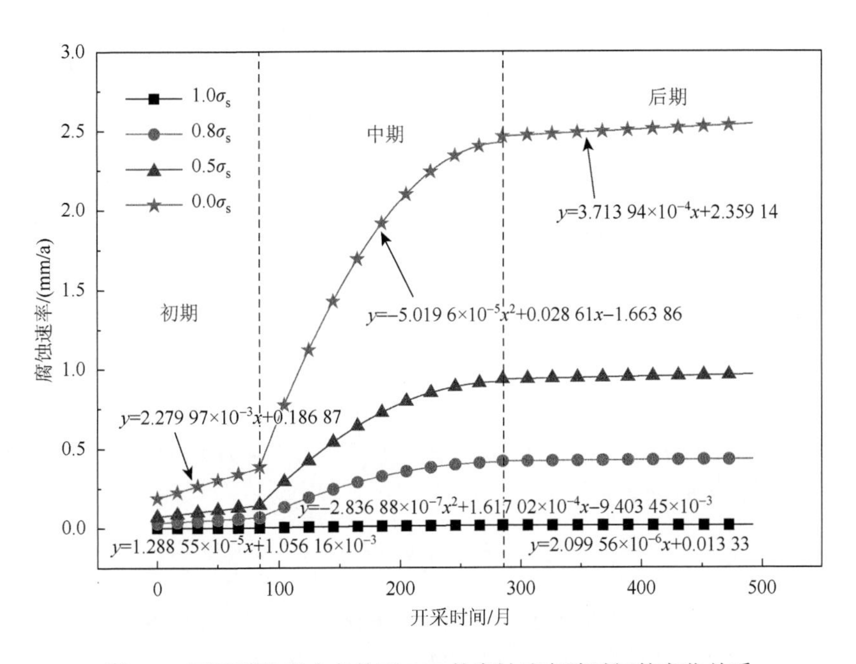

图 7-3　不同预拉应力条件下 L80 的腐蚀速率随时间的变化关系

1）假设油套管初始服役时其所受应力 S_0 为 0

通过图 7-3 中 $0\sigma_s$ 条件下 L80 腐蚀速率 C_w 对服役年限 20 年（240 个月）求定积分，即可得套管服役年限内通过腐蚀损失的厚度 ΔL。

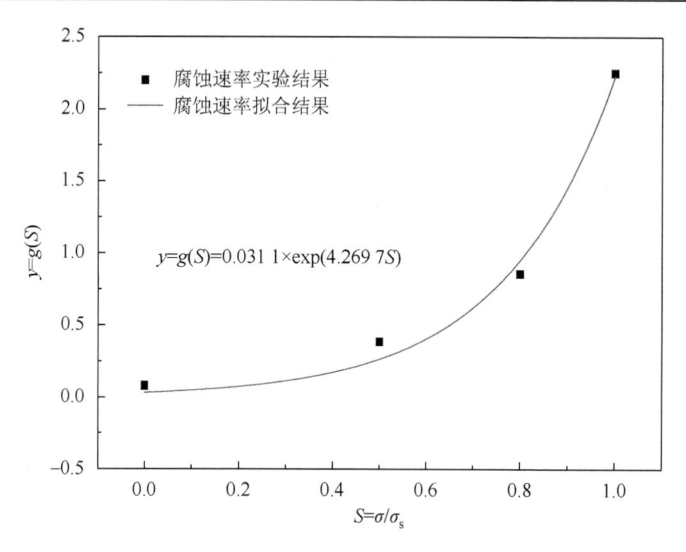

图 7-4　含水率一定时 L80 腐蚀速率随预拉应力的变化关系及其拟合曲线

假设初始服役应力为 0，可知整个服役过程中套管所受应力为 0。初始厚度为 L_0 为 9mm。若剩余厚度 L_0-L 满足 $L_0-\Delta L \leqslant nL_0$（$n$ 为套管厚度安全系数，取 0.5），则 L80 满足服役要求。

如图 7-3 所示，油田开采初期（0～85 个月）L80 腐蚀速率 C_w 随时间 t 变化关系式：

$$C_w(0\sim85)=1.288\ 55\times10^{-5}t+1.056\ 16\times10^{-3} \tag{7-3}$$

油田开采中期（85～285 个月）L80 腐蚀速率 C_w 随时间 t 变化关系式：

$$C_w(85\sim285)=-2.836\ 88\times10^{-7}t^2+1.617\ 02\times10^{-4}t-9.403\ 45\times10^{-3} \tag{7-4}$$

油田开采后期（285 个月之后）L80 腐蚀速率 C_w 随时间 t 变化关系式：

$$C_w(285\sim\infty)=2.099\ 56\times10^{-6}t+0.013\ 33 \tag{7-5}$$

综上所述，若假设油套管初始服役时其所受应力 S_0 为 0，L80 服役时套管损失厚度 ΔL 与开采时间 t 的关系：

$$\Delta L = \int_0^t C_w \mathrm{d}t \tag{7-6}$$

式中，$C_w = \begin{cases} 1.288\ 55\times10^{-5}t+1.056\ 16\times10^{-3}, & 0\leqslant t<85; \\ -2.836\ 88\times10^{-7}t^{-2}+1.617\ 02\times10^{-4}t-9.403\ 45\times10^{-3}, & 85\leqslant t<285; \\ 2.099\ 56\times10^{-6}t+0.013\ 33, & t\geqslant285 \end{cases}$

2）假设油套管初始服役时其所受应力 S_0 为 0.1 个屈服强度 σ_s

根据现场考察，采油用油套管的直径一般在 20cm 左右，而 L80 的屈服强度为 700MPa 左右，通过计算，0.1 个屈服强度 σ_s 即 70MPa，大致相当于油套管自由下垂 1000m 时油管所承受的最大拉应力（出于油管最上端），这已是极限情况，出于保守考虑，所以可以认为 0.1 个屈服强度是合理的。

已知 L80 服役过程中腐蚀速率 C_w 与含水率 w 和服役应力 S 均存在函数关系，只需找到 w 和 S 分别与时间 t 的函数关系，将腐蚀速率 C_w 转化为与时间 t 的函数关系，通过对时间 t 积分，即可求得腐蚀损失的厚度 ΔL。

可以假设：

$$C_w = f(w)\cdot g(S) \tag{7-7}$$

式中，含水率 w 与时间 t 存在函数关系，式（7-7）可变为

$$C_w = h(t)\cdot g(S) \tag{7-8}$$

根据图 7-4 拟合关系，当含水率 w 一定时，

$$g(S) = a\cdot \exp(b\cdot S) \tag{7-9}$$

式中，a=0.0311，b=4.2697。

由于套管承受的总载荷是一定的，所以，

$$(S_0 + \mathrm{d}S)(L_0 - C_w\cdot \mathrm{d}t) = S_0\cdot L_0 \tag{7-10}$$

打开括号并简化可得

$$L_0\cdot \mathrm{d}S = S_0\cdot C_w \mathrm{d}t = S_0\cdot h(t) g(S)\mathrm{d}t \tag{7-11}$$

$$\frac{\mathrm{d}S}{g(S)} = \frac{S_0}{L_0} h(t)\mathrm{d}t \tag{7-12}$$

油田开采初期（0～85 个月），拉应力一定时，腐蚀速率 C_w 与时间 t 存在以下关系：

$$C_w = At + B \tag{7-13}$$

将式（7-13）和式（7-9）代入式（7-12），可得

$$\frac{\mathrm{d}S}{a\exp(bS)} = \frac{S_0}{L_0}(At + B)\mathrm{d}t \tag{7-14}$$

对式（7-14）两边求积分并变换得

$$\exp(bS) = -\frac{L_0}{abS_0\left(\frac{A}{2}t^2 + Bt + C\right)} \tag{7-15}$$

将式（7-15）代入式（7-9）得

$$g(S) = -\frac{L_0}{bS_0\left(\frac{A}{2}t^2 + Bt + C\right)} \tag{7-16}$$

将式（7-16）和式（7-12）代入式（7-7），可得

$$C_{\mathrm{w}} = -\frac{L_0}{bS_0} \cdot \frac{At + B}{\frac{A}{2}t^2 + Bt + C} \tag{7-17}$$

对式（7-17）两边关于 t 求积分，可得

$$\Delta L = \int C_{\mathrm{w}} \mathrm{d}t = \int -\frac{L_0}{bS_0} \cdot \frac{At + B}{\frac{A}{2}t^2 + Bt + C} \mathrm{d}t = -\frac{L_0}{bS_0} \cdot \ln\left|\frac{A}{2}t^2 + Bt + C\right| \tag{7-18}$$

由图 7-3 可知，开采初期，S_0=0.1σ_{s}时，腐蚀速率 C_{w} 与时间 t 的关系：

$$C_{\mathrm{w}} = (At + B) \cdot a \cdot \exp(b) = 0.002\,29t + 0.186\,73 \tag{7-19}$$

式中，a=0.0311，b=4.2697，可得 A=1.025 33×10^{-3}，B=0.084 04。

由于初始服役应力为 0.1σ_{s}，所以 t=0 时，S_0=0.1σ_{s}，所以，

$$C_{\mathrm{w}} = B \cdot a \cdot \exp(0.1b) = -\frac{L_0}{bS_0}\frac{B}{C} \tag{7-20}$$

式中，L_0=9（mm），S_0=0.1σ_{s}，a=0.0311，b=4.2697；代入式（7-20）可得 C=−442.235 95。

将 A、B、C、L_0、S_0、b 代入式（7-18）即可得开采前期油套管损失厚度：

$$\Delta L(0\sim85) = \left(-\frac{L_0}{bS_0} \cdot \ln\left|\frac{A}{2}t^2 + Bt + C\right|\right)\Bigg|_0^{85} = 0.523\,48(\mathrm{mm}) \tag{7-21}$$

油田开采中期（85～285 个月），拉应力一定时，腐蚀速率 C_{w} 与时间 t 存在以下关系：

$$C_{\mathrm{w}} = A't^2 + B't + C' \tag{7-22}$$

可得

$$\Delta L = \left(-\frac{L_0}{bS_0}\ln\left|\frac{A'}{3}t^3 + \frac{B'}{2}t^2 + C't + D\right|\right) \tag{7-23}$$

同理可求得

$A' = -2.251\,39\times10^{-5}$，$B' = 0.012\,87$，$C' = -0.748\,25$，$D = -430.748\,79$。

将 A'、B'、C'、D、b、S_0 代入式（7-23）即可得开采中期油套管损失厚度：

$$\Delta L(85\sim285) = \left(-\frac{L_0}{bS_0}\ln\left|\frac{A'}{3}t^3 + \frac{B'}{2}t^2 + C't + D\right|\right)\Bigg|_{85}^{285} = 8.802\,78(\mathrm{mm}) \tag{7-24}$$

计算 L80 油套管服役中期结束所损失的厚度：

$$\Delta L(0\sim285) = \Delta L(0\sim85) + \Delta L(85\sim285) = 9.326\,26(\mathrm{mm}) \tag{7-25}$$

计算结果说明 L80 在油田开采中期（0～285 个月）已不满足服役要求。

综上所述，若假设油套管初始服役时其所受应力 S_0 为 0.1 个屈服强度 σ_{s}，L80 服役时套管损失厚度 ΔL 与开采时间 t 的关系：

$$\Delta L = \int_0^t C_{\mathrm{w}} \mathrm{d}t \tag{7-26}$$

式中，

$$C_w = \begin{cases} -\dfrac{L_0}{bS_0} \cdot \dfrac{At+B}{\dfrac{A}{2}t^2+Bt+C}, & 0 \leqslant t < 85; \\ -\dfrac{L_0}{bS_0} \cdot \dfrac{A't^2+B't+C'}{\dfrac{A'}{3}t^3+\dfrac{B'}{2}t^2+C't+D}, & 85 \leqslant t < 285; \\ t \geqslant 285\text{时，油套管已失效} & \end{cases}$$

式中，A=1.025 33×10^{-3}，B=0.084 04，$A' = -2.25139 \times 10^{-5}$，$B' = 0.01287$，$C' = -0.74825$，$D = -430.74879$，$L_0$=9（mm），$S_0$=0.1，$b$=4.2697。

根据式（7-6）和式（7-26）可以绘制 L80 的服役失效评估图，如图 7-5 所示，其表示的是套管剩余厚度随服役时间的变化关系。从图中可知，L80 在无服役应力下的服役寿命分别为 37 年；在服役应力为 0.1σ_s 下的服役寿命为 16 年。

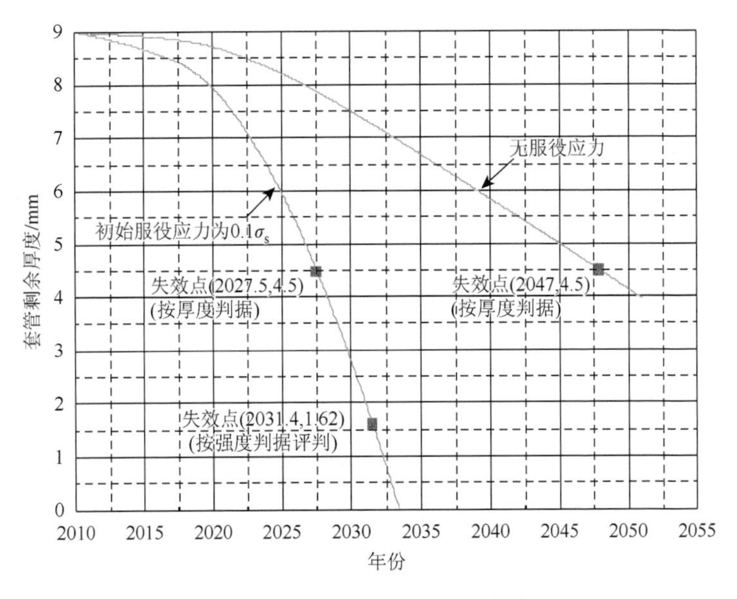

图 7-5　L80 的服役失效评估图

7.4　评 估 模 型

7.4.1　评估模型的理论基础

本章所涉及的腐蚀寿命是指待评价构件或材料在所预评估的时间范围内且腐

蚀因素是导致其服役寿命终结的决定性因素的前提下的预期腐蚀寿命。

本书 2.3 节介绍了多种 H_2S-CO_2 油气田环境材料腐蚀评估模型。但显而易见，迄今为止尚未建立综合考虑腐蚀介质、管道或结构中应力水平等随时间变化的机理型腐蚀寿命评估模型。本章基于 CO_2-H_2S 环境下材料腐蚀演化的连续性原理，综合考虑了材料性质、应力水平、介质成分、温度、压力、分压、油水比变化、pH、时间等影响因素，建立了全寿命周期的腐蚀机理模型，适用于油气田材料服役寿命的评估和预测。

笔者认为，建立机理型腐蚀寿命评价模型，必须同时考虑三个方面（或三个原则）：电化学机理的连续性、腐蚀模式的连续性和材料力学性能的连续性，以及上述三个方面的相互作用关系。此三个方面任何一个连续性出现临界转变，腐蚀预测函数将改变，腐蚀寿命预测函数将是各因素集合连续状态随时间轴临界转变点为区间限定的函数所构成的分段函数。

电化学机理的连续性是指在某一限定的腐蚀介质及其工况条件范围内，电化学动力学机理是连续不发生本质性变化。例如，不出现由活化状态转变为钝化状态、不出现全面活化状态转变为局部活化状态等。上述情况出现不连续，所对应的腐蚀模式会发生转变，进而影响腐蚀寿命预测。电化学机理的连续性原则是建立机理型腐蚀寿命评价模型的前提和必要条件，否则无法保证模型预测的准确性。

腐蚀模式的连续性是指在某一限定的腐蚀介质及其工况条件范围内，腐蚀模式不发生根本性的变化。例如，由全面腐蚀（包括均匀的全面腐蚀和非均匀的全面腐蚀）转变为局部腐蚀（如点蚀、局部垢下腐蚀、应力腐蚀、腐蚀疲劳等）。腐蚀模式转变意味着腐蚀寿命评价的阶段临界判据必须转变，腐蚀速率评价方法必须以模式转变后的更快速腐蚀的模式基础，否则腐蚀寿命评价将失去科学意义。因此，腐蚀模式的连续性是建立腐蚀预测模型的核心基础和充要条件。

材料性能的连续性是指在某一限定的腐蚀介质及其工况条件范围内，待评价材料的力学性能不发生可灾变性的劣化，如发生氢脆、HIC、蠕变开裂（高温）、脆性相变（高温）等。材料性能的连续性与腐蚀模式的连续性往往密切相关，甚至是决定性因素。因此，材料性能的连续性是建立机理型腐蚀预测模型的必要条件，是界定预测函数边界的重要判定性参数。

但是目前，油气田工业中较多应用初始状态下挂片法（测腐蚀速率）来进行腐蚀寿命评估，通常缺乏电化学评估手段，这类方法基本上未考虑上述三个方面的连续性，很难保证预测的准确性，且对现场工况的变化缺乏可外推的参考性。

7.4.2　评估模型

“三高”油田环空环境中油管钢的腐蚀寿命预测模型如下。

L80 服役时套管损失厚度 ΔL 与开采时间 t 的关系为

$$\Delta L = \int_0^t C_w \mathrm{d}t \tag{7-27}$$

式中，C_w 为 L80 油套管服役时的腐蚀速率。

油套管初始服役时其所受应力 S_0 为 0，则：

$$C_w = \begin{cases} 1.288\,55 \times 10^{-5} t + 1.056\,16 \times 10^{-3}, & 0 \leqslant t < 85; \\ -2.836\,88 \times 10^{-7} t^{-2} + 1.617\,02 \times 10^{-4} t - 9.403\,45 \times 10^{-3}, & 85 \leqslant t < 285; \\ 2.099\,56 \times 10^{-6} t + 0.013\,33, & t \geqslant 285 \end{cases}$$

油套管初始服役时其所受应力 S_0 为 0.1 个屈服强度 σ_s，则：

$$C_w = \begin{cases} -\dfrac{L_0}{bS_0} \cdot \dfrac{At + B}{\dfrac{A}{2}t^2 + Bt + C}, & 0 \leqslant t < 85; \\ -\dfrac{L_0}{bS_0} \cdot \dfrac{A't^2 + B't + C'}{\dfrac{A'}{3}t^3 + \dfrac{B'}{2}t^2 + C't + D}, & 85 \leqslant t < 285; \\ t \geqslant 285\text{时，油套管已失效} \end{cases}$$

式中，A=1.025 33×10^{-3}，B=0.084 04，$A' = -2.251\,39 \times 10^{-5}$，$B' = 0.012\,87$，$C' = -0.748\,25$，$D = -430.748\,79$，$L_0$=9（mm），$S_0$=0.1，$b$=4.2697。

根据评估结果，在所模拟的“三高”油田环空环境中，L80 油套管钢在无初始服役应力下的服役寿命为 37 年，在初始服役应力为 0.1σ_s 下的服役寿命为 16 年。由该结果可见，较低的初始服役应力会大大缩短材料的腐蚀寿命。

在进行现场腐蚀评估时必须对拉应力的影响予以充分考虑。而本章案例是比较简单的，所用材料在评价条件范围内未发生电化学机理和腐蚀模式的转变。如果腐蚀模式发生转变，则所用的寿命终结判据将改变，评价函数将更为复杂。

但在实际工程中，受现场工程师的理论水平的限制，企业进行评价时可以对上述方法进行简化，工程设计和评价中可以通过设定和改变安全系数的方法考虑诸多因素的影响。不过，准确设定和改变安全系数宜进行充分的研究和技术咨询。

7.5　结　　论

（1）在第 6 章试验研究的基础上，建立了 L80 钢在“三高”油田腐蚀环境下的腐蚀寿命预测模型。该模型综合考虑了介质变化对腐蚀速率和电化学机理的影响、受力条件对腐蚀速率的影响、介质变化随服役时间的变化情况以及材料力学性能随腐蚀过程的劣化等。

（2）本章进一步提出了建立机理型腐蚀预测模型须考虑三个原则，即电化学机理的连续性、腐蚀模式的连续性和材料力学性能的连续性原则。

（3）通过所建立的模型的评价结果可见，在油田环境中，较低的初始服役拉应力也会对油套管腐蚀寿命产生重大影响，大幅降低其腐蚀寿命。

第 8 章　高含 H_2S-CO_2 天然气井口装置材料腐蚀规律研究

8.1　引　　言

如前文所述，大量高含 H_2S 和 CO_2 的油气田开发，对各种油气田开发设施带来了严重的腐蚀问题，其中包括井口设备。引起酸性油气田设施腐蚀的众多因素中，H_2S 是最危险的，会导致气田设备发生氢致开裂，在应力的共同作用下则极易造成突发性的硫化物应力腐蚀开裂，导致有毒气体外泄，对安全生产和周围环境造成极大的威胁。井口装置是地下油藏或气藏与人类居住环境的屏障，其完整性和可靠性是防止井喷事故及其次生灾害的保障。

井口装置包括采气（油）井口和套管头两部分，其结构相对复杂，在套管头、三通、四通等结构的局部会存在较高工作应力；同时，采油树的工作温度较低，具备 SSCC 发生的敏感条件。目前我国开发了大量酸性气田和高含硫油田，如川东、川东北、川南等均为含硫气田。以川东北气田为例，其一般 H_2S 含量为 10～300g/m^3，最高达 524g/m^3；CO_2 含量为 15～204g/m^3。这对井口装置的抗硫化氢腐蚀能力提出了更高的要求。

我国许多气田的 H_2S 分压（浓度）已经远远超过以往的研究范围和工程标准，经典的评价手段已经难以评价这些极限条件下的材料耐 H_2S 环境 SCC 敏感性，不能对实际选材的经济性和安全性提供准确参考。近年来国产 00Cr13Ni5Mo 不锈钢被期望在油气田设备当中作为结构材料使用，但是该钢能否使用于国内的高硫化氢环境，在本章工作之前还研究得较少，而其他更高等级不锈钢的抗 SSCC 研究更鲜有报道。因此，及时开展典型井口装置用不锈钢材料的应力腐蚀行为规律与机理研究具有重要实际意义。

本章针对四川气田的实际情况，研究了 H_2S 环境下 00Cr13Ni5Mo 不锈钢、318 不锈钢和 2205 不锈钢的应力腐蚀行为，探索在不同 H_2S 浓度、pH 条件下三种不锈钢 SSCC 发生与发展的规律，从而对抗硫井口装置选材提供数据参考和理论指导。

8.2　研 究 方 法

8.2.1　实验介质和材料

本章实验研究介质以 NACE TM0177 标准溶液为母液，通过改变不同的 H_2S

浓度和 pH 和加入 CO_2 来模拟四川气田的实际工况。所以本实验采用了如下 8 种溶液，见表 8-1。其中，pH＝4.5 是西南气田天然气的实际工况的通常 pH，pH＝3.5 为 NACE 溶液的实际 pH 近似值，也是气田实际酸度的下限值，而饱和溶液是模拟的加速情况，1000ppm 的硫化氢浓度模拟的是接近实际工况的硫化氢浓度。

表 8-1　应力腐蚀实验溶液成分表

溶液	H_2S 浓度	pH	溶液成分
母液	空白溶液	2.8	5% NaCl+0.5% CH_3COOH
溶液 1	饱和	2.8	5% NaCl+0.5% CH_3COOH+H_2S*
溶液 2	饱和	4.5	5% NaCl+0.5% CH_3COOH+H_2S
溶液 3	1000ppm	3.5	5% NaCl+0.5% CH_3COOH+H_2S
溶液 4	1000ppm	4.5	5% NaCl+0.5% CH_3COOH+H_2S
溶液 5	饱和	2.8	5% NaCl+0.5% CH_3COOH+H_2S＋饱和 CO_2
溶液 6	饱和	4.5	5% NaCl+0.5% CH_3COOH+H_2S＋饱和 CO_2
溶液 7	1000ppm	3.5	5% NaCl+0.5% CH_3COOH+H_2S＋饱和 CO_2
溶液 8	1000ppm	4.5	5% NaCl+0.5% CH_3COOH+H_2S＋饱和 CO_2

* NACE TM0177 标准溶液。

前四种溶液的配置方法是，首先配制 5% NaCl+0.5% CH_3COOH 母液，再通入高纯氮气除氧 72h，然后通入 H_2S 气体至饱和，即为 NACE 标准溶液。饱和溶液硫化氢浓度的测量方法是：用过量亚硫酸滴定溶液，通过高速离心机分离生成的单质硫，洗涤和干燥称重后计算硫化氢浓度。实验测得饱和硫化氢浓度为 3045ppm。测出此溶液的 pH 为 2.8±0.2。用 5% NaOH 溶液调 pH 使其达到试验所需的 pH。1000ppm 溶液是先用 5% NaCl+0.5% CH_3COOH 空白溶液稀释，然后再调 pH 制成。溶液 5、6、7 和 8 四种溶液的配制方法是先将 5% NaCl+0.5% CH_3COOH 空白溶液中通入饱和 CO_2，然后在依照前面四种溶液的配制方法进行配制的。

试验材料为 00Cr13Ni5Mo、318 和 2205 三种不锈钢，供货状态：00Cr13Ni5Mo 为淬火+二次回火不锈钢板，其余两种不锈钢为热轧板。

8.2.2　SSCC 实验

SSCC 行为研究采用 U 形弯试样浸泡和 SSRT 试验两种方法。U 形弯试样制备及前处理参见 4.2.1 节内容，其浸泡方法参照 NACE TM0177 标准的 B 法进行，即将 00Cr13Ni5Mo、318 不锈钢和 2205 不锈钢试样在 5% NaCl+0.5% CH_3COOH+不同浓度 H_2S 溶液及不同 pH 条件的溶液中进行浸泡实验。实验 4 天后每两天取样观察试样表面裂纹情况，记录开裂起始时间以及实验 30 天后试样状况。浸泡实验结束后，根据开裂时间及腐蚀形貌特征评估三种实验材料在研究介质中的SSCC 敏感性。

慢应变速率拉伸（SSRT）实验按照 SCC 实验标准 GB/T 15970.4 的相关要求制备试样。其打磨及清洗顺序和精度要求与 U 形试样相同，并使打磨方向与拉伸方向一致。试样编号并打磨完成后，对测量变形段的标记长度、横截面积等参数进行测量和记录，然后清洗、吹干并用硅橡胶涂封试样表面非标记区的试样表面，然后将试样封入 SSRT 试验容器中（有兴趣可参见笔者相关论文），然后密封容器、加入母液、通入气体开始记录时间。预浸泡 20h 后开始 SSRT 试验，拉伸速率 $1.33\times10^{-6}s^{-1}$，实验后记录试样的屈服强度 σ_s、抗拉强度 σ_b、延伸率 δ、断面收缩率 ψ，并进行断口形貌的扫描电镜观察。

8.2.3 电化学实验

电化学实验在 PAR2273 电化学工作站上进行。电化学试样制备及前处理程序参见 3.2.4 节内容。试验采用三电极体系，各钢试样为工作电极，饱和甘汞电极为参比电极，铂片为辅助电极。在测试前先给试样施加–800mV（相对于参比电极 E_{SCE}）的电位除去表面的氧化膜，然后让其在溶液中自然成膜。在开路电位（E_{OCP}）保持 40min 至电极电位稳定（10min 内电位的变化小于 10mV），开始试验。极化曲线的扫描范围为–500～800mV（vs.OCP），扫描速率为 0.5mV/s。交流阻抗测试频率范围为 100kHz～10MHz，激励电位为 10mV。试验温度 25℃±2℃。

8.3 研 究 结 果

8.3.1 35CrMo 钢与 00Cr13Ni5Mo 不锈钢 SSCC 行为比较

本节对比研究了酸性天然气开采环境中 00Cr13Ni5Mo 和 35CrMo 钢的应力腐蚀发生与发展的规律，探索 00Cr13Ni5Mo 不锈钢替代 35CrMo 钢使用的范围和条件，为酸性天然气井口装置选材提供依据。

图 8-1 是实验采用的两种钢的组织结构，可见 35CrMo 组织均匀，为块状贝氏体加索氏体的调制组织；00Cr13Ni5Mo 是马氏体组织，晶粒较大。两种钢的成分如表 8-2 所示。

图 8-1　35CrMo 和 00Cr13Ni5Mo 钢的金相组织形貌

（a）35CrMo；（b）00Cr13Ni5Mo

表 8-2　00Cr13Ni5Mo 和 35CrMo 钢的化学成分

材料	C	Si	Mn	S	P	Cr	Ni	Mo
35CrMo	0.340	0.213	0.494	0.016	0.023	0.830	—	0.171
00Cr13Ni5Mo	0.029	0.43	0.30	0.018	0.02	12.54	5.39	0.56

35CrMo 和 00Cr13Ni5Mo 钢的 U 形弯试样在四种试验溶液中浸泡 720h 内均发生了 SCC 裂纹，图 8-2 统计了两种钢 U 形试样发生 SCC 前的孕育时间。可见，35CrMo 钢在溶液 1 和溶液 2 中出现 SCC 时间都很短，表现出明显的 SCC 敏感性；00Cr13Ni5Mo 不锈钢在溶液 1 和溶液 3 中发生 SCC 时间也很短，但在溶液 2 和溶

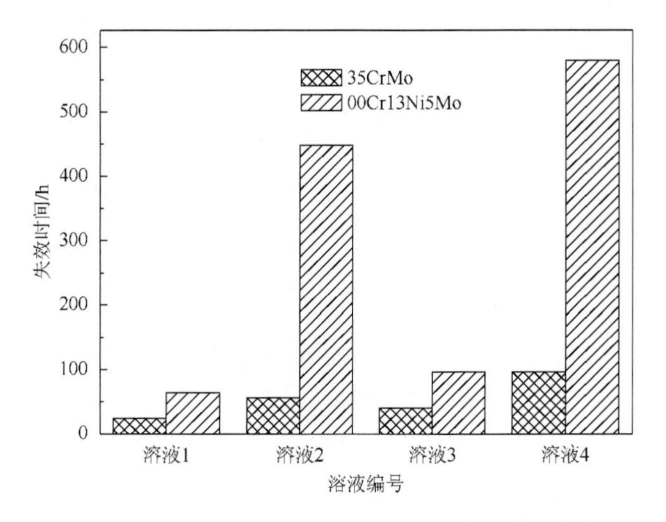

图 8-2　35CrMo 和 0013CrNi5Mo 钢 U 形弯试样浸泡结果

液 4 两种 pH 较高的溶液中首次出现裂纹的时间明显大于 35CrMo。这表明 0013CrNi5Mo 不锈钢在 pH 较低的硫化氢介质中的抗 SCC 性能与 35CrMo 钢接近，但随 pH 的升高，其抗硫化物应力腐蚀开裂（SSCC）的能力大大提高，优于 35CrMo。

由图 8-2 结果和实验条件可以推断，35CrMo 和 00Cr13Ni5Mo 钢在 H_2S 溶液中发生 SCC 均存在一定的临界氢浓度 C_{th}。35CrMo 由于表面没有钝化膜，在四种溶液中金属表面均发生较强的析氢反应，因此 pH 改变对其 SCC 影响不明显。00Cr13Ni5Mo 由于表面存在钝化膜，在 pH 较低（2.8）时钝化膜溶解较快，对金属基体的保护性下降，金属表面也发生较强的析氢反应，使金属内的氢浓度超过 C_{th} 而快速发生 SCC；在 pH＝4.5 条件下，钝化膜溶解较慢，对金属基体有一定的保护作用，金属表面的析氢反应只能在钝化膜破损处进行，因此金属表面的 H 析出量较少，减缓了 H 向金属中的扩散过程，因此需要更长时间达到 C_{th} 而快速发生 SCC。影响 SCC 最大的因素是 pH，H_2S 浓度的降低对 SCC 的孕育期影响较小。

图 8-3 为 35CrMo 和 00Cr13Ni5Mo 两种钢在不同条件下的 SSRT 实验的应力-应变曲线。可见，35CrMo 和 00Cr13ni5Mo 在四种溶液中的延伸率都明显降低，具有明显的应力腐蚀敏感性。两种钢在 pH=4.5 的溶液中的断裂强度和延伸率都高于 H_2S 浓度相同但 pH=2.8 条件下的。而且，在相同 pH 条件下，两种钢的延伸率和强度都随着 H_2S 浓度的降低有所提高。此外，35CrMo 钢在四种溶液中断裂前都具有一定的塑性变形量，但其断裂强度都明显低于同延伸率时空气中的拉伸强度，而 00Cr13Ni5Mo 试样在断裂前只有溶液 1 中的比同延伸率时的空气中的拉伸强度有所下降，其余三种溶液中的则没有明显下降。

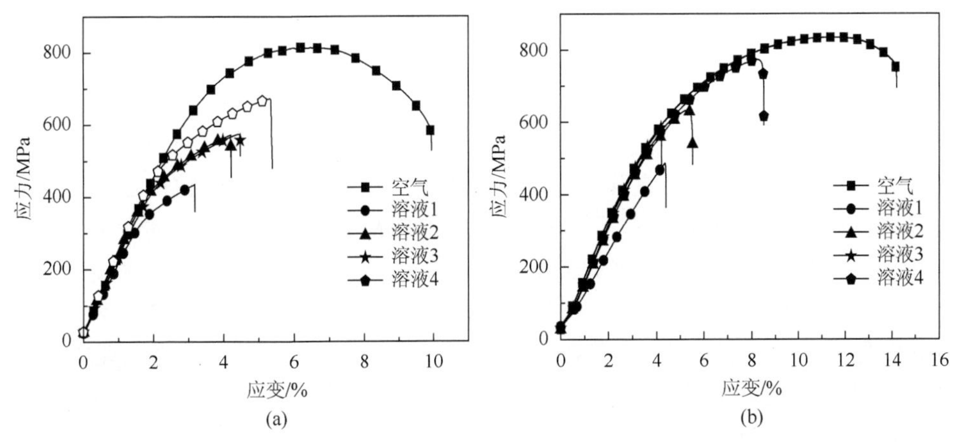

图 8-3　35CrMo 和 00Cr13Ni5Mo 钢应力-应变曲线

（a）35CrMo；（b）00Cr13Ni5Mo

图 8-4 是 35CrMo 和 00Cr13Ni5Mo 在溶液 1 和溶液 2 中 SSRT 试样断口的表面微观形貌。可见，两种钢在 pH＝2.8 和 4.5 的介质中的断口均具有典型解理断

裂特征，表现出较强的 SCC 敏感性；35CrMo 的裂纹断口表面起伏不平整，而 00Cr13Ni5Mo 的则为平整的解理断口形貌。断口形貌说明两种钢在 H_2S 介质中均具有较高的 SCC 敏感性。

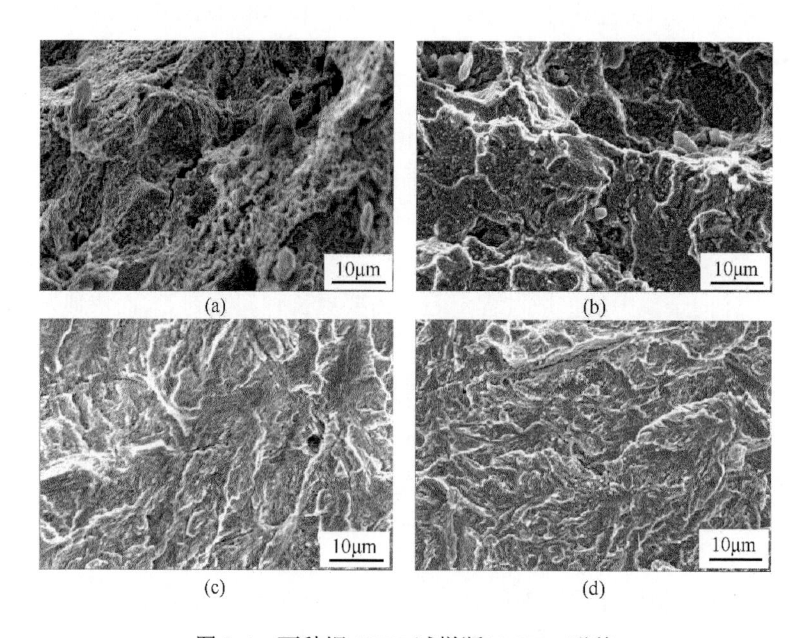

(a)　(b)　(c)　(d)

图 8-4　两种钢 SSRT 试样断口 SEM 形貌

(a) 35CrMo 钢在溶液 1 中；(b) 35CrMo 钢在溶液 2 中；
(c) 00Cr13Ni5Mo 钢在溶液 1 中；(d) 00Cr13Ni5Mo 钢在溶液 2 中

图 8-5 为 35CrMo 和 00Cr13Ni5Mo 钢在不同实验条件下的断裂强度。可见，00Cr13Ni5Mo 的断裂强度均高于同条件下的 35CrMo 钢，而且随 pH 的升高，前者优势更加明显。这表明在相同的 H_2S 条件下 00Cr13Ni5Mo 的抗破断能力相对较好。也就是说在酸性 H_2S 环境下，00Cr13Ni5Mo 能够承受更高的应力水平，或在相同设计应力条件下 00Cr13Ni5Mo 比 35CrMo 更安全。但仅从强度损失程度看，00Cr13Ni5Mo 不锈钢比 35CrMo 钢并无明显优势。在酸性 H_2S 环境中钢首先发生电化学腐蚀，钢上吸附的表面活性的 HS^-和 S^{2-}阴离子能加速氢离子还原，同时减缓氢原子重组氢分子，使析出的氢原子在钢的表面聚集并且渗入钢内导致 HIC 和 SSCC。从上述结果可见，在溶液 1 和溶液 3 中，35CrMo 和 00Cr13Ni5Mo 发生 SCC 的孕育时间比较接近、较短；但在溶液 2 和溶液 4 中 00Cr13Ni5Mo 发生 SCC 的孕育时间大大高于 35CrMo。这表明 pH 降低增大了两种钢的 SCC 敏感性，溶液中 H^+的浓度对 00Cr13Ni5Mo 钢的 SCC 行为影响显著，而 35CrMo 对 4 种溶液条件都比较敏感。在溶液 1 和溶液 2 中，35CrMo 和

00Cr13Ni5Mo 的 SCC 敏感性指标均分别高于其在溶液 3 和溶液 4 中的，这表明这两种钢抗 H_2S 环境 SCC 的能力随 H_2S 浓度降低而增强。尤其是 00Cr13Ni5Mo，在 pH 增加和 H_2S 浓度降低的条件下，其 SCC 敏感性大大下降。综合力学性能损失和 SSCC 行为等结果可以判断，恰当热处理后的 00Cr13Ni5Mo 钢抗硫化物应力腐蚀开裂的能力要高于 35CrMo，但在 pH 较低的环境中二者抗 SSCC 性能接近。

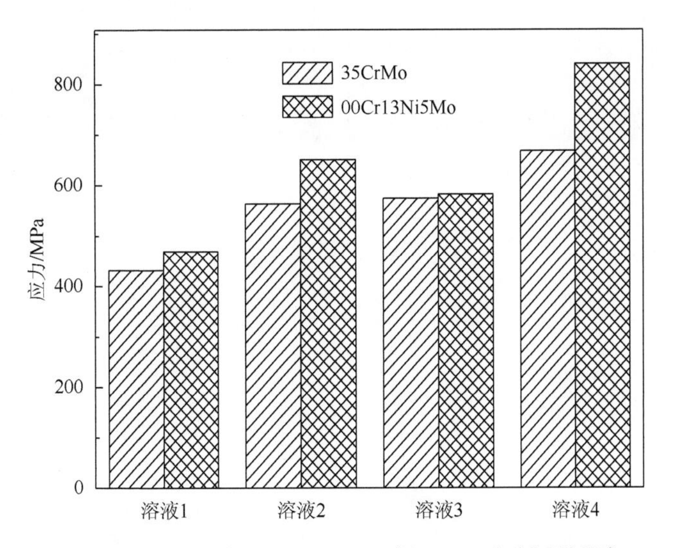

图 8-5　35CrMo 和 00Cr13Ni5Mo 钢 SSRT 试验断裂强度

8.3.2　不同状态 00Cr13Ni5Mo 不锈钢 SSCC 行为对比

本小节旨在通过对比两种厂家不同热处理状态的同种材料的 SSCC 差异，以提醒读者材料的制备差异（包括成分微调、加工状态、热处理状态等）会对其抗 SSCC 性能差生巨大影响。

图 8-6 为不同热处理状态的 00Cr13Ni5Mo 不锈钢的金相组织，可见调制处理的组织为晶粒较为均匀细小的片层马氏体组织，而淬火+二次回火（调质后再次回火）的组织为晶粒较为粗大但残余马氏体较为细小的索氏体组织。

图 8-7 为不同状态的 00Cr13Ni5Mo 不锈钢在不同 H_2S 介质中的极化曲线。可见两种热处理状态下该钢在溶液 1 条件下的情况相近，其阳极过程没有钝化区，表现出明显的活化特性，所以这种情况下调质处理的 00Cr13Ni5Mo 不锈钢也是不耐蚀的。在其他三种溶液条件下的极化曲线都具有明显的钝化区间，而且随着溶液 pH 和 H_2S 浓度的降低，曲线的钝化区扩大。这说明这两种状态的 00Cr13Ni5Mo 钢在硫化氢介质中的电化学行为是相近的，即在相同的 H_2S 溶液中热处理状态对

00Cr13Ni5Mo 钢的钝化膜致密性和阴极充氢行为影响较小。

(a) (b)

图 8-6 00Cr13Ni5Mo 不锈钢的不锈钢的显微组织

（a）调质处理；（b）淬火+二次回火

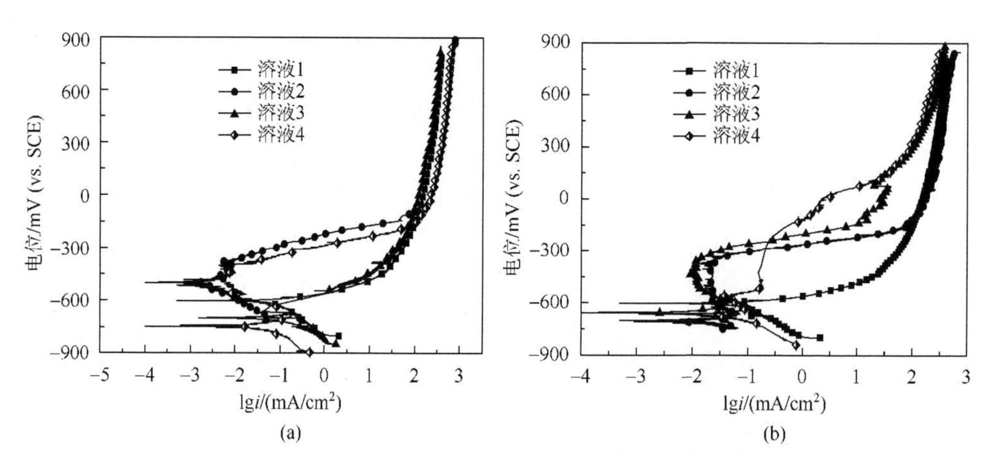

(a) (b)

图 8-7 00Cr13Ni5Mo 在四种溶液中的电化学特性

（a）淬火+二次回火；（b）调质处理

但由表 8-3 中的 U 形弯试样浸泡结果可见，调质处理的 00Cr13Ni5Mo 不锈钢的 SSCC 开裂时间明显低于同条件下淬火+二次回火条件下的。通过上述结果可以发现，调质处理的 00Cr13Ni5Mo 的 U 形试样的 SCC 敏感性最差，而且其性能接近，表现为完全没有抗硫化氢应力腐蚀开裂的能力。而淬火+二次回火的 00Cr13Ni5Mo 不锈钢在较低 pH 条件（pH＝2.8 和 pH＝3.5）的溶液中虽然其耐 SSCC 能力也与调质处理的相当，但是在高 pH（pH＝4.5）的条件下，其抗应力腐蚀开裂的能力有所提高，并且在 1000ppm H_2S（pH＝4.5，溶液 4）条件下，表现出一定的耐 SCC 的能力。但是淬火+二次回火试样钢在这种条件下在 720h 之内也出现了开裂裂纹，因此不能认为淬火+二次回火的这种钢能够有效地耐酸性气田的硫化氢应力腐蚀开裂。

表 8-3　00Cr13Ni5Mo 钢 U 形试样首次观察到开裂时间纪录

热处理状态	试样序号	发现开裂的时间/h			
		溶液 1	溶液 2	溶液 3	溶液 4
调质处理	1	48	96	72	96
	2	48	96	96	96
	3	72	96	72	96
淬火+二次回火	1	72	336	96	480（微裂）
	2	48	336	96	540（微裂）
	3	72	504	96	—

注：“—”表示 720h 后仍未发生开裂。

图 8-8 是淬火+二次回火和调质处理的 00Cr13Ni5Mo 钢在四种含硫化氢溶液条件下的慢拉伸应力-位移关系曲线。由图 8-8（a）可见，在溶液 1（饱和 H_2S，pH=2.8）和溶液 2（饱和 H_2S，pH=4.5）条件下，拉伸曲线都是明显的脆性断裂，它们是在应变较小的情况下发生的快速断裂。尤其是溶液 1 条件下试样在应力很低（486MPa）的情况下就发生脆性断裂，其断裂强度几乎下降了一半，表现出非常差的耐应力腐蚀开裂的能力。但是该钢在 pH 较高（pH＝4.5）的条件下，其 SCC 敏感性明显降低，尤其是在 1000ppm H_2S，pH＝4.5 的溶液 4 中，该不锈钢表现出一定的耐蚀性。但是这种提高有限，仍具有较高的 SCC 敏感性。

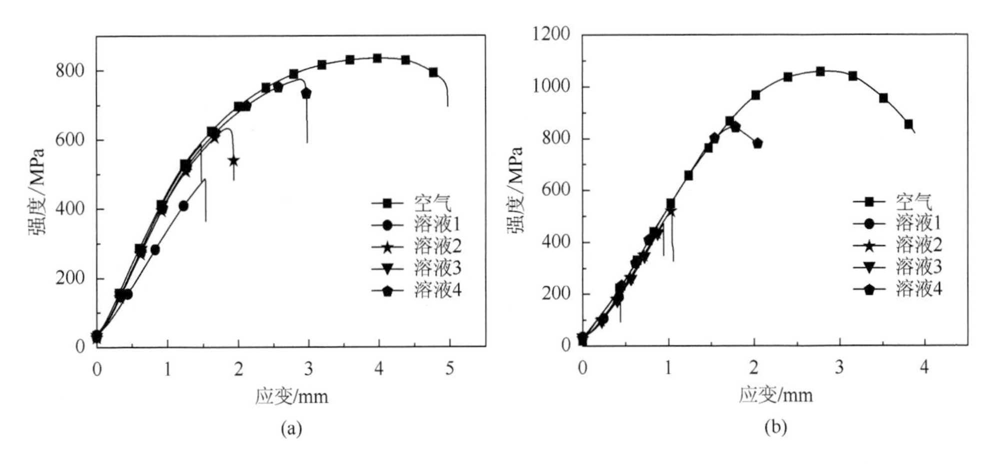

图 8-8　00Cr13Ni5Mo 钢在硫化氢溶液中的应力-位移关系曲线

（a）淬火+二次回火；（b）调质处理

图 8-8（b）可以看出，调质处理的 00Cr13Ni5Mo 不锈钢在四种含 H_2S 的介质（溶液 1、2、3、4）的慢应变拉伸应力-应变关系曲线与淬火+二次回火的基本相同，但是调质处理后的耐 SSCC 性能明显低于淬火+二次回火处理的，其中在溶液 1 中的试样，其断裂强度大约只有空气中的十分之一，完全丧失了其机械性能。其他三种情况虽然略有改善，但都比相同条件下的淬火+二次回火的 00Cr13Ni5Mo 不锈钢的差。结合前文 U 形弯试样浸泡结果更可以清楚地比较出这种差异。总体来说，试验所用的调质处理 00Cr13Ni5Mo 不锈钢完全不适合用作抗硫井口装置当中。结合该钢过高的抗拉强度（1050MPa）可以推断，导致这种情况的原因可能是调质处理后钢的硬度和强度仍过高所致。

根据式（5-4）和式（5-5）分别计算了两种状态的 00Cr13Ni5Mo 不锈钢在四种酸性硫化氢溶液中 SSRT 后的延伸率损失和断面收缩率损失指数，结果如图 8-9 所示。可见淬火+二次回火的 00Cr13Ni5Mo 不锈钢在四种溶液中的延伸率损失和断面收缩率损失指数都非常高，均表现出很高的 SSCC 敏感性。但整体上淬火+二次回火处理的比调质处理的抗 SSCC 性能明显较好。此外，上述结果还表明，pH 对 00Cr13Ni5Mo 不锈钢的 SCC 敏感性起主导作用，而随着硫化氢浓度的降低，其 SSCC 敏感性也相应降低。因此降低 pH 和增大硫化氢的浓度都能增加 00Cr13Ni5Mo 在研究介质条件下的 SSCC 敏感性。

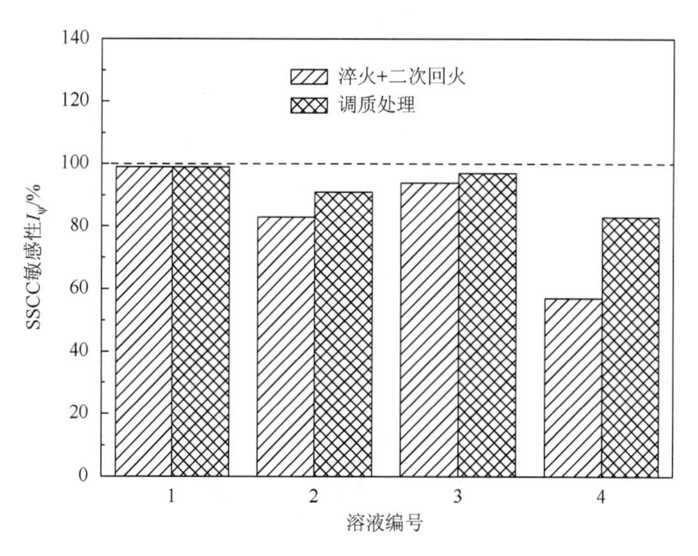

图 8-9　两种 00Cr13Ni5Mo 钢 SSRT 后的 SSCC 敏感性

为了进一步分析 00Cr13Ni5Mo 钢的 SSCC 敏感性，对其 SSRT 试样断口进行 SEM 观察，结果如图 8-10 所示。该图仅给出了淬火+二次回火的结果，调质处理的与之类似，不再赘述。可见，淬火+二次回火的 00Cr13Ni5Mo 不锈钢在四种实验溶液中的宏观断口都比较平齐，断口没有明显颈缩现象，并未随着硫化氢浓度降低而出现颈缩现象而表现出韧性特征。这说明随着硫化氢浓度的降低和 pH 的升高，材料的抗硫氢应力腐蚀开裂的能力明显增大；结合前面的 U 形弯试样浸泡实验和 SSRT 实验结果可以看出这种性能提高还是有限的，材料在条件接近实际工况的溶液 4 中的 SCC 敏感性依然比较大。这表明这种材料在实验设定的四种溶液条件下对 H_2S 介质是基本上是完全敏感的。

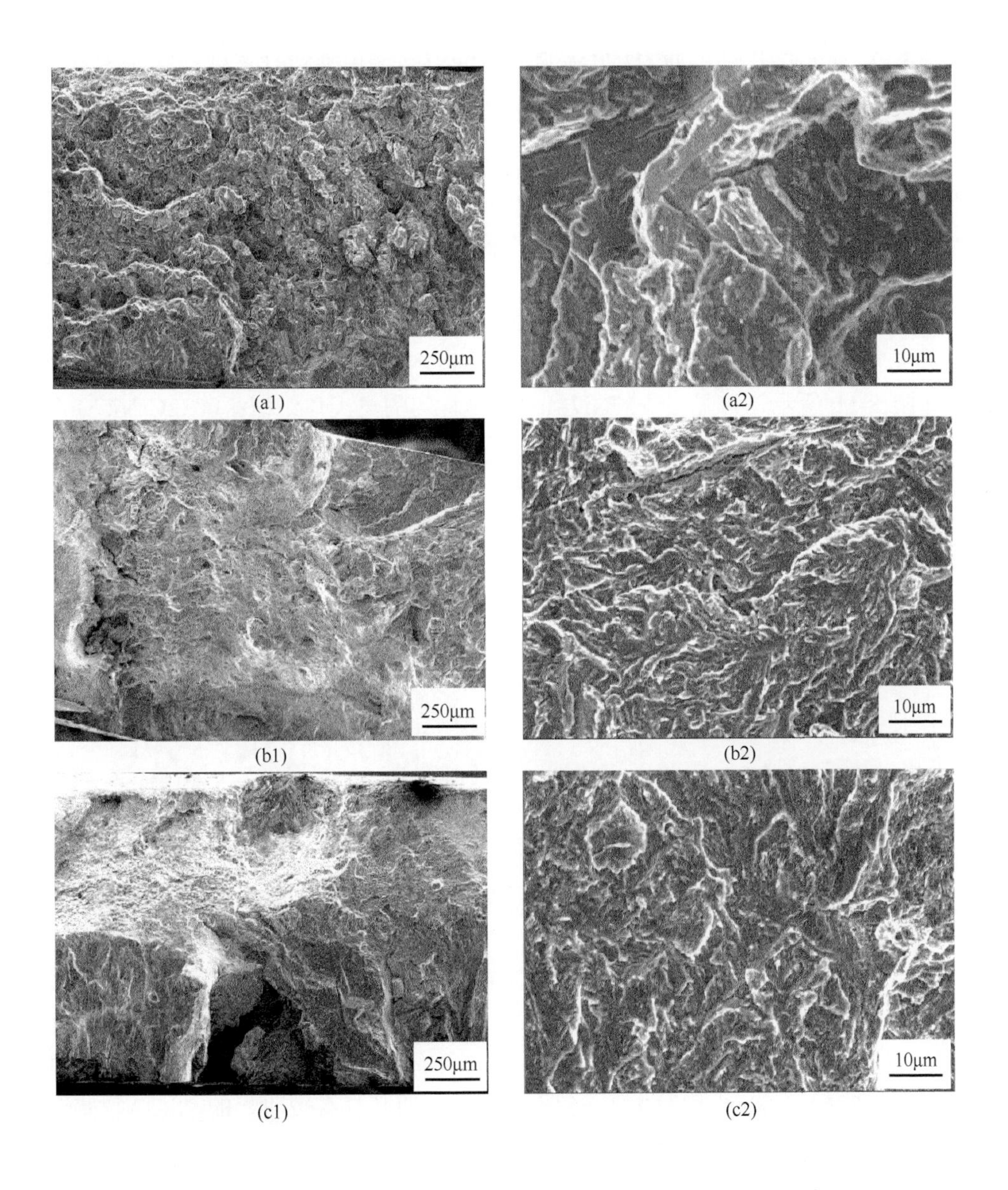

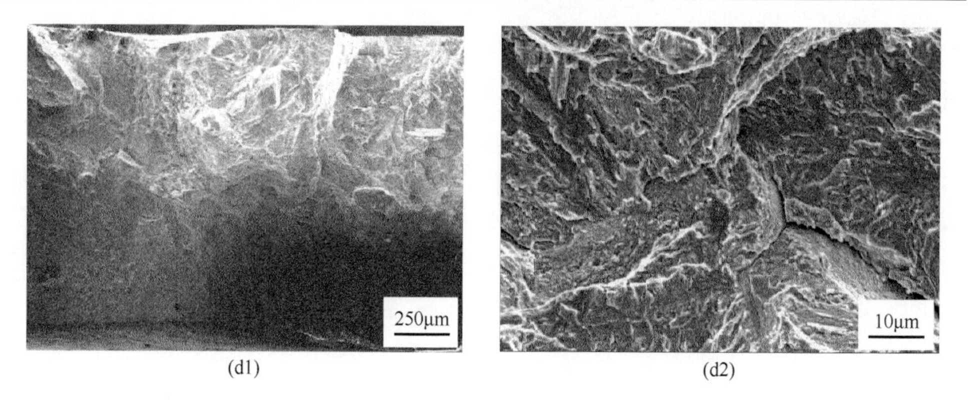

(d1) (d2)

图 8-10 淬火+二次回火 00Cr13Ni5Mo 不锈钢在四种溶液中的 SSRT 断口 SEM 观察形貌

（a1）溶液 1 中的断口宏观形貌；（a2）溶液 1 中的断口微观形貌；（b1）溶液 2 中的断口宏观形貌；（b2）溶液 2 中的断口微观形貌；（c1）溶液 3 中的断口宏观形貌；（c2）溶液 3 中的断口微观形貌；（d1）溶液 4 中的断口宏观形貌；（d2）溶液 4 中的断口微观形貌

8.3.3 318 与 2205 不锈钢的 SSCC 行为规律

本节主要对比了两种耐蚀性优于 00Cr13Ni5Mo 的不锈钢。这两种钢分别是 3C17Ni7Mo2N（318）不锈钢和 00Cr22Ni5Mo3N（2205）双相不锈钢。其金相组织如图 8-11 所示，可见 3Cr17Ni7Mo2N 是均匀的奥氏体组织；0022CrNi5Mo3N 是轧制的奥氏体＋铁素体双相组织，其中白色为奥氏体，黑色区域为铁素体。

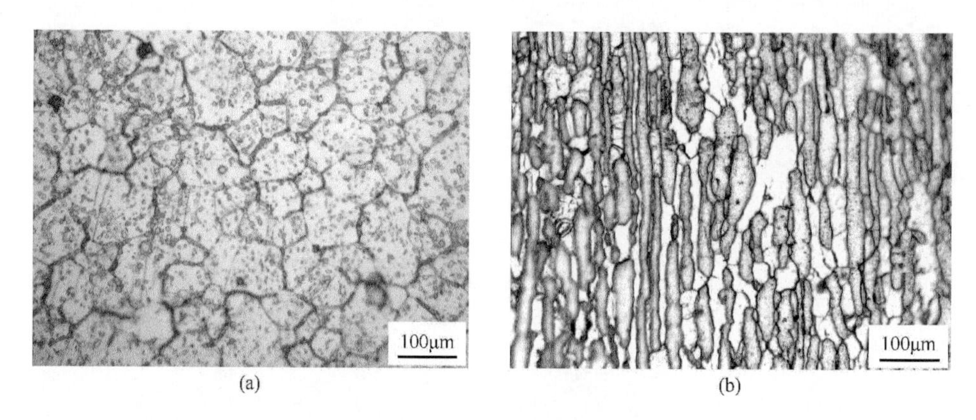

(a) (b)

图 8-11 318 不锈钢（a）和 2205 不锈钢（b）的金相组织形貌

均用 4g $CuSO_4$+20mL H_2O+20mL HCl 溶液侵蚀约 60s 观察

表 8-4 记录实验的两种钢的 U 形试样在四种溶液中浸泡 720h 后的实验结果。可见，2205 不锈钢在四种溶液中均未开裂，具有很好的抗 H_2S SCC 性能。而 318 不锈钢在 376～488h 内均发生了 SSCC 裂纹，表明其具有较明显的 SSCC 敏感性。

表 8-4　四种试验材料的 U 形样浸泡结果统计

钢	开裂测试时间/h			
	溶液 1	溶液 2	溶液 3	溶液 4
3Cr17Ni7Mo2N	376	464	384	488
00Cr22Ni5Mo3N	＞720	＞720	＞720	＞720

图 8-12 为两种材料在不同条件 H_2S 溶液中的 SSRT 应力-应变曲线。由图可见，两种钢在溶液 1 中的断裂强度和延伸率均远远小于空气中的延伸率；随着溶液 pH 的升高或溶液中 H_2S 浓度的下降，两种钢的延伸率和断裂强度都有明显提高；2205 不锈钢在溶液 3 和溶液 4 条件下的机械性能基本与空气中的结果持平，表明其在相应条件下具有较好的 SSCC 抗力。

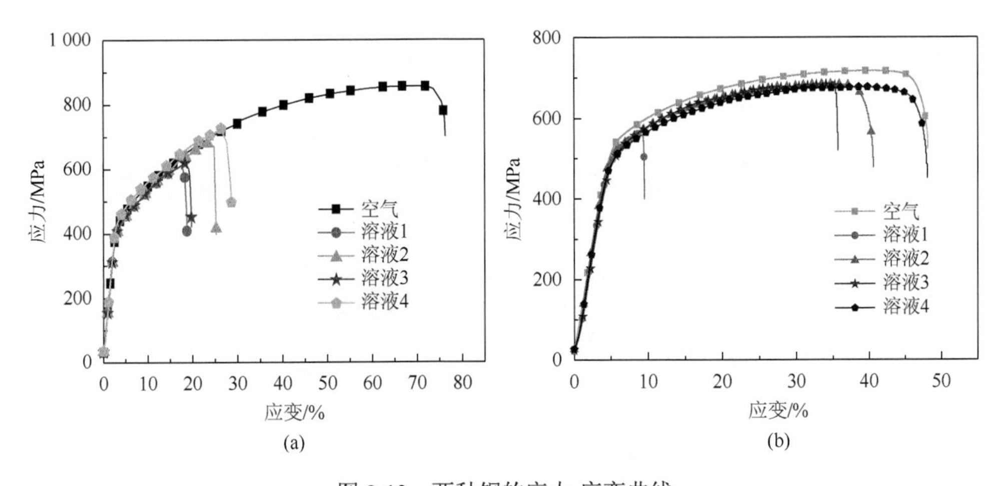

图 8-12　两种钢的应力-应变曲线

（a）318 不锈钢；（b）2205 不锈钢

图 8-13 对比了两种钢在不同条件下的 SSCC 敏感性[其定义见式（5-5）]。由图可见，2205 不锈钢在 pH 较低的溶液 1 和溶液 3 中的 SSCC 敏感性较高，而在 pH 较高的溶液 2 和溶液 4 中的 SSCC 敏感性很低，且高 H_2S 浓度溶液中的高于 H_2S 浓度较低的溶液中的，说明 2205 不锈钢在 H_2S 介质中的 SSCC 行为受 H^+浓度的影响最显著，同时 H_2S 浓度也起很大作用；3Cr17Ni7Mo2N 在四种溶液中的 SSCC 敏感性指数均较高，在不同 H_2S 浓度和 pH 下其变化较小，普遍表现出较高的应力腐蚀开裂敏感性。结合 U 形弯试样浸泡实验的结果可以判断，两种材料抗硫化物应力腐蚀开裂的能力的顺序为 2205＞3Cr17Ni7Mo2N。

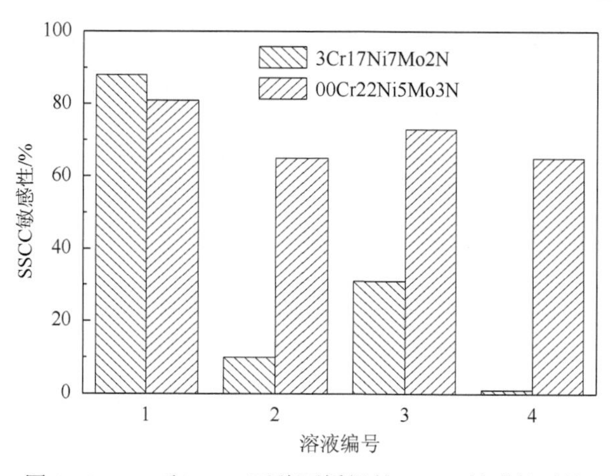

图 8-13　318 和 2205 两种不锈钢的 SSCC 敏感性对比

图 8-14 是 3Cr17Ni7Mo2N 和 2205 不锈钢在溶液 1 和溶液 2 中裂纹壁的表面微观形貌。由图可见，3Cr17Ni7Mo2N 在溶液 1 和溶液 2 中的断口均为脆性断口，而 2205 不锈钢在溶液 2 中的断口具有一定的韧窝，具有韧性断裂特征。综合图 8-13

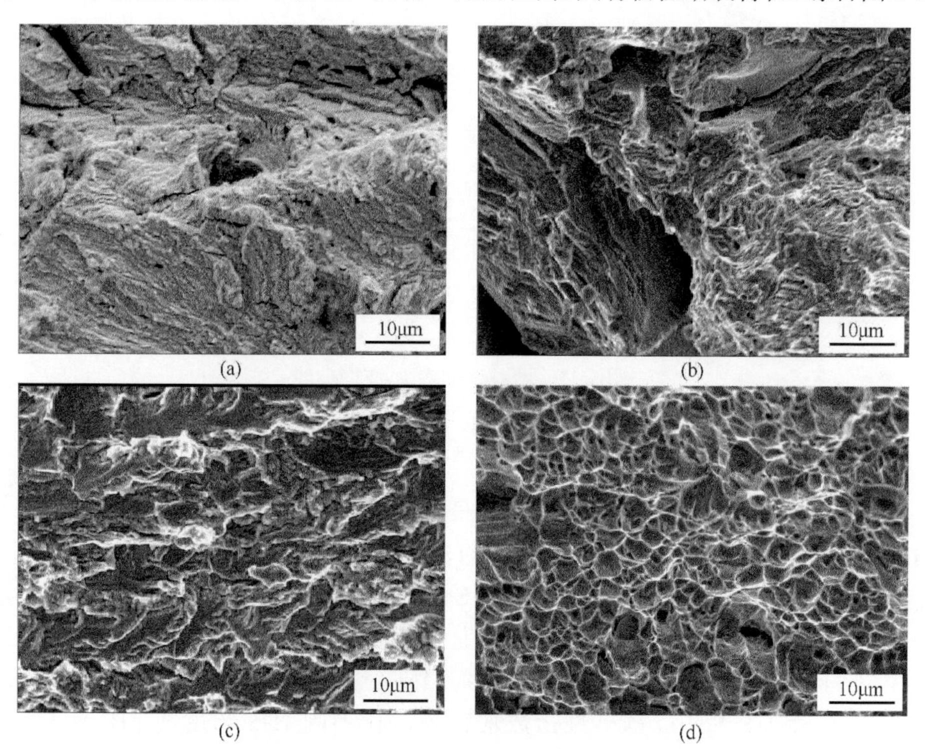

图 8-14　SSRT 试样断口 SEM 微观形貌

（a）和（b）分别为 3Cr17Ni7Mo2N 钢在溶液 1 和溶液 2 中；
（c）和（d）分别为 2205 钢在溶液 1 和溶液 2 中

和图 8-14 结果可见，随着 pH 升高，两种钢的 SCC 敏感性均有不同程度的降低；在 H_2S 浓度较低或 pH 较高（溶液 2、溶液 3 和溶液 4）时两种钢的 SCC 均有显著下降，其中 2205 不锈钢在这 3 种溶液中的机械性能指标均接近空气中的性能指标，其具有很好的抗 SSCC 的能力。

318 和 2205 不锈钢在 H_2S 实验介质中的 SCC 萌生及扩展机理示意图如图 8-15 所示。在 H_2S-Cl^-酸性溶液中，H_2S、HS^-、S^{2-}等离子能与不锈钢表面氧化膜反应，不锈钢表面能够形成金属硫化物膜[Fe（Cr）S_x膜]，不仅能阻碍钝化膜的修复，加速钝化膜的破坏，形成点蚀，同时还能促进 H 向钢中扩散，加剧钢受氢致开裂（HIC）的破坏作用。Cl^-主要是破坏奥氏体组织的表面氧化膜，特别是在酸性环境中能够加速破坏不锈钢的钝化膜，对不锈钢 SCC 的发生具有协同作用。不论对奥氏体不锈钢还是双相不锈钢，Cl^-能引起奥氏体相发生 SCC。因此，由图 8-15（a）所示，318 钢表面形成点蚀后，晶界的点蚀能发生扩展形成沿晶应力腐蚀裂纹（IGSCC）；SCC 扩展到足够的深度，由于应力强度因子 K_I 增加，超过一定程度 SCC 就会转变成穿晶的形式（TGSCC）。2205 双相不锈钢在不存在 H_2S 条件下，对 Cl^-引起的 SCC 不敏感，但存在 H_2S 时，其 SCC 敏感性随 Cl^-含量的增加而迅速增大，说明 Cl^-与 H_2S 能够产生协同作用，增加不锈钢的 SCC 敏感性。在 H_2S 介质中 2205 表面钝化膜破坏后[图 8-15（b）]，γ-Fe 相区的点蚀发展快，点蚀底部不存在完整钝化膜，析 H 过程加剧，基体内部 α-Fe 相内先形成 HIC 裂纹，进而引起 SCC 裂纹扩展。当 SCC 裂纹足够深时，由于应力强度因子 K_I 的增加导致裂纹扩展速率加快，最后导致形成单纯的 SCC 裂纹。

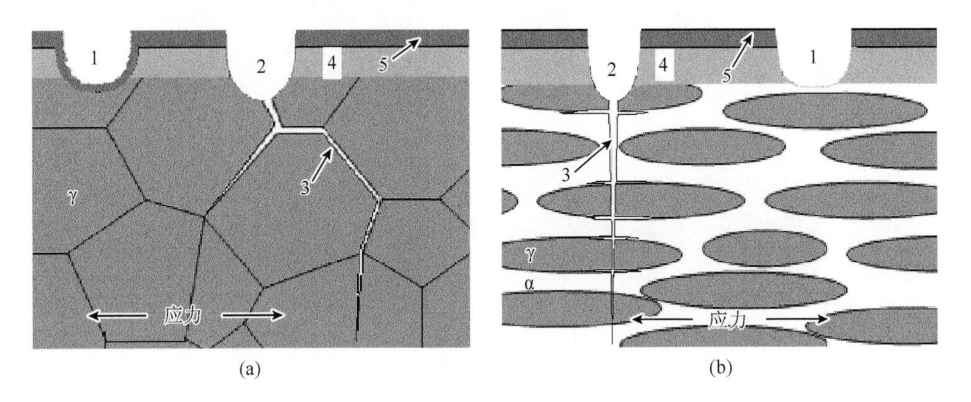

图 8-15　318（a）和 2205（b）两种不锈钢 SSCC 裂纹的形成机理示意图

1、2 为钝化膜破损点，如点蚀；3 为主裂纹和二次裂纹；4 为钝化膜；5 为金属硫化物膜

8.3.4　CO_2 对 2205 不锈钢 SSCC 的影响

本节在 8.3.3 节的基础上，进一步研究了 CO_2 对 2205 不锈钢 SSCC 的影响。

图 8-16 所示为 2205 不锈钢 U 形弯试样在溶液 1 和溶液 5 中浸泡 720h 后的宏观和微观腐蚀形貌。可见，在两种溶液中 2205 不锈钢均未发生宏观裂纹，但与溶液 1 中的相比，溶液 5（饱和 CO_2）中 2205 不锈钢宏观试样表面失去了金属光泽，其微观分析表明该条件下试样表面出现大量微裂纹。该结果表明 CO_2 的存在可能加剧 2205 不锈钢的 SSCC 敏感性。

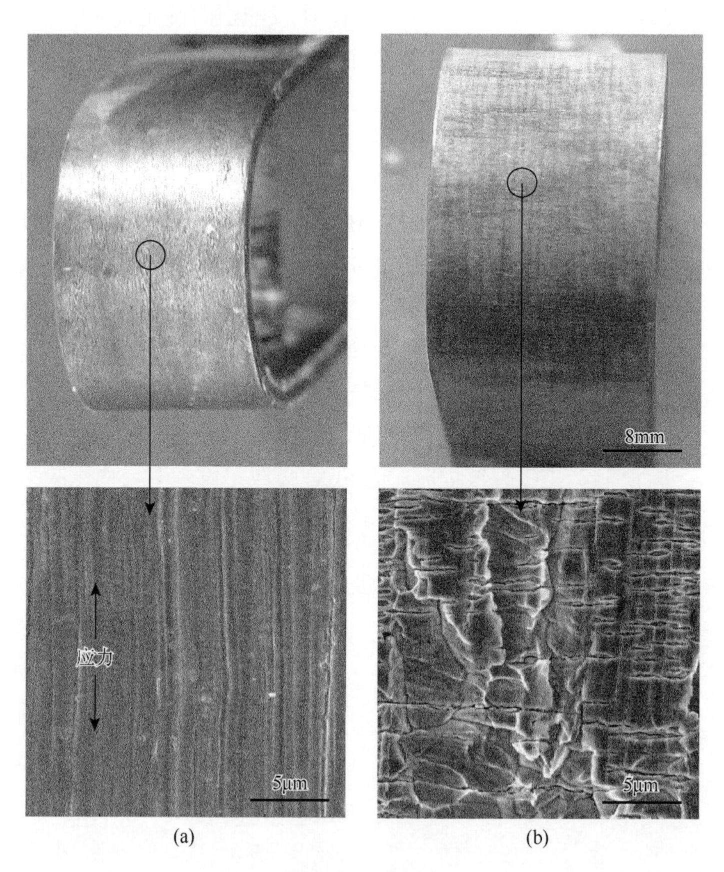

图 8-16　2205 不锈钢 U 形弯试样在溶液 1（a）中和溶液 5（b）中浸泡 720h 后的腐蚀形貌对比

表 8-5 统计了不同条件下 CO_2 对 2205 不锈钢 U 形弯试样 SSCC 行为的影响效果，可见，只有在 pH 较低的饱和 H_2S 条件下 CO_2 的存在能够对其 SSCC 产生明显的促进作用，在其余试验条件下没有显著影响。

表 8-5　浸泡 720h 后 2205 不锈钢 U 形试样弧形区的腐蚀特征统计

2205	平行试样	试验介质			
		饱和 H_2S+（pH=2.8）	饱和 H_2S+（pH=4.5）	1000ppm H_2S+（pH=3.5）	1000ppm H_2S+（pH=4.5）
不含 CO_2	1#	—	—	—	—
	2#	微裂纹	—	—	—
	3#	—	—	—	—
饱和 CO_2	1#	微裂纹	—	—	—
	2#	微裂纹	—	—	—
	3#	微裂纹	—	—	—

注：“—”表示 720h 后仍未观察到 SSCC 微裂纹。

图 8-17 为 2205 不锈钢在含/不含 CO_2 的饱和 H_2S 介质中的 SSRT 应力-应变曲线。可以看出，介质 pH 是 2205 不锈钢应力-应变曲线的最大影响因素，pH=2.8 时试样的延伸率均明显较低，且含和不含 CO_2 的溶液中的延伸率接近；随着 pH 升高至 4.5，含/不含 CO_2 的介质中的延伸率均明显增大，不含 CO_2 的延伸率略高，表明 CO_2 能略微增大 2205 不锈钢的 SSCC 敏感性。

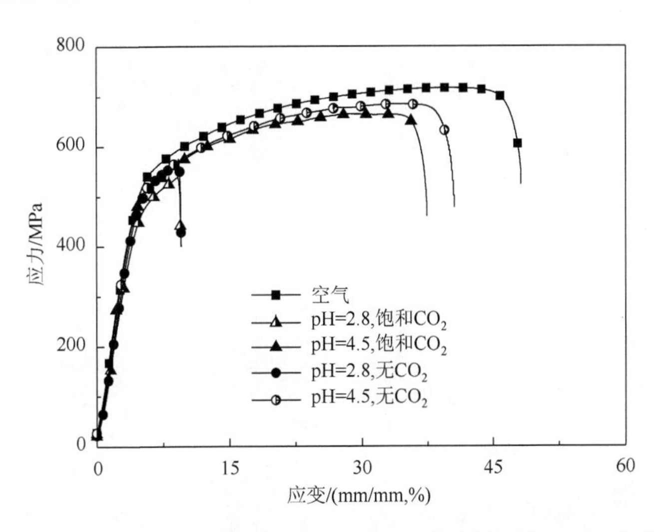

图 8-17　2205 不锈钢在饱和 H_2S，pH 2.8 的溶液中的 SSRT 曲线

为了量化分析 2205 不锈钢的 SSCC 性能，对其 SSCC 敏感性指数（I_Ψ）进行了测量，其计算定义见式（5-5）。I_Ψ 计算结果如图 8-18 所示，可见 pH 对 I_Ψ 的影响最大，在 pH=2.8 的介质中 I_Ψ 值超过 70%，而在 pH=4.5 的介质中其值低于 30%；在两种 pH 的溶液中，CO_2 的存在会导致 I_Ψ 小幅增加。上述结果进一步表

明 pH 是 2205 不锈钢的 SSCC 的主要影响因素，CO_2 对 SSCC 有一定促进作用。

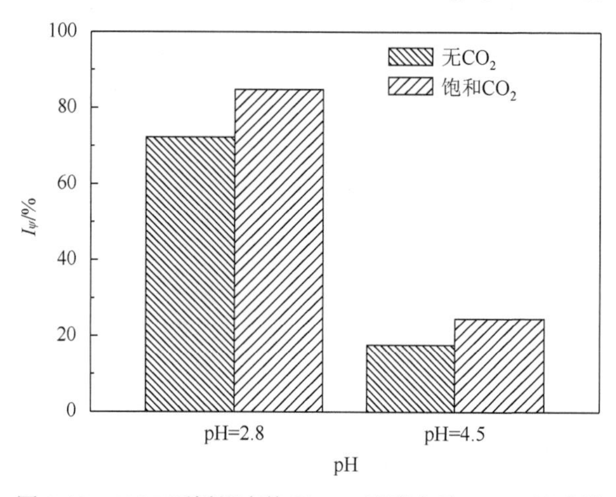

图 8-18　2205 不锈钢在饱和 H_2S 溶液中的 SSCC 敏感性

图 8-19 是 pH=2.8 的介质中 2205 不锈钢的 SSCC 形貌特征。从裂尖形貌[图 8-19

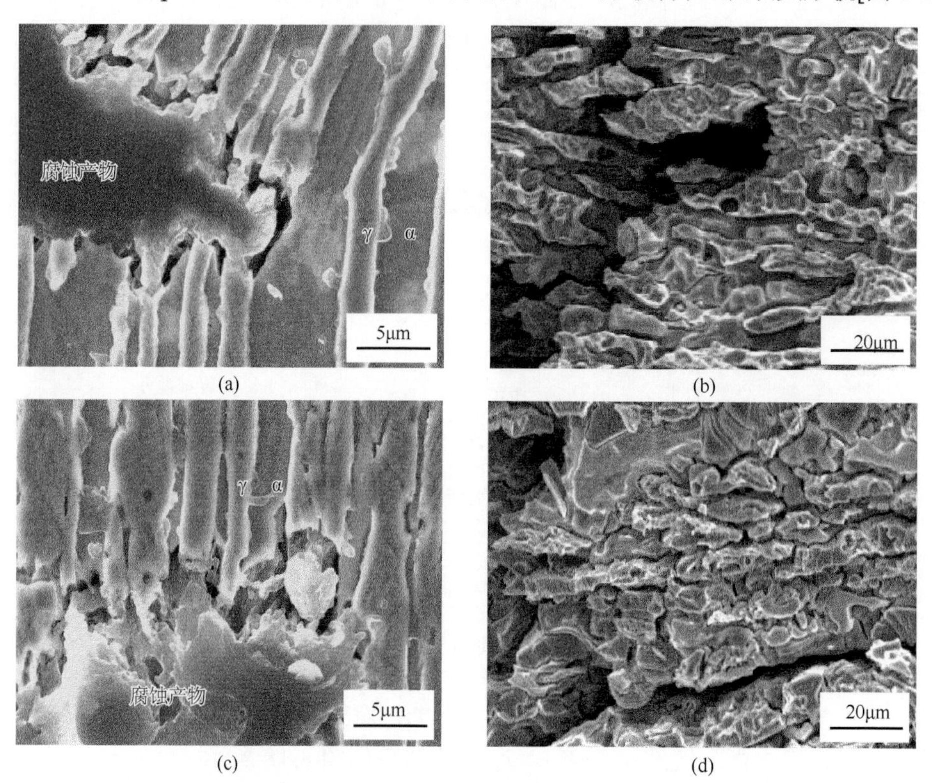

(a)　(b)　(c)　(d)

图 8-19　2205 不锈钢在 pH=2.8 的饱和 H_2S 溶液中的断口形貌

（a）、（c）裂纹尖端；（b）、（d）裂纹启裂区；（a）、（b）无 CO_2 溶液；（c）、（d）含饱和 CO_2 溶液

（a）和（c）]可见 SSCC 裂纹同时穿过 α 和 γ 相扩展，但裂纹尖端的 α 相沿着 α/γ 相界面优先溶解，表明 γ 相既对裂纹扩展起阻碍作用，又作为阴极促进了 α 和 γ 相相界处的 H 的析出，增加了 α/γ 相界面的 HIC 敏感性。因此，2205 不锈钢在 pH 较低的介质中的 SSCC 敏感性较高，而在 pH 较高的介质中具有良好的耐 SSCC 的性能。同时，从裂纹启裂处的断口形貌[图 8-19（b）和（d）]可见，α 和 γ 相相界存在阳极溶解形成的沟槽，而 γ 相断口带有一定韧性特征，而 α 相断口呈现典型脆性特征，进一步确认了 γ 相对裂纹扩展起一定的阻碍作用。对比图 8-19 各图可见，CO_2 对 2205 不锈钢的 SSCC 断裂机理影响较小。

图 8-20 为 2205 不锈钢在不同 H_2S（CO_2）溶液中的阳极极化曲线，由该图可见，2205 不锈钢在不同条件的 H_2S（CO_2）溶液中都具有明显的钝化现象，且在−0.6～0.2V 的区间内普遍存在一个钝化-活化区间，而这种电位区间是应力腐蚀开裂发生的敏感电位区间。所不同的是 pH 和 CO_2 对 2205 不锈钢在上述钝化-活化区间的电化学行为影响显著。pH 较低的条件下[如图 8-20（a）中 pH＝2.8、3.5 的两条曲线]的钝化-活化电位区间在−0.6～−0.1V 的区间内，而试验介质的电化学势就在这区间；pH 较高的条件下[如图 8-20（a）中 pH＝4.5 的两条曲线]的钝化-活化电位区间在−0.2 以上，远离溶液介质的电位。因此低 pH 条件下，2205 不锈钢的钝化-活化电位区间与溶液介质电位一致，这两个因素具有协同作用，可以增加 2205 在试验介质中的应力腐蚀开裂敏感性。由图 8-20 还可以看出，CO_2 的存在不仅降低了较高 pH 条件下钝化-活化电位区间，而且使电流密度显著增加。这不仅使 2205 在四种不同含 CO_2 的介质中的 SSCC 敏感性增大，同时也加大了钢的腐蚀速率。

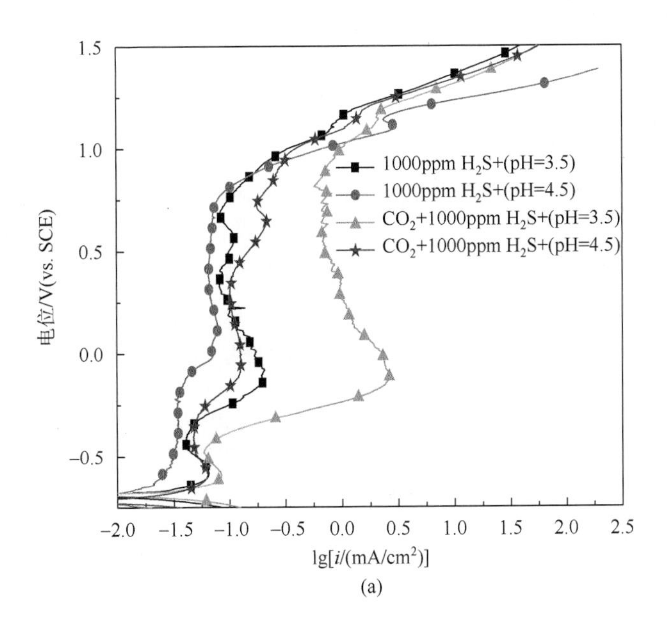

(a)

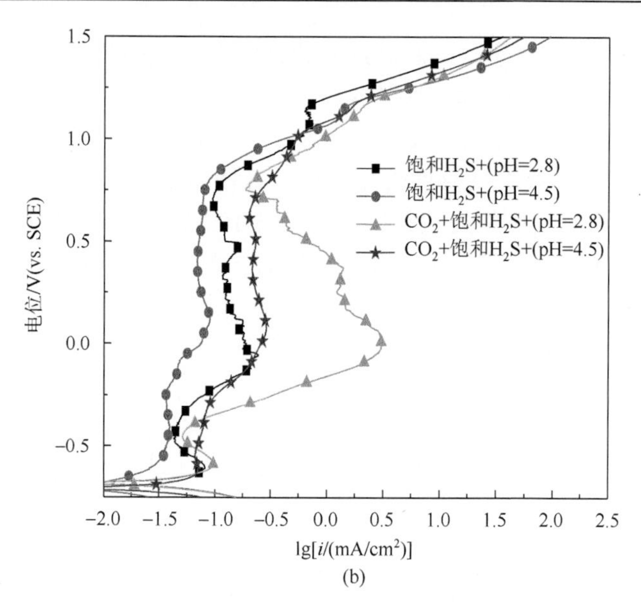

图 8-20　2205 不锈钢的阳极极化曲线

（a）1000ppm H_2S；（b）饱和 H_2S

8.3.5　四种钢 SSCC 行为规律综合比较

按 NACE TM0177 标准的一般规定，如果金属的弯梁试样、C 形试样或恒载荷拉伸试样在饱和 H_2S＋5% NaCl＋0.5% HAc（pH＝2.8）溶液中（溶液 1）中浸泡满 720h 未出现裂纹的，则被认为该金属在 H_2S 介质中具有较高的耐应力腐蚀开裂的性能。而 U 形试样试验的苛刻程度远高于上述三种方法，因此，将 U 形样的浸泡结果能够更保守地判断材料的抗 SSCC 性能。研究涉及的四种材料的 U 形弯试样浸泡实验结果统计如表 8-6 所示。可以看出，前三种不锈钢的 U 形弯试样不仅在溶液 1（NACE 标准溶液）中浸泡未达到 720h 就发生了开裂（裂纹），而且在减弱了腐蚀性的条件下（溶液 2、3 和 4）也都浸泡未达 720h 就发生了 SSCC，说明这三种材料在酸性硫化氢环境中有较高的应力腐蚀开裂敏感性，不宜应用到长期存在或酸值较低的酸性硫化氢的环境中。2205 不锈钢在四种实验溶液中浸泡满 720h 都未发生开裂（裂纹），表现出较好的抵抗应力腐蚀开裂的能力。

表 8-6　四种不锈钢不锈钢 U 形样浸泡结果对比

材料牌号	首次发现裂纹的时间*/h			
	溶液 1	溶液 2	溶液 3	溶液 4
00Cr13Ni5Mo（调质处理）	56	96	80	96
00Cr13Ni5Mo（二次回火）	64	448	96	580

续表

材料牌号	首次发现裂纹的时间*/h			
	溶液 1	溶液 2	溶液 3	溶液 4
3Cr17Ni7Mo2SiN（318）	376	464	384	488
00Cr22Ni5Mo3N（2205）	720	720	720	720

* 浸泡 720h 后未发生裂纹的试样以 720h 计。

将四种钢在不同硫化氢溶液中的 SSCC 敏感性统计如表 8-7 所示。由该表的数据可见，除了 2205 不锈钢在溶液 2～4 中的 SSCC 敏感性指数低于 35%之外，其他三种材料的 SSCC 指数均大大高于这一指标，表现出普遍的高 SSCC 敏感特征。由上述对比可以清楚地看出四种材料抗硫化物应力腐蚀开裂的能力的顺序为：2205＞318＞00Cr13Ni5Mo（二次回火）＞00Cr13Ni5Mo（调质处理）。2205 在模拟实际工况的环境中的 SSCC 敏感性都很低。虽然在含 CO_2 的酸性硫化氢溶液中 2205 的抗应力腐蚀开裂的能力下降，但这种下降程度较小，并不影响其实际应用的可行性。所以，综合考虑，2205 不锈钢较为适合用于含氯酸性硫化氢环境中。特别对于井口设备而言，其结构拉应力水平较低，SSCC 更不易发生。因此，综合判断 2205 不锈钢适合作为高含 H_2S/CO_2 天然气井的井口材料。不过考虑到 2205 不锈钢的热处理工艺要求严格，且市售不锈钢假冒伪劣产品较多，在实际应用中应加强物理检验和耐蚀性检验。

表 8-7　四种实验材料在硫化氢环境中脆性系数的计算结果

牌号	SSCC 敏感性指标/%			
	溶液 1	溶液 2	溶液 3	溶液 4
00Cr13Ni5Mo（调质处理）	99	91	97	83
00Cr13Ni5Mo（二次回火）	99	83	94	57
3Cr17Ni7Mo2SiN（318）	81	65	73	65
00Cr22Ni5Mo3N（2205）	88	10	31	1

8.4　分析与讨论

实验结果表明四种实验材料均表现出一定的 SSCC 敏感性，但 2205 不锈钢的耐 SSCC 性能明显较优，适合用于井口材料。一般影响金属材料抗 SSCC 性能的因素主要来自力学因素、材料因素和环境因素三个方面。由于井口设备的初始受力水平较低，且一般不存在焊接残余应力等影响。因此力学因素不作为本章理论分析的重点。

8.4.1 SSCC 的电化学机理

在酸性 H_2S 环境中钢首先发生电化学腐蚀，金属表面上吸附的表面活性的 HS^-和 S^{2-}阴离子是有效的毒化剂，其不仅通过还原作用破坏钝化膜的完整性，还能加速水合氢离子还原，同时减缓氢原子重组氢分子的过程，使反应所析出的氢原子不易化合成氢分子逸出，而是渗入金属基体内部产生各种氢致劣化效应。氢进入金属当中能够加速局部阳极溶解、诱发点蚀和 SSCC 裂纹萌生，进而提高材料的 SSCC 敏感性。同时，扩散氢不仅能促进位错发射，还会富集在钢材的缺陷和应力集中处，形成微裂纹，导致 HIC 和 SSCC 微裂纹的长大和连接，形成微观上解理断口。

根据铁基金属在硫化氢中的反应机理，上述过程可表示为

阳极反应：

$$Fe + H_2S \longleftrightarrow [FeHS]_{ad} + H^+ + e^- \tag{8-1}$$

$$[FeHS]_{ad} \longleftrightarrow [FeHS]^{2+} + 2e^- \tag{8-2}$$

$$[FeHS]^{2+} + H^+ + e^- \longleftrightarrow Fe^{2+} + H_2S \tag{8-3}$$

阴极反应：

$$2H_2S + 2e^- \longleftrightarrow H_2 + 2HS^- \tag{8-4}$$

$$HS^- + H^+ \longleftrightarrow H_2S \tag{8-5}$$

对 35CrMo 碳钢而言，FeS_x 膜不能稳定存在，因此在这种条件下，其表面的腐蚀反应是 H_2S 的自催化反应，具有较大的反应速率。而对不锈钢而言，由于致钝元素（Cr、Ni、Mo 等）的加入增加了 FeS_x 膜的稳定性，所以整个阳极反应为 Fe/FeS_x 膜界面的阳极溶解和铁离子、氢离子扩散到 FeS_x 膜/溶液界面形成 FeS 沉淀以及膜的再溶解。这个过程的控制步骤为铁离子在膜中的扩散。因此，00Cr13Ni5Mo、2205 等不锈钢的 SSCC 敏感性会随着溶液 pH 的升高和 H_2S 浓度的降低而明显下降。

钢的渗氢电流（描述原子氢向钢中扩散的物理量）和钢表面氢浓度与溶液 H_2S 浓度呈正指数关系：

$$I_H = mN^n \tag{8-6}$$

$$C_0 = \frac{L_0 m}{DF} N^n \tag{8-7}$$

式中，D 为氢在金属中的扩散系数；F 为法拉第常数；C_0 为金属表面的氢浓度；L_0 为试样的厚度；m、n 是和材料有关的常数。由式（8-6）和式（8-7）可以得到与上文相似的推论。由于 00Cr13Ni5Mo、318 和 2205 不锈钢表面有较稳定钝化膜，

而 35CrMo 的表面由于钝化能力不够而发生较强的阳极溶解，其 m、n 的值大于不锈钢材料的。因此其渗氢电流和钢表面氢浓度都会高于不锈钢，从而导致其受 HIC 作用更严重，表现出更强的 SCC 敏感性。

所以在本实验的酸性饱和 H_2S 溶液中，由于四种溶液介质中的 H_2S 均较高（大于 1000ppm），金属中 H 的吸附和渗入现象非常严重。35CrMo 由于具有更强的渗氢能力，所以在两种 pH 的 H_2S 溶液中的 SCC 敏感性相近。而对 00Cr13Ni5Mo 不锈钢而言，由于表面的氧化膜致密稳定，耐酸溶解，不仅其渗氢量要小于碳钢，而且金属表面的析氢反应要弱于碳钢。因此，在 pH 较高的条件下 0013CrNi5Mo 不锈钢的抗 SSCC 性能高于 35CrMo。

8.4.2　成分和组织对 SSCC 的影响

成分是决定钢的耐硫化氢 SSCC 的重要因素。成分不仅能影响钢的组织结构，还决定了金属表面钝化膜的厚度及稳定性。相对于奥氏体不锈钢，2205 钢成分进行了重大调整，其中 Mn、Ni 是强化元素，主要用于提高材料的强度，而 C、Cr、Mo 对抗 SSCC 性能有较大影响。降低 C 含量可以减缓晶界敏化，降低 SSCC 敏感性。2205 不锈钢的 C 含量较低，可以有效降低晶界敏化带来的不利影响。此外，Cr、Mo 元素是主要的表面致钝化元素，能提高不锈钢的耐蚀性。2205 不锈钢中 Cr 和 Mo 的含量均高于一般奥氏体不锈钢，这导致了其表面钝化膜的稳定性和致密性都高于后者，从而在酸性溶液中，2205 不锈钢表面更能耐酸的溶解。钝化膜稳定存在能够有效抑制氢原子和铁离子（铬离子）在膜层中的传输，也就降低了 H_2S 和 HS^- 与膜下金属的反应，抑制了活性氢原子在金属表面的形成，从而降低了氢脆（HE）对金属的损害，降低了发生氢致开裂型 SSCC 的倾向。这是 2205 不锈钢抗 SSCC 性能优于其他实验材料的主要原因之一。

显微组织对钢的 H_2S 应力腐蚀断裂起着重要作用。在晶格热力学上越处于平衡状态的组织，即越能使金属内部各相达到平衡的热处理方法，就越能提高材料抗 H_2S 断裂的能力。在 H_2S 环境中，金属的氢脆敏感性 HE 为

$$\mathrm{HE}=\left(\frac{D}{b^2}\right)\left(\frac{\sigma_{ys}}{E}\right)^6\left(\frac{K}{E\sqrt{b}}\right)^{-4.5} \tag{8-8}$$

式中，D 为氢的扩散系数；σ_{ys} 为屈服强度；K 为应力强度因子；b、E 为材料常数。由式（8-8）可见，对于组织和机械性能相近的两种材料，σ_{ys}、b、E 和 K 的差别不大，D 对 HE 差别的贡献最大。D 值主要取决于材料的晶格结构和缺陷密度。

本文中 35CrMo 的 C 含量均明显高于 0013CrNi5Mo，S、P 含量二者相当；35CrMo 经过调制处理，组织均匀；00Cr13Ni5Mo 进行了调质处理或二次回火热处理。因此，前者位错、夹杂物、晶界和相界密度远高于后者。而且，35CrMo

中 Mo 含量远小于 00Cr13Ni5Mo，使得前者渗碳体含量要高于后者。这都能增大 H 在 35CrMo 中的扩散系数（*D* 值），从而增加其氢脆敏感性。此外，35CrMo 中 Mn 的含量较高，其 MnS 夹杂物密度要高于 0013CrNi5Mo。这会增大其 SSCC 敏感性。

同时，对 35CrMo 钢而言，含有较多的马氏体组织是影响其 SSCC 的重要原因。马氏体组织具有较高的微区残余应力，会加剧氢的捕获和位错塞积从而导致 HIC 裂纹更容易萌生和扩展，而导致高 SSCC 敏感性。调质处理的 00Cr13Ni5Mo 不锈钢的 SSCC 敏感性更高的主要原因与 35CrMo 相似。而二次回火的 00Cr13Ni5Mo 不锈钢的组织粗大，马氏体为板条状。这会增加其 SSCC 敏感性。

318 不锈钢的抗 SSCC 性能也较高，且在不同介质中其 SSCC 敏感性差异较小。主要原因是其合金元素含量较高，有利于形成保护性较好的钝化膜，从而提高了其 SSCC 抗力。但由图 8-11 可知，318 不锈钢具有一定的晶间腐蚀倾向，其能降低其 SSCC 抗力，因此，318 不锈钢在不同介质中发生了沿晶型 SSCC。亦即 318 不锈钢的沿晶贫 Cr 区的结构特征促进了其 SSCC。

而在 2205 不锈钢中，奥氏体（γ-Fe，fcc 晶体）和铁素体（α-Fe，bcc 晶体）的体积分数各约 50%，且奥氏体相分布在铁素体相中[图 8-11（b）]，具有很强的耐 Cl^-SCC 性能。

但在 H_2S 溶液中，H_2S 既是金属发生 HIC 的 H 源，又是 H 向金属基体吸附扩散的毒化剂。这两种组织的氢溶解能力是不同的，其溶解氢的能力分别如式（8-9）和式（8-10）表示：

$$C_{H\alpha}=33p^{1/2}\exp(-3440/T) \tag{8-9}$$

式中，$C_{H\alpha}$ 为 α-Fe 中氢的溶解度（ppm）；p 为 H_2 的压力（atm）；T 为绝对温度（K）。

$$C_{H\gamma}=20p^{1/2}\exp(-825/T) \tag{8-10}$$

式中，$C_{H\gamma}$ 为 γ-Fe 中氢的溶解度（ppm）；p、T 意义同式（8-9）。

温度 $T=300$K 时，由上述两式推知：

$$C_{H\alpha}/C_{H\gamma}=1.65\exp(-2615/300)=0.05 \tag{8-11}$$

在不同的双相不锈钢中，$C_{H\alpha}/C_{H\gamma}$ 的值可能与式（8-11）有出入，但是由该式可以判断，2205 不锈钢在 H_2S 介质中实际的 $C_{H\gamma} \gg C_{H\alpha}$。所以，在合金受拉应力作用下，奥氏体晶粒和铁素体晶粒界面上存在很大的氢逸度梯度，能产生较大的氢致晶间应力，发生晶间开裂，从而萌生裂纹，导致试样最后发生裂纹扩展并断裂。对在饱和 H_2S 和 pH=2.8（CO_2）的溶液中的拉伸试样断口观察发现，在裂纹起始区都观察到了如图 8-21 所示的形貌，就是由晶间氢逸度梯度产生的应力造成的晶间开裂，从而降低了材料的局部性能，产生应力集中，最终导致了 SCC 裂纹的萌生和扩展。

图 8-21　2205 不锈钢裂纹起始区的断口微观形貌

8.4.3　介质成分对 SSCC 的影响

Cl^-是 SSCC 的重要协同因素。Cl^-通常能够引起或加速奥氏体不锈钢的应力腐蚀敏感性。但是双相不锈钢具有铁素体和奥氏体两种组织，其中 α-Fe 相承受应力较高且具有耐 Cl^-点蚀能力，γ-Fe 能够缓释残余应力和阻碍 α-Fe 中微裂纹的扩展，从而具有很强的耐 Cl^-SCC 的性能。不过由图 8-15 和图 8-19 可知，318 奥氏体不锈钢和 2205 不锈钢中的奥氏体相由于 Cl^-和 H_2S 的协同侵蚀作用，会发生优先的局部 AD 效应，促进了 SSCC 的萌生和长大。

pH 是影响 2205 不锈钢的重要环境因素。由图 8-9 和图 8-13 等结果可见，2205 不锈钢只有在 pH 较低（pH 为 2.8～3.5）时才表现出明显的应力腐蚀敏感性，pH＝4.5 条件下的 SSCC 敏感性很小。在 pH 较低的 H_2S 溶液中，在 H_2S 的作用下阴极反应产生的 H^+和 Cl^-会对钝化膜产生快速溶解，从而破坏钝化膜的完整性，导致 H 向金属中扩散，促进了钝化膜的进一步溶解和 SSCC 的发生，从而使 2205 不锈钢在该条件下发生了明显的 SSCC，而随着溶液 pH 的升高或 H_2S 浓度的降低，2205 不锈钢的钝化膜稳定性增加（表 8-9），其 SSCC 敏感性大大降低。结合前面的讨论可知，不锈钢的 SSCC 敏感性程度与溶液介质中的 H^+浓度有密切关系，存在一个[H^+]临界值，当[H^+]达到某一定值时，SSCC 敏感性急剧增加。而在 H_2S 介质中，H_2S 既是金属发生 HIC 的 H 源，又是 H 向金属基体吸附扩散的毒化剂，因此，[H^+]决定金属表面的 H 的生成速率和浓度 C_0，进而影响金属内部的氢浓度 $C_{H\alpha}$。这进一步说明了 2205 不锈钢在 H_2S 介质中的应力腐蚀敏感性是由 HIC 引起的。而且，硫化氢溶液中，当裂纹扩展时裂纹尖端的 pH 降低，可以加剧裂纹尖端的氢脆程度，从而加速 SSCC 裂纹的扩展。

同时综合 8.3 节内容可知，H_2S 浓度对 SSCC 敏感性也有重要影响。在 pH 相同的条件下，2205 不锈钢的延伸率随 H_2S 浓度的增加而降低，SSCC 敏感性增加，

这是由 H_2S 的毒化作用引起的。因为 H_2S 浓度增加，金属表面 FeS 腐蚀膜增厚，能够加速 H 向金属内部的扩散，加强了 HIC 的程度。

此外，由 8.3.4 节内容可见，CO_2 的存在能增大 2205 不锈钢的 SSCC 敏感性。虽然 2205 在含 CO_2 和不含 CO_2 的两种饱和 H_2S 溶液（pH=2.8）中 U 形弯试样均未发生宏观裂纹，但是在含 CO_2 的溶液中，U 形弯试样表面萌生了密集的 SCC 微裂纹。这可以从图 8-20 所示结果进行解释。由图 8-20 可见，CO_2 的存在使得同 H_2S 浓度、同 pH 溶液在同电位条件下的腐蚀电流密度增大，更重要的是 CO_2 使阳极极化曲线的钝化-活化电位区间负移，增加了 SSCC 敏感性。图 8-18 中所示结果正反映了这一事实。而由图 8-16 可见，应力腐蚀裂纹发自试样表面，明显是由阳极溶解作用导致的。这种现象可能是由于 CO_2 能够引起钝化膜疏松造成的。这会增加 2205 不锈钢在敏感电位区间的钝化-活化强度，从而导致 SSCC 敏感性和均匀腐蚀程度的增大。

8.5　结　　论

（1）通过系统的对比实验，2205 不锈钢在常温常压条件下具有较好的耐 H_2S 应力腐蚀开裂的能力，其 SSCC 敏感性随着溶液 pH 的降低和 H_2S 浓度的增加而增加。在 pH 低于 3.5 的环境中，2205 不锈钢在 500ppm 以下的 H_2S 浓度下具有较低的 SSCC 敏感性，在 pH 高于 4.5 的溶液中，2205 的 SSCC 敏感性很低、受 H_2S 浓度的变化和 CO_2 存在的影响不大。

（2）2205 不锈钢的 SSCC 机理具有明显的氢脆特征，其 SSCC 易在动载荷协同条件下发生，α 相和 γ 相的相界 HIC 对 SSCC 的萌生起促进作用，而在静载荷条件下 2205 在各种试验介质中均不易发生 SSCC。

（3）在 pH 高于 4.5 的介质中，恰当热处理（如本章的二次回火）后的 00Cr13Ni5Mo 不锈钢具有一定的抗 SSCC 能力，其耐蚀水平高于普通 CrMo 钢；在 pH 较低的介质中，该不锈钢不具有明显的耐 SSCC 性能，其 SSCC 行为与 35CrMo 钢接近；00Cr13Ni5Mo 适合在 pH 较高、含微量 H_2S 的条件下替代 35CrMo 钢使用。

（4）318 不锈钢具有晶间腐蚀敏感性，会诱发 SSCC，其长期服役具有局部腐蚀不确定性；需要进一步研究其是否适于高矿化度的 H_2S 环境中使用。

第9章　高含H_2S-CO_2天然气集输管道腐蚀规律研究

9.1　引　言

随着含有高浓度 CO_2、H_2S、Cl^-等强腐蚀性介质的酸性气田的大量开发以及输送压力和流速的不断提高，天然气管线发生冲刷腐蚀失效的概率大大增加，尤其在三通、弯头等部位，这已成为腐蚀防护的首要问题。

为了减缓腐蚀，目前高含 H_2S-CO_2 天然气一般要经过预先脱水和加注缓蚀剂等措施。然而在实际运行过程中，发现脱水后饱和湿度以下的天然气也会对管线造成严重的冲刷腐蚀失效。这是由于天然气的脱水工艺往往不能将其中水分完全脱除，残余的水分子会由于毛细作用、物理冷凝作用或者化学吸附作用在管壁形成一层薄液膜，伴生气体 CO_2 等溶解在其中便会形成腐蚀性介质。再加上高流速的流体在结构部件处的湍流扰动，壁面处形成非稳态的薄液环境，使材料受到冲刷腐蚀破坏的威胁。它比单纯的腐蚀和单纯的机械磨损要严重得多。

近年来国内外学者对在管道内壁由凝析水溶解CO_2等酸性气体引起薄液膜冲刷腐蚀的规律和机理进行了广泛研究。结果表明其腐蚀形式多样，机理复杂，目前尚无定论。其影响因素众多，如介质的流动速率、pH、含氧量、温度，材料化学成分、材料表面的粗糙度、硬度、组织结构，设备的几何形状、活性离子浓度、黏度、密度等。上述影响因素大致可以划分为三类，即材料因素、介质环境因素和流体力学因素。

X52、X65 等低碳钢耐酸管道被广泛地应用于天然气集输管线。因此，对其在含 H_2S、CO_2 等的强腐蚀性介质中的腐蚀行为的研究现已成为学术界和工程界共同关注的焦点。另外如上所述，由于机理复杂，影响因素众多，人们对之缺乏全面深入的认识。因此，对这些材料在非稳态薄液膜下冲刷腐蚀的探究具有理论和实践意义。

9.2　研 究 方 法

9.2.1　试验材料和条件

（1）试验材料：X65 钢的显微组织如图 9-1 所示，化学成分如表 9-1 所示。

图 9-1　X65 钢显微组织图

表 9-1　X65 钢化学成分（质量分数）

元素	C	Mn	Si	Ni	Cr	V	Nb	Mo	S	N	P
X65 钢	0.08	1.62	0.22	0.02	0.02	0.02	0.04	0.004	0.001	—	0.011

（2）介质成分：以 CO_2 和 N_2 的混合气体模拟含 CO_2 的酸性天然气介质，并通过湿度控制装置加湿到一定的湿度。

（3）冲刷条件：冲刷气流到达试样表面的流速范围为 0～25m/s。

9.2.2　试验装置和试样

本实验采用喷射法搭建适用于酸性天然气管内低含液率的湿气冲刷腐蚀装置，建立湿度和气体成分的控制装置，并探索此种条件下原位电化学测试方法。

1. 冲刷装置

冲刷装置如图 9-2 所示。进气口通过减压阀连接腐蚀气体发生装置。气体经喷嘴喷射到试样表面，试样用环氧或电木粉封装之后安装在试样架上，喷嘴与试样表面的距离及夹角均可通过调节螺栓而实现。出气口处连接流量计并将气体通入回收池，冲刷釜内的压力保持恒定，通过调节出气流量来控制喷嘴处喷出气体的流速。其中喷嘴处的直径 r 为 1mm，出气口处的流量范围为 L，则喷嘴处的流速 v 可用式（9-1）计算：

$$v=L/\pi r^2 \tag{9-1}$$

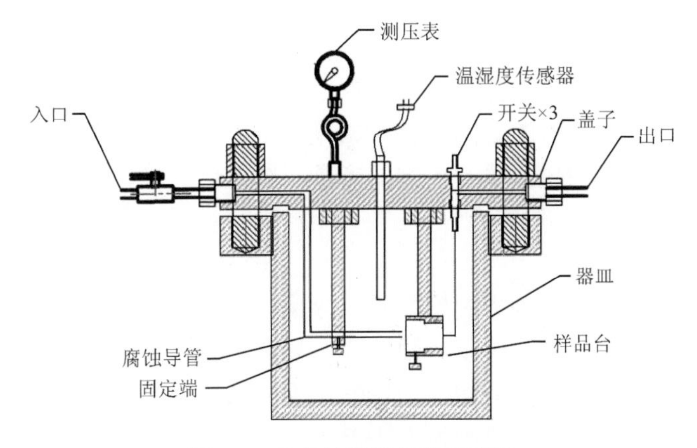

图 9-2　气体冲刷装置的示意图

另外，冲刷釜中也装有湿度计以监控釜内的湿度情况。实验室搭建装置如图 9-3 所示。

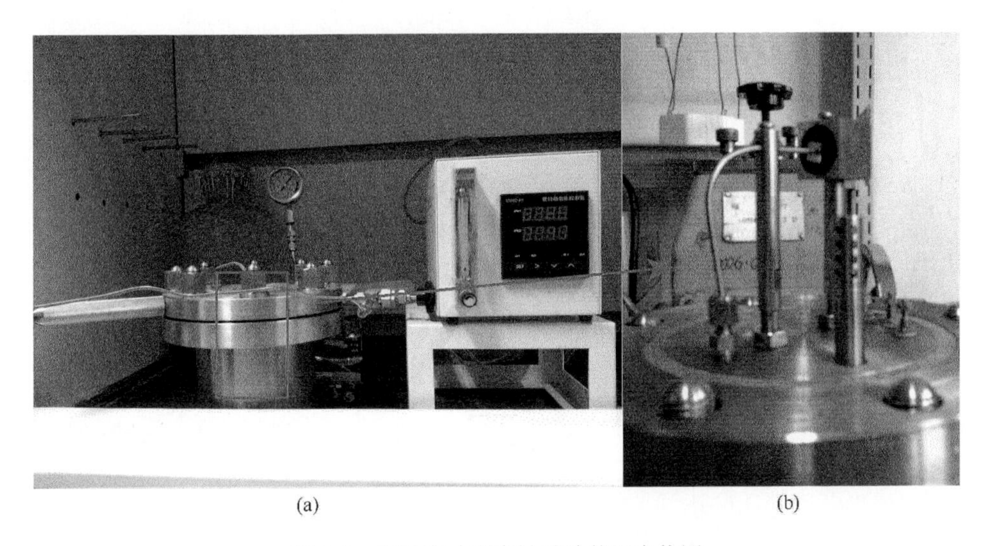

图 9-3　实验室冲刷腐蚀试验装置实物图

（b）为（a）的局部放大图

2. 腐蚀气体发生装置

本实验所用的腐蚀气体发生装置如图 9-4 所示，它主要包括以下几个系统。

1）成分控制系统

天然气田主要成分是烷烃，其中甲烷占绝大部分，另有少量的乙烷、丙烷和丁烷，此外酸性气田中一般含有CO_2等酸性气体，其为主要的腐蚀性介质。因为实验主要研究气质成分对腐蚀行为的影响，因此采用N_2来代替天然气中非腐蚀性气体成分，通过调节混入的CO_2的比例来模拟不同条件下的酸性气体。试验所用气体来自高压气瓶，通过流量计控制其流量，混合后的气体经过湿度控制系统进入冲刷腐蚀装置中。

2）湿度控制系统

为了获得腐蚀发生的临界湿度并研究湿度对腐蚀过程的影响规律，本实验通过干气和湿气的混合来调节湿度，湿气即由混合后的干气经过蒸汽加湿后产生的湿度较大的气体。可调范围为40%～100%，用AR847型湿度-温度指示仪指示系统的湿度，湿度系统的误差范围为±5%RH。

表9-2所示为多次标定后所得到的实现不同湿度所需通入的干湿气体比例。以电化学测试为例，试验箱内湿度的调节步骤如下。

表9-2　不同湿度条件下的气体通入量

湿度	饱和	95%	75%	65%	19%
湿气/干气体比例	1∶1	1∶3	1∶4	1∶7	0

（1）实验前先将去离子水通入N_2除氧2h，然后根据实验所需要的CO_2/N_2比例通入混合气体30min，密封待用。

（2）将准备好的去离子水注入有机玻璃箱内，并密封有机玻璃箱；向密封的有机玻璃箱中通入200mL/min的N_2 50min以除氧。

（3）将湿气控制装置如图9-4所示相连。

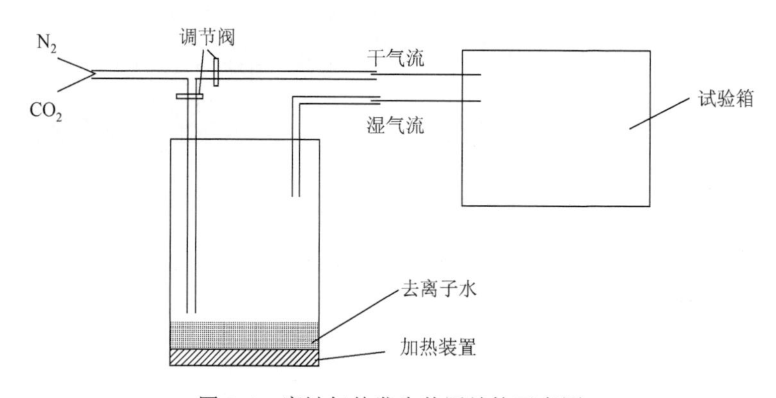

图9-4　腐蚀气体发生装置结构示意图

（4）按图9-4所示给湿气控制装置通入气体，同时监测试验箱内的湿度随时间的变化情况。

（5）待湿度稳定后将电化学测试电极置于试验箱中试样架上，迅速密封反应箱。

（6）将三电极系统的电极引线与电化学工作站分别相连并测其开路电位、交流阻抗和极化曲线。

（7）待一组实验结束，取出三电极系统，用 800#砂纸打磨以除去腐蚀产物至表面光滑；重复上述步骤进行下一组实验。

图 9-5 为试验时调节 65%湿度所记录的湿度-时间曲线图。从图中可以发现，在通入湿气开始时，湿度急剧增加，之后稍有下降，在 1h 后湿度达到稳定，在 60%附近。因此，本实验进行湿气下电化学测试所稳定的时间均为 2h。

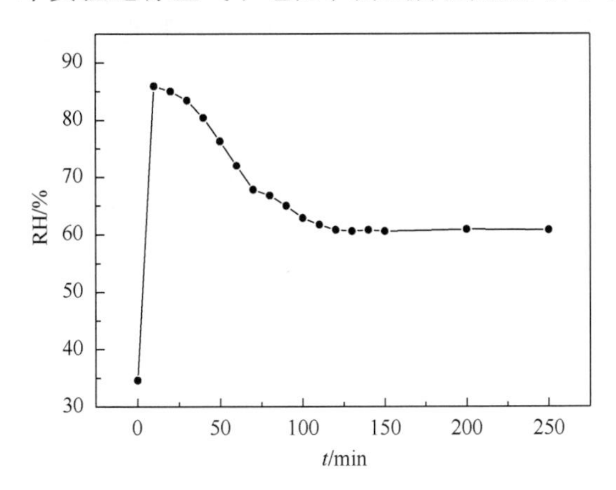

图 9-5　稳定湿度为 65%条件下初始湿度随时间变化曲线

3）电化学测试体系

本实验采用固态电极体系，极化曲线和交流阻抗的电极制作方法如下所述。

（1）极化曲线测试电极。

极化曲线的测试采用同心三电极体系，如图 9-6 所示，参比电极（RE）为自制粉末压片型 Ag/AgCl，工作电极（WE）为 X65 钢，辅助电极（CE）为钛，三电极用环氧封装在同一个平面上，外露试验面积 RE 为直径 Φ3mm 的圆形，WE

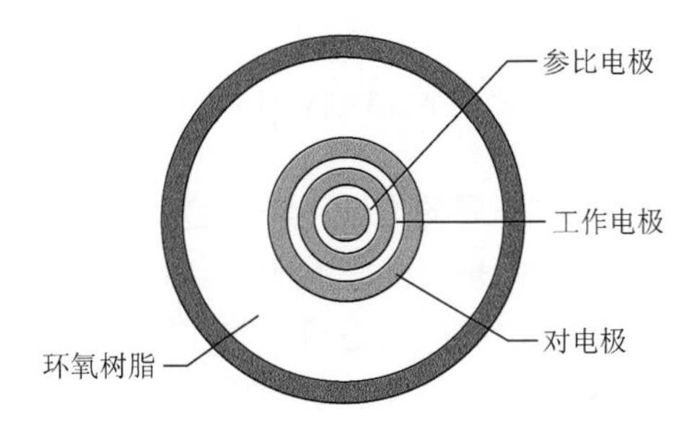

图 9-6　极化曲线测试电极示意图

为内径 4mm 外径 6mm 的环形，CE 为内径 7mm 外径 9mm 的环形。试样表面用水磨砂纸从 60#逐级打磨至 1500#，去离子水洗净后冷风迅速吹干，避光干燥环境储存待用。采用本实验自行设计的三电极系统，湿气环境下会在三电极表面形成连续的液膜，电子的传递和传质过程得以进行，使湿气下的电化学能够发生。

其中，Ag/AgCl 的制备工艺为将银粉分散在硝酸银水溶液中，然后缓慢加入氯盐水溶液，得到银粉和氯化银混合粉末，然后将混合粉末经压模成型，制备成 Ag/AgCl 粉末固体电极材料，整个过程避光操作。再将导线点焊到电极材料上，制备成参比电极。参比电极制备后再放入含氯离子的水溶液中，利用恒电位或者三角波电位扫描的方法对电极材料进行活化处理。这样的电极材料具有高度分散的电化学界面，电极电位稳定性高，方便加工成各种形状，并且具备一定的承压能力。

为了测试自制参比电极的稳定性，以自制 Ag/AgCl 电极为研究电极，以常用的饱和甘汞（SCE）为参比电极，测量自制电极的电极电位，实验时间为 12h。实验结果如图 9-7 所示。由图可知，测试电极的电极电位波动很小。在测量时间范围内变化没有超过 2mV，较为稳定。

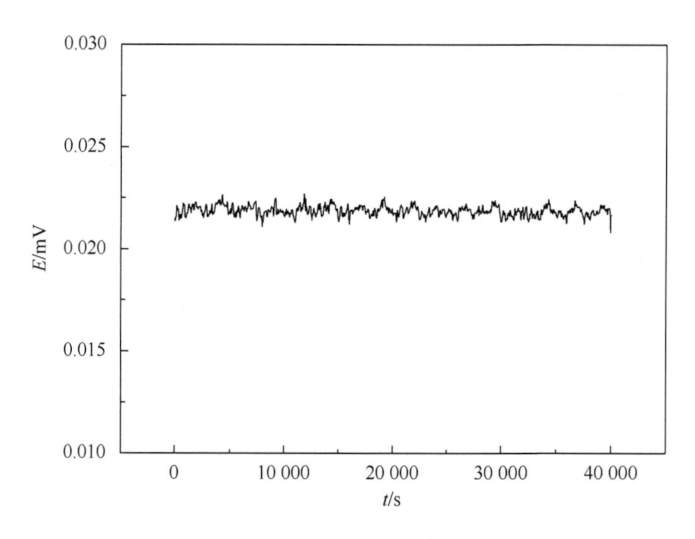

图 9-7　自制 Ag/AgCl 电极的电极电位的变化

对于有氧环境中薄液膜下金属的腐蚀，阳极过程为金属的溶解，随着金属表面水膜的减薄，阳极过程的效率也会随之减小。其可能的原因包括两个方面，一是当电极上存在很薄的吸附水膜时，会造成阳离子的水化困难，使阳极过程受到阻滞；另外一个是金属可能会发生钝化，从而使阳极过程受到强烈的阻滞。阴极过程为吸氧反应。在湿气下，氧通过液膜扩散到金属表面的速率很快，液膜越薄，氧的传递速率也越快，从而阴极上氧的去极化作用越易进行，越易加快腐蚀的阴极过程。

为了验证电极的可行性，以 X65 材料为例，将所制备的三电极体系在 95%湿度大气环境下（不除氧不含 CO_2）进行开路电位和极化曲线的测试，并与本体溶液中的极化曲线进行对比，测试结果如图 9-8 和图 9-9 所示。从图 9-8 中可以看出，在 1h 后，电极电位趋于稳定；图 9-9 中可以看出，与溶液中对比，阴极电流密度增加，而阳极出现钝化现象。这与上述理论分析结果是一致的，因此自制的三电极系统可以用来进行薄液下极化曲线的研究。

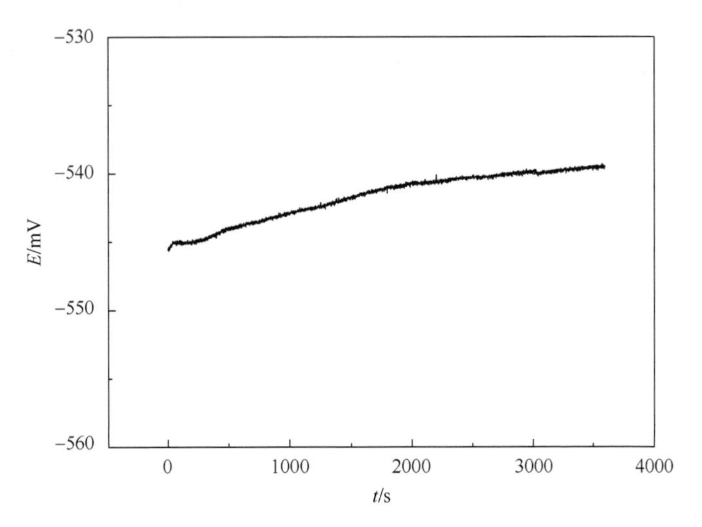

图 9-8　在 95%湿度下开路电位

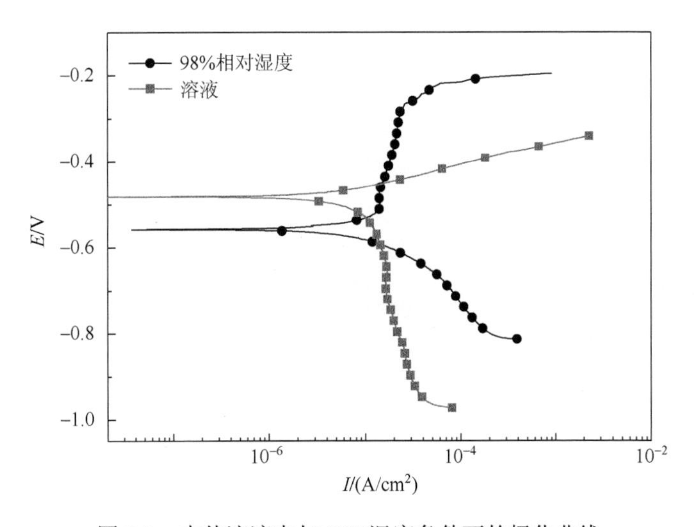

图 9-9　本体溶液中与 95%湿度条件下的极化曲线

（2）电化学阻抗测试电极。

电化学阻抗测试采用盘状排列的双电极体系，如图 9-10（a）所示，片状电极的尺寸为 10mm×10mm×0.5mm，电极与电极平行排列，间距为 0.5mm，用环氧树脂封装。导线连接方式如图 9-10（b）所示，多片工作电极与辅助电极交替排列，使电信号得到加强。

同上，以 X65 钢为例，将所制备的电极在 95%湿度大气环境下（不除氧不含 CO_2）进行电化学阻抗测试，并与本体溶液中的阻抗谱进行对比，测试结果如图 9-11 所示。从图中可以看出在湿气条件下容抗弧的半径小于溶液中，说明在湿气条件下的更易被腐蚀。这与极化曲线测试结果及理论分析结果一致，因此自制的电极系统可以用来进行薄液下交流阻抗的研究。

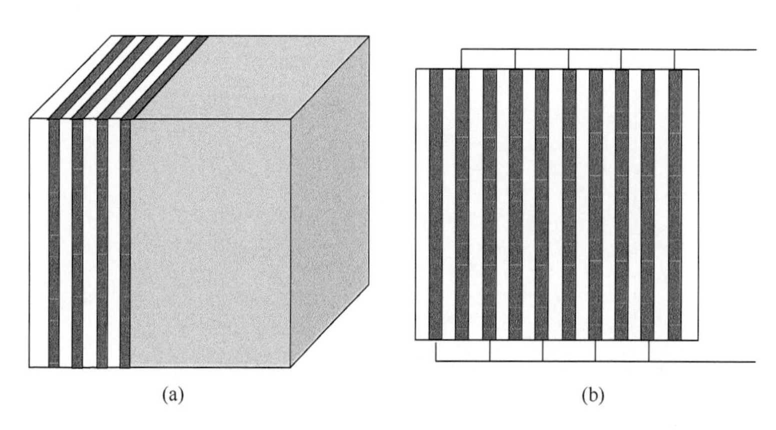

图 9-10　电化学阻抗测试电极示意图

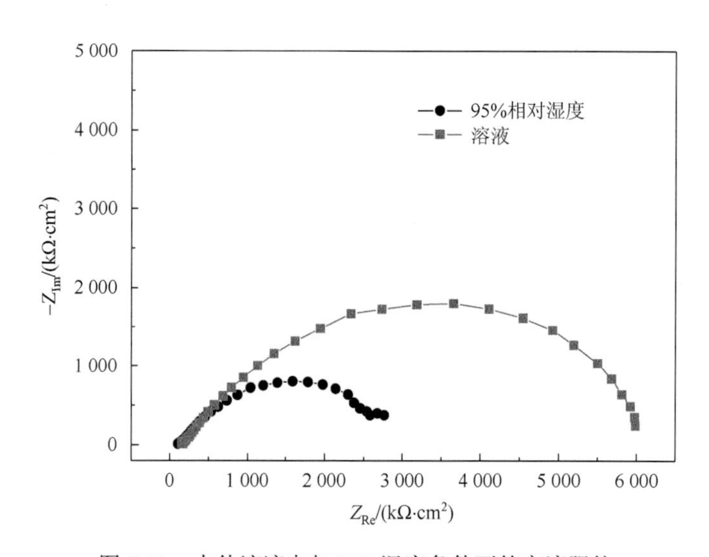

图 9-11　本体溶液中与 95%湿度条件下的交流阻抗

（3）腐蚀试验试样。

将 X65 钢加工成 10mm×10mm×3mm 的片状试样并封入电木粉中，试样表面经水磨砂纸从 60#逐级打磨至 2000#，并进行机械抛光后，然后用去离子水清洗，酒精擦洗并以冷风迅速吹干，最后避光干燥环境储存待用。

9.2.3　实验参数设置

电化学试验和腐蚀试验均在冲刷腐蚀试验装置中进行。为了模拟实际酸性天然气管壁的 Cl^-沉积条件，在实验进行前用 TW-1000 气凝胶喷雾器在样品表面沉积 NaCl 颗粒（约 2000mg/m^2 NaCl 颗粒被喷射到样品表面），沉积 NaCl 粒子后的表面形貌如图 9-12 所示，从图中可以看出，沉积的 NaCl 颗粒均匀分布在样品表面。

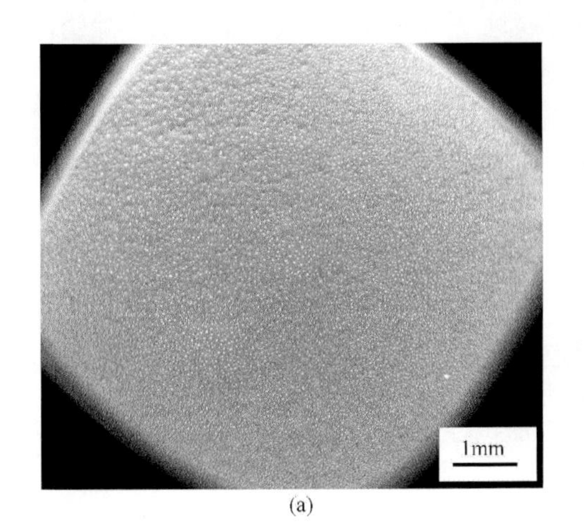

(a)

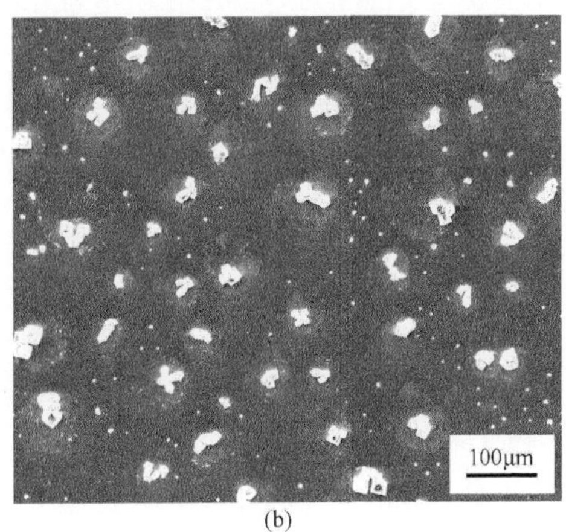

(b)

图 9-12　表面沉积盐膜后的形貌图

试验前调节湿气湿度，调节步骤如前所述。需要注意的是，调节时试样表面背对气流入口，试样表面气体流速可以忽略。

1. 稳态薄液膜条件下介质因素

具体的试验条件如表 9-3 和表 9-4 所示。

表 9-3　湿度的影响

试验材料	湿度	CO_2/N_2
X65 钢	65%、75%、85%、95%	15%

表 9-4　成分的影响

试验材料	湿度	CO_2/N_2
X65 钢	100%	0、5%、10%、15%、20%

本实验所有电化学试验均在美国 Gamry 公司生产的 Reference 3000 型电化学工作站上进行。测量在室温下进行，开路稳定 2h；交流阻抗测试的扫描频率范围设置为 100kHz～10MHz，正弦波扰动信号的幅值为 10mV；极化曲线测试从相对于开路电位−0.25V 开始，到电流密度处于 1～10mA 范围时结束，扫描速率为 0.5mV/s。

腐蚀试验在每个条件下平行进行三次，将试样在不同试验条件下暴露 72h。试验结束后，将试样表面吹干，用 FEI Quanta 250 型环境扫描电子显微镜（SEM）观察表面腐蚀产物形貌并用 EDS 能谱进行腐蚀产物分析。将观察后的试样除锈，用 METTLER TOLEDO AB265-S 分析天平对其称量并与试验前对比。X65 钢试样的除锈方法为将其放入除锈液（500mL 浓盐酸+500mL 去离子水+10g 六次甲基四胺）超声清洗 3min，2205 双相不锈钢试样放入除锈液（100mL HNO_3+1000mL 蒸馏水）中加热到 60℃浸泡 20min，然后再用丙酮超声清洗，取出吹干。

常规腐蚀速率是根据初始试样的总表面积和试验后的腐蚀失重，按式（9-2）进行计算。

$$V = \frac{m_1 - m_2}{A \cdot t} \tag{9-2}$$

式中，V 为腐蚀率[g/（$m^2 \cdot h$）]；m_1 为试验前试样的质量（g）；m_2 为试验后试样的质量（g）；A 为试样的表面积（m^2）；t 为试验延续时间（h）。

2. 非稳态薄液膜条件下介质和流体力学因素

本实验依据实际酸性天然气气质组分，通过湿度控制系统和气氛控制系统调节试验箱中的环境条件，具体参数见表 9-5～表 9-8。

表 9-5　成分的影响

试验材料	湿度	CO_2/N_2	流速	角度
X65	100%	0、20%	12m/s	90°

表 9-6　湿度的影响

试验材料	湿度	CO_2/N_2	流速	角度
2205	65%、75%、85%、95%	20%	12m/s	90°

表 9-7　流速的影响

试验材料	湿度	CO_2/N_2	壁面最大流速	角度
X65	85%	20%	27m/s、14m/s、10m/s、6m/s、4m/s	90°

表 9-8　角度的影响

试验材料	湿度	CO_2/N_2	壁面最大流速	角度
X65	85%	20%	28m/s、14m/s、6m/s、2m/s	90°、60°、45°

实验时将试样装入冲刷实验装置中，喷嘴距离试样表面 2mm。调节气体，达到实验设定条件之后，打开进气口阀门，待冲刷釜内的压力达到 0.5MPa 后，打开出气口阀门，调节出气口流量，控制冲刷流速。冲刷 24h 后，将试样从釜中取出，经去离子水冲洗，酒精快速清洗吹干，用高分辨数码相机拍照及 FEI Quanta 250 型扫描电子显微镜观察表面腐蚀产物形貌并进行 EDS 能谱分析或者拉曼光谱分析。试验完毕后去除腐蚀产物并用酒精清洗晾干后，计算失重并进行腐蚀形貌观察。

通过调研国内外不同天然气环境中管线钢服役安全性要求，缓蚀剂使用情况和缓释效果，及天然气环境中缓蚀剂效果试验研究及分析方法，设计试验并进行后续理论分析。不同缓蚀剂条件下 X60 钢在不同动态冲刷天然气环境中服役性能和缓蚀剂性能研究，以分析在气流冲刷条件下缓蚀剂的附着性能及缓释效果。

X65 分别在在湿度为 75%和饱和湿度+硫化氢浓度为 3ppm+CO_2 为 4%（其余压力 N_2 补充）条件下，不添加缓蚀剂和添加浓度为 3.83μL/L 的缓蚀剂，流速为 35m/s，温度为 35℃±2℃。进行电化学试验（交流阻抗测量、动电位极化测量）以及挂片试验，挂片试验周期为 72h。

对不同条件下不同钢种电化学试验后的数据进行分析。对不同条件下不同钢种挂片试验后的试样，采用高精度体式显微镜（精度 0.6μm）进行腐蚀深度测量；采用扫描电子显微镜等技术对宏观腐蚀形貌及除锈前后的微观腐蚀形貌进行分析，观察腐蚀形貌和产物分布特征；采用 XRD 技术及能谱分析（EDS）技术对腐蚀产物元素及化合物进行分析；从腐蚀深度（等同失重速率）、腐蚀形貌和腐蚀产物分布综合评价不同钢种在高流速冲刷下的腐蚀情况及缓蚀剂的缓释效果。

为了方便说明问题，我们将不同试样进行编号，形式为 X60-Ⅰ-Ⅱ。其中，Ⅰ代表相对湿度，1 对应 75%相对湿度，2 对应 100%相对湿度；Ⅱ代表缓蚀剂种类，1 为无缓蚀剂，A 对应缓蚀剂 A，B 对应缓蚀剂 B。具体实验参数和实验条件见表 9-9。

表 9-9　实验参数和实验条件

编号	湿度	缓蚀剂	环境	流速	冲刷时间
X65-1-1	75%	无	3ppm H_2S+4% CO_2+其余 N_2，35℃±2℃	35m/s	72h
X65-2-1	100%	无			
X65-1-B	75%	B，3.83μL/L			
X65-2-B	100%	B，3.83μL/L			

9.3　研 究 结 果

9.3.1　稳态薄液膜条件下介质因素作用

1. 湿度

1）形貌观察

图 9-13 所示为 X65 钢试样在不同相对湿度下暴露 72h 后腐蚀产物的微观形貌图。从图中可以看出，随着湿度的增加，表面腐蚀产物的覆盖率和厚度都在增加。在 65%湿度下，表面几乎没有腐蚀产物的覆盖，可以观察潮解后的 NaCl 颗粒；75%湿度下在原潮解后的 NaCl 颗粒的地方形成腐蚀产物；85%、95%湿度下腐蚀产物覆盖率逐渐增加，到饱和湿度时表面形成大片连续的腐蚀产物膜。

为了确定不同湿度下腐蚀产物膜的组成，对不同条件下腐蚀产物膜进行 EDS 分析，取点方式如图 9-13 所示。如表 9-10 所示，腐蚀产物膜主要包含 C、O、Fe 三种元素，由形貌和成分可以推断其主要是 $FeCO_3$。

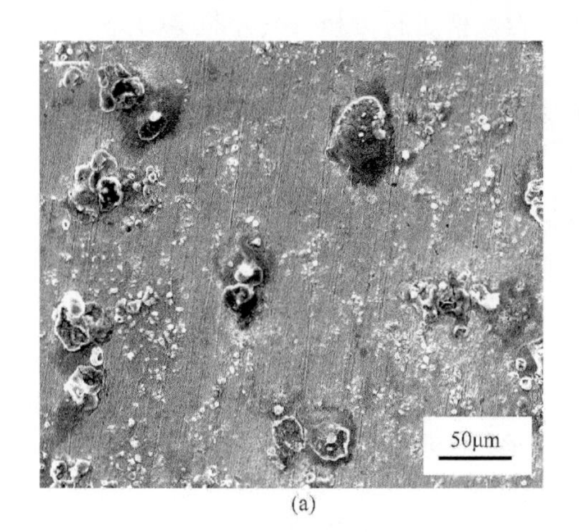

(a)

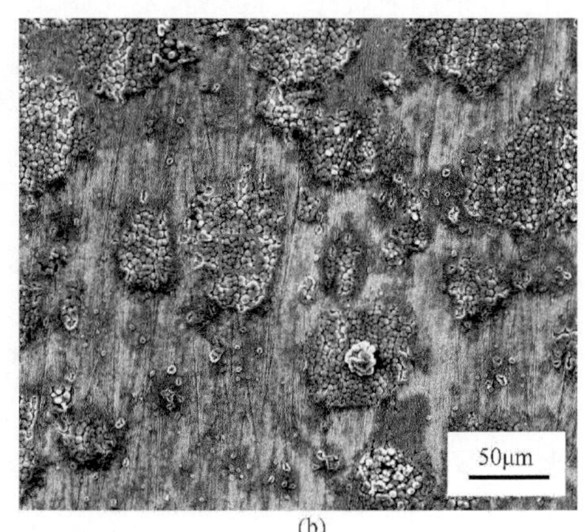

(b)

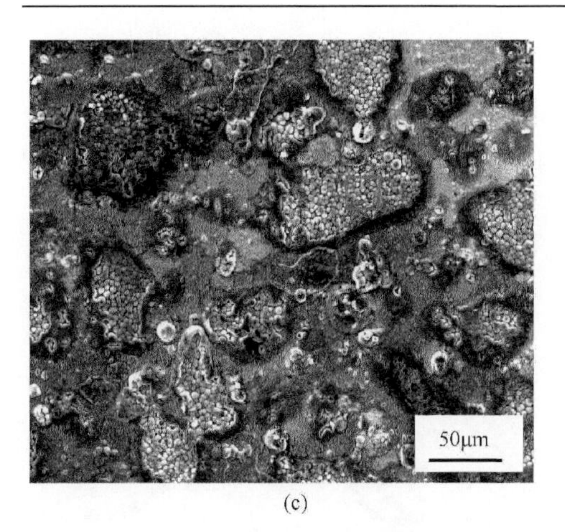

(c)

(d)

图 9-13　不同湿度环境下暴露 72h 后腐蚀产物微观形貌图

(a) 65%湿度；(b) 75%湿度；(c) 85%湿度；(d) 饱和湿度

表 9-10　不同湿度条件下腐蚀产物 EDS 成分分析

湿度	C（原子百分数）	O（原子百分数）	Fe（原子百分数）
75%	21.75	57.83	20.40
85%	19.23	51.26	25.71
100%	21.35	44.60	30.03

对试样表面进行除锈，根据式（9-2）计算腐蚀速率，结果如图 9-14 所示。从图中可以看出，随着湿度的降低，腐蚀速率减慢，其中在 65%湿度下实验前后试样的质量几乎没有差别，说明在这种情况下，腐蚀几乎不会发生。

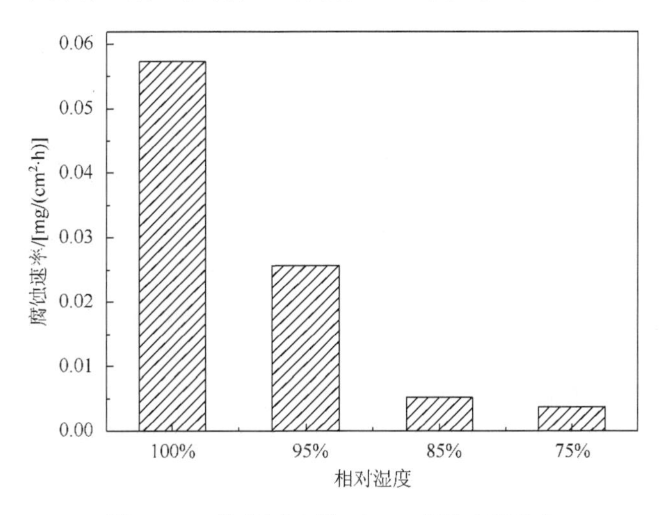

图 9-14　不同湿度环境下 X65 钢的腐蚀速率

2）电化学试验

图 9-15 所示为 X65 钢在 0.1mol/L 氯化钠溶液中的阻抗随时间的变化，图 9-16～图 9-20 所示为 X65 钢在不同相对湿度条件下阻抗随时间的变化。

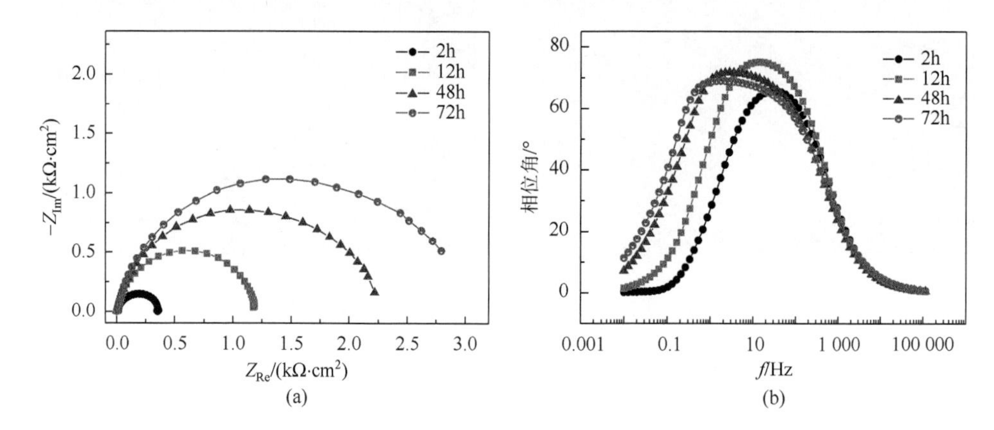

图 9-15　X65 钢在含 CO_2 的 1%的 NaCl 溶液中的阻抗图谱

（a）Nyquist 图；（b）Bode 图（相位角与频率）

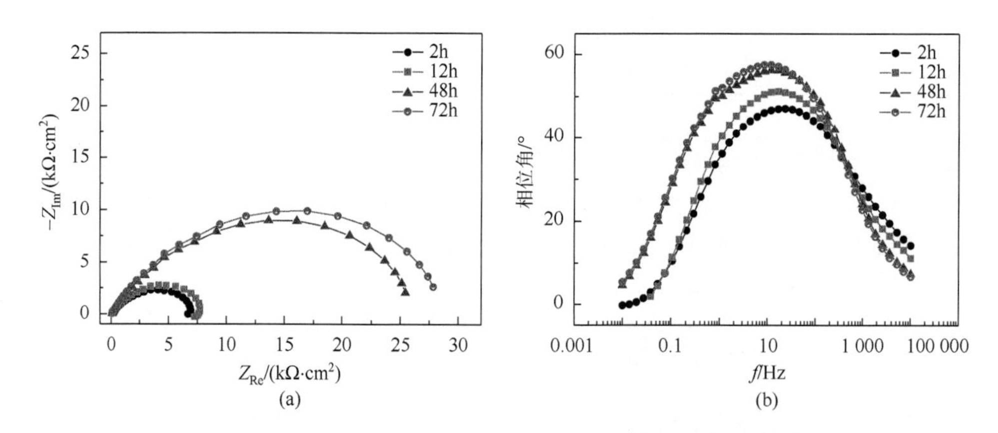

图 9-16　X65 钢在 100%湿度含 CO_2 气体条件下的阻抗图谱

（a）Nyquist 图；（b）Bode 图（相位角与频率）

根据 Nishikata 的研究报道，可以从 Bode 图估计电流分布的均一性，当从高频往低频进行频率扫描时，如果有相位角超过 45°，那么可以认为工作电极表面的电流分布至少在低频区域是均一的。由图 9-16～图 9-20 可以看出绝大多数阻抗谱都有相位角高于 45°，因此在阻抗测试中，不均一的电流分布可以忽略。

观察溶液及饱和湿度下的电化学阻抗测试结果，电化学阻抗谱有两个时间常数，由高频区的容抗弧和低频感抗弧组成，随着腐蚀时间的延长，感抗弧只有一

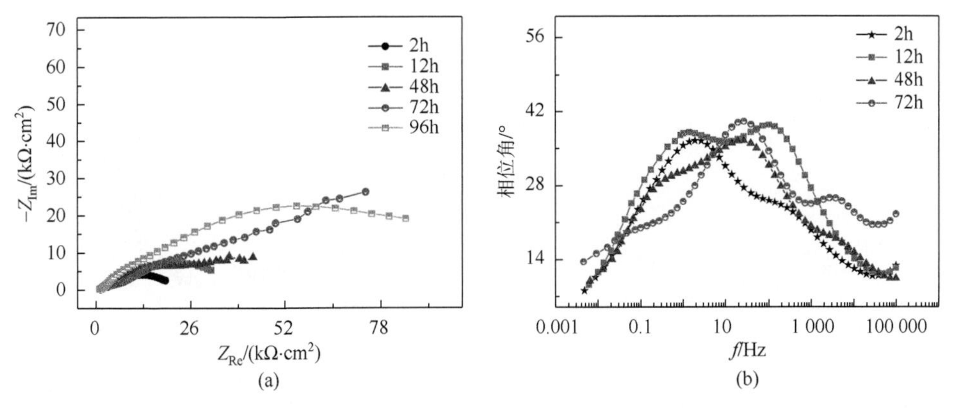

图 9-17　X65 钢在湿度 95%含 CO_2 气体条件下的阻抗图谱

（a）Nyquist 图；（b）Bode 图（相位角与频率）

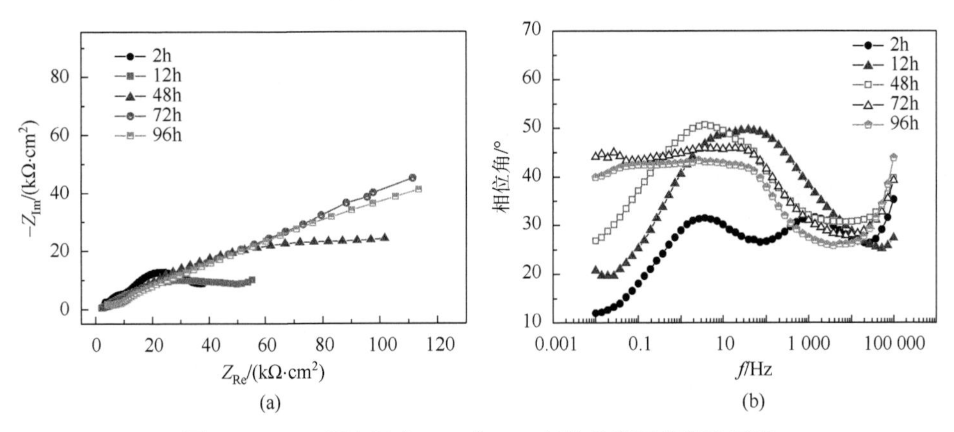

图 9-18　X65 钢在湿度 85%含 CO_2 气体条件下的阻抗图谱

（a）Nyquist 图；（b）Bode 图（相位角与频率）

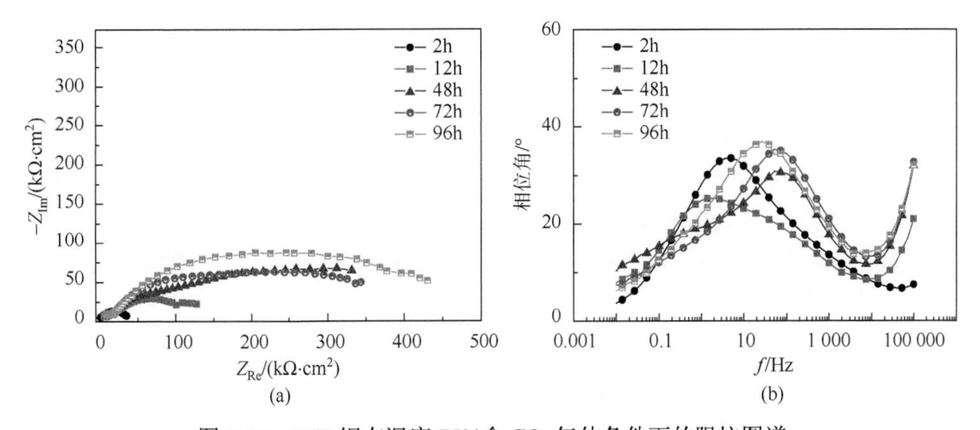

图 9-19　X65 钢在湿度 75%含 CO_2 气体条件下的阻抗图谱

（a）Nyquist 图；（b）Bode 图（相位角与频率）

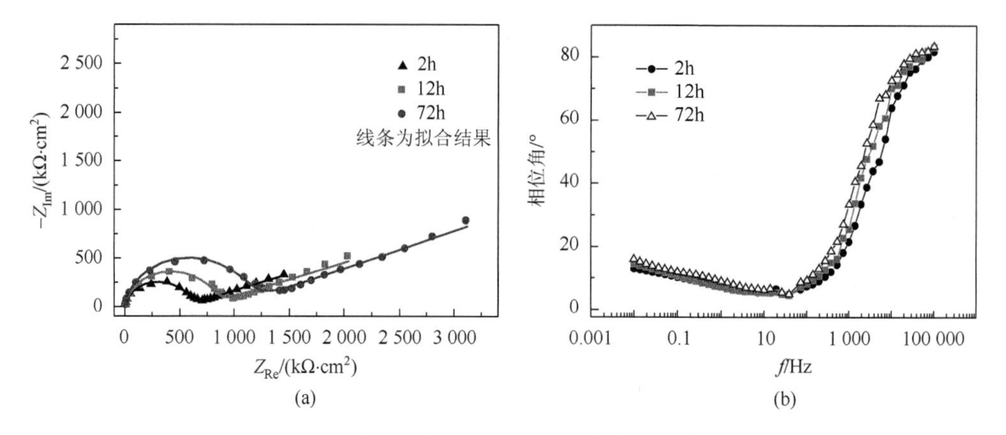

图 9-20　X65 钢在湿度 65%含 CO_2 气体条件下的阻抗图谱

（a）Nyquist 图；（b）Bode 图（相位角与频率）

部分。采用图 9-21（a）中的等效电路对 X65 钢在本体溶液和不同湿度下的电化学阻抗进行拟合，其中 R_s 为溶液电阻，Q_{dl} 为对应于电荷传递电阻的双电层电容，R_{ct} 为电荷转移电阻，R_L 为电感电阻，L 为电感，与在 CO_2 环境下阳极溶解过程的中间产物的吸附有关。

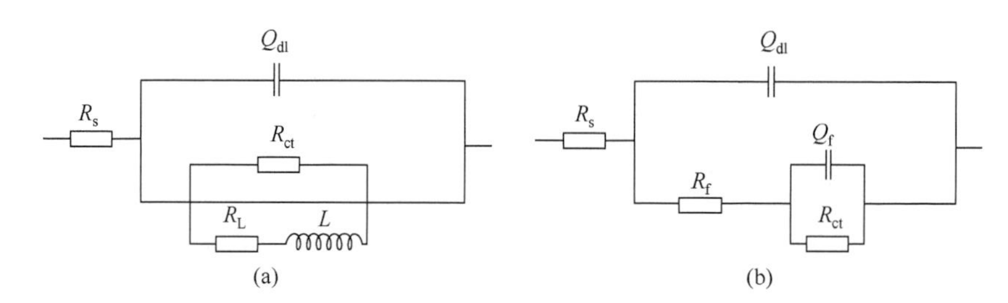

图 9-21　X65 钢等效电路图

（a）溶液中和 100%湿度条件下等效电路图；（b）95%、85%、75%、65%条件下等效电路图

观察图 9-17～图 9-20 中的电化学阻抗谱，发现在 95%湿度以下 Nyquist 图为两个容抗弧构成，使用图 9-21（b）所示的等效电路来分析 95%、85%、75%、65%湿度条件下 X65 钢的电化学阻抗谱。其中 R_s 为溶液电阻，Q_r 对应于腐蚀产物膜的电容，R_r 对应于腐蚀产物膜的电阻，Q_{dl} 为对应于电荷传递电阻的双电层电容，R_{ct} 对应于电荷转移电阻。

一般地，在计算金属的腐蚀速率时，使用极化电阻（R_p）的倒数来表征腐蚀速率。但在本章中，我们使用电荷转移电阻（R_{ct}）的倒数来表征 X65 钢在不同条件下的腐蚀速率。实际上，当测试系统中有状态的改变时，如腐蚀产物的转化、传质过程等，它们将影响到阻抗的变化，此时 R_{ct} 与腐蚀速率的联系更加密切，因

此使用 R_{ct} 来表征金属在此条件下的腐蚀速率更为恰当。

图 9-22 为 X65 钢在不同相对湿度和本体溶液中的 R_{ct} 与暴露时间的关系。从图中可以看出，在不同湿度下随着腐蚀时间的增加，R_{ct} 值增大，说明腐蚀速率随着时间的增加而减小；根据腐蚀形貌结果，认为随着时间的增加，表面形成腐蚀产物膜，腐蚀产物膜的覆盖使电荷的传递过程受阻，因此腐蚀速率下降。

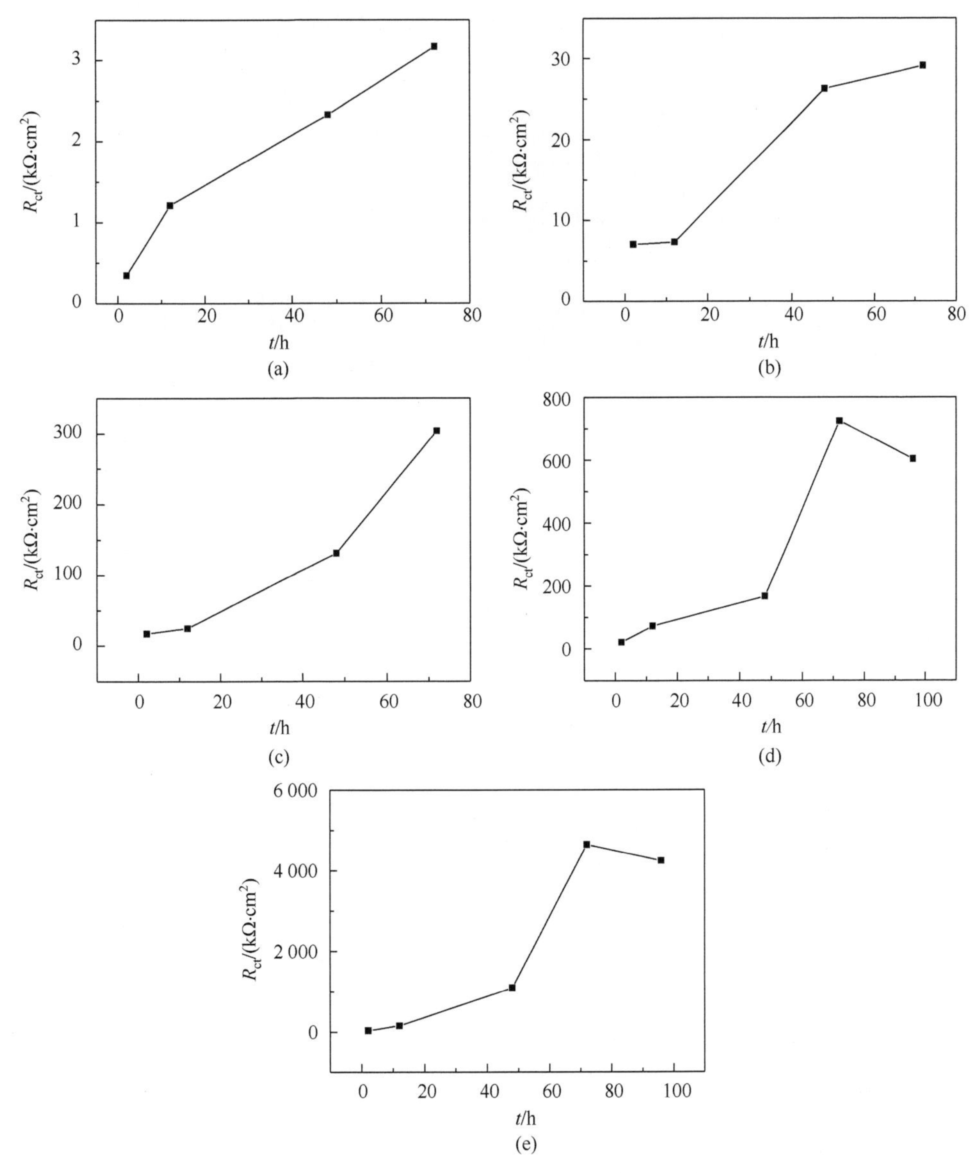

图 9-22 不同湿度条件下 R_{ct} 拟合结果曲线

（a）本体溶液中；（b）100%湿度下；（c）95%湿度下；（d）85%湿度下；（e）75%湿度下

图 9-23 为暴露时间为 2h 和 72h 时不同湿度下 $1/R_{ct}$ 的对比图，从图中可以明显看出，随着相对湿度的增加 $1/R_{ct}$ 的值增大。另外，从阻抗可以看出，在 65%湿度条件下低频区容抗弧半径非常大，从拟合结果也可以看出其电荷转移电阻相对 75%湿度下有几个数量级的增加，说明在此种条件下，腐蚀是极难发生的。与失重数据相比较结果一致。

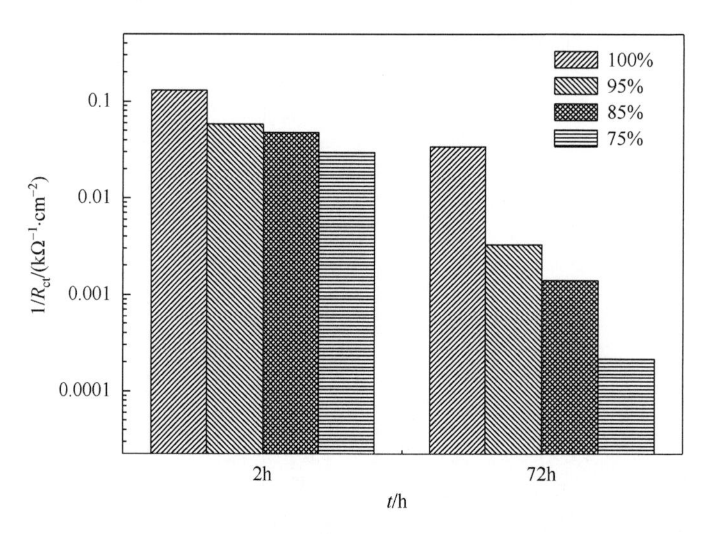

图 9-23　2h 和 72h 不同湿度下的电荷转移电阻对比图

2. 气体成分

图 9-24 所示为饱和湿度下不同气体比例时 X65 钢的电化学阻抗谱。从图中可

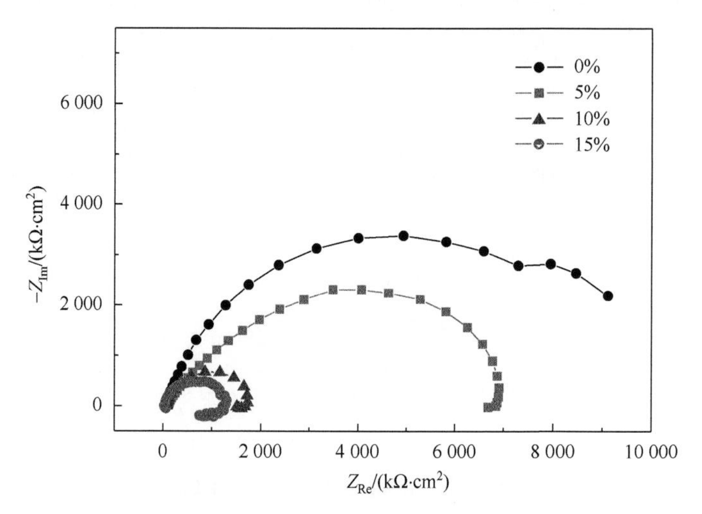

图 9-24　饱和湿度条件下不同 CO_2 浓度电化学阻抗

以看出，在气体中存在 CO_2 时，阻抗弧有两个时间常数，高频区的容抗弧和低频区的感抗，随着 CO_2 比例的减小，容抗弧逐渐增加，感抗弧逐渐缩减，在不含 CO_2 条件下，感抗消失。

结合前面的分析，用图 9-21（a）所示的等效电路对含 CO_2 条件下的电化学阻抗进行拟合，用图 9-25 所示的等效电路对只含 N_2 条件下电路进行拟合，结果如表 9-11 所示。从表中看出随着 CO_2 含量增加，电荷转移电阻降低，腐蚀速率增大。

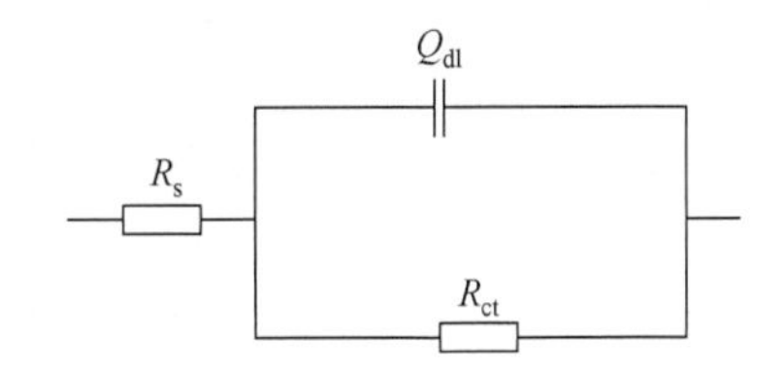

图 9-25　X65 钢在不含 CO_2 环境下等效电路图

表 9-11　X65 钢在 75%湿度含 CO_2 气体条件下的阻抗拟合结果

元件参数	20%	15%	5%	0
R_s/（$\Omega \cdot cm^2$）	48.23	2.936	69.7	32.71
Q_{dl}/（$F \cdot cm^{-2} \cdot Hz^{1-n}$）	3.374×10^{-5}	2.743×10^{-4}	6.558×10^{-5}	1.904×10^{-4}
n_1	0.920 2	0.881 4	0.604 2	0.760 8
R_{ct}/（$\Omega \cdot cm^2$）	753.7	1 209	7 042	1.027×10^{4}
R_L/（$\Omega \cdot cm^2$）	448.7	1 039	2 283	—
L/（H/cm^2）	1036	268.7	173.9	—

小结：通过湿气环境下的腐蚀试验并结合电化学测试研究了不同湿度和介质成分对 X65 钢在稳态薄液体系下的腐蚀动力学过程，研究结果表明以下结论。

（1）交流阻抗的结果显示 X65 钢的腐蚀动力学过程受环境湿度的影响。随湿度的降低，电荷转移电阻逐渐增加，当湿度低于 65%的临界湿度条件时，电荷转移电阻有几个数量级的提高。

（2）X65 在含 15% CO_2 湿气环境下主要生成的腐蚀产物是 $FeCO_3$，随着湿度的增加，腐蚀产物覆盖率逐渐增加。在溶液和饱和湿度条件下，阳极溶解过程为 Fe 的溶解和 Fe 和 HCO_3^- 直接形成 $FeCO_3$ 膜，随着相对湿度的降低 Fe 离子水化阻力增加，中间产物的吸附过程消失。

（3）X65 钢的腐蚀动力学过程受湿气中 CO_2 含量的影响，随湿气中 CO_2 含量的增加，腐蚀速率增加。

（4）在无氧环境下随着 CO_2 比例的增加，X65 钢表面液膜酸化程度增加，阴极反应得到促进，电荷转移电阻降低，电化学反应整体加速。

9.3.2　非稳态薄液膜条件下介质和力学因素结果与分析

1. 材料成分

图 9-26 所示为 90%湿度条件下冲刷速率（通过数值模拟所计算出的表面速率）为 14m/s 时冲刷 24h 后表面腐蚀形貌。其中图 9-26（a）为含 20% CO_2 的湿气冲刷条件，图 9-26（b）为全 N_2 冲刷条件。为了使表面状态更加清晰，拍摄的时候将试样以一定的角度倾斜。从图中可以看出含 CO_2 湿气冲刷条件下试样表面腐蚀的区域较为严重，而全 N_2 冲刷条件下只有中间区域发生较大程度的改变，而周围仍呈现金属光泽。另外，试样的边缘位置有一些黑点，是在试验操作过程中造成的。观察图 9-26（a）可以发现，冲刷腐蚀区域是从中心到外侧有明显的分区。

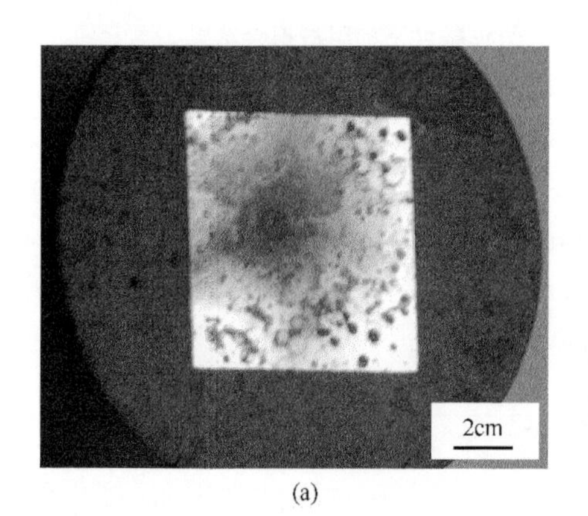

(a)

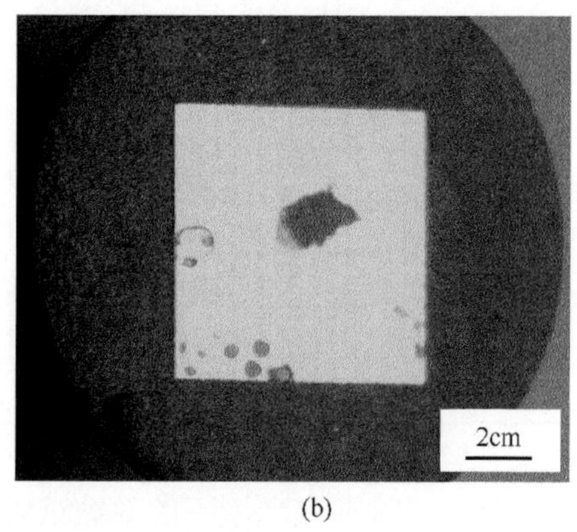

(b)

图 9-26　不同 CO_2 比例条件下冲刷 24h 后宏观腐蚀形貌

（a）含 20% CO_2 湿气冲刷；（b）100% N_2 湿气冲刷

图 9-27 为含 CO_2 湿气冲刷后的试样腐蚀产物形貌图，其中图 9-27（a）为试样放大 80 倍后的观察结果，从图中可以明显地看出表面被圆环状分界线分成三个部分，为与喷嘴气流方向垂直的区域 1，与喷射气流呈 45°左右的区域 2 及外围区域 3，与图 9-26（a）中的宏观形貌相对应。将不同区域放大后可以明显地看出各区域间的微观形貌有着明显的差别。图 9-27（b）为区域 1 放大 5000 倍的形貌图，从图中可以看出，试样表面的腐蚀产物较厚且有疏松多孔；图 9-27（c）为区域 2 的形貌图，与区域 1 相比，表面的腐蚀产物层同样较厚但是表面孔洞的尺寸变大；

图 9-27（d）和图 9-27（e）为区域 3 放大 5000 倍的形貌图，其中图 9-27（d）为靠近冲刷中心区域，图 9-27（e）为靠近试样边缘区域，观察可以发现，二者的微观形貌相差不大，腐蚀产物膜较薄且较为致密。

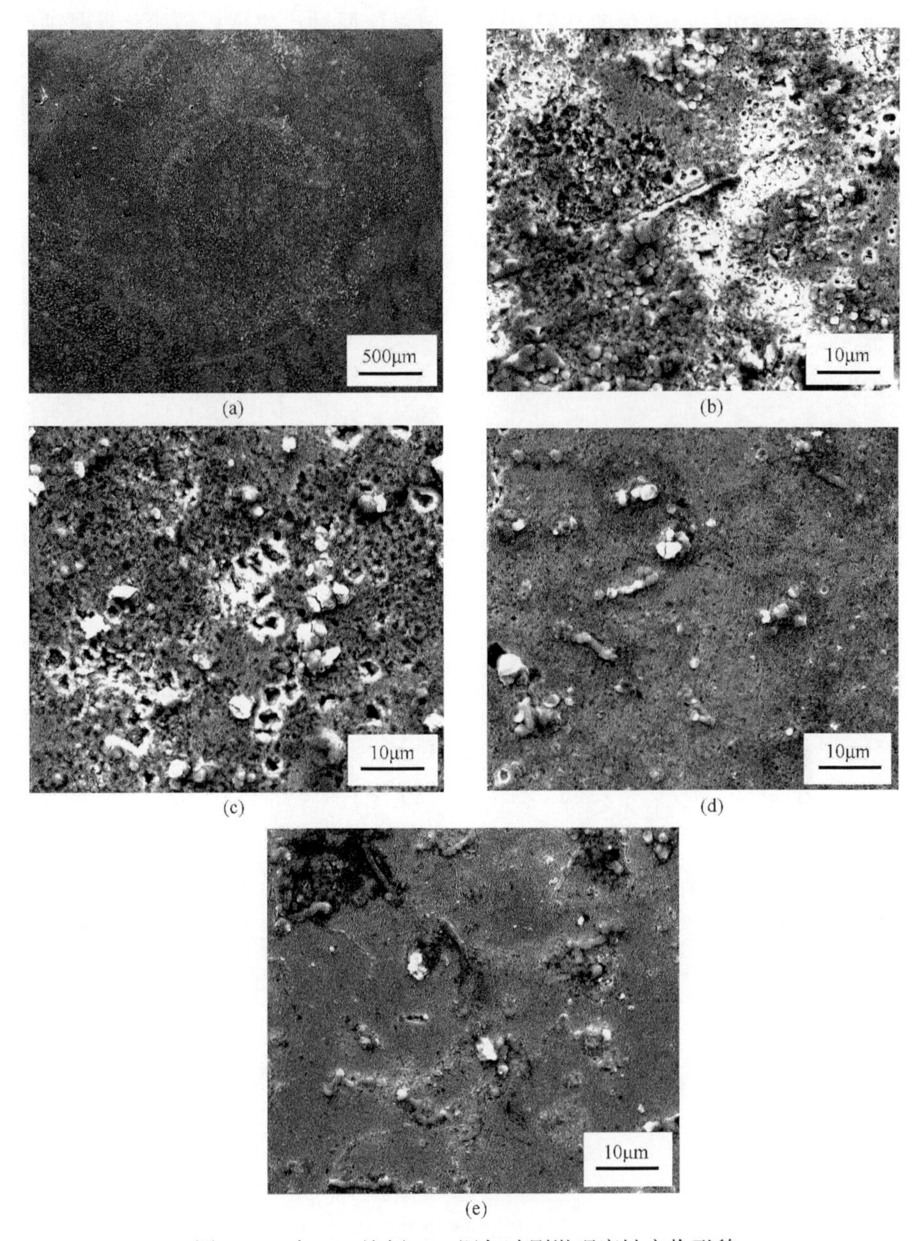

图 9-27　含 20%比例 CO_2 湿气冲刷微观腐蚀产物形貌

（a）冲刷区域放大 80 倍形貌图；（b）区域 1 放大 5000 倍腐蚀产物形貌图；（c）区域 2 放大 5000 倍腐蚀产物形貌图；（d）区域 3 靠近冲刷区域放大 5000 倍腐蚀产物形貌图；（e）区域 3 靠近试样边缘放大 5000 倍示意图

图 9-28 为不含 CO_2 湿气条件下冲刷 24h 后的试样腐蚀产物形貌图，其中图 9-28（a）为试样放大 100 倍后的观察结果，与图 9-27（a）相比较，受冲刷腐蚀区域面积减小且分区不明显。将图中不同区域放大之后发现，中心区域表面也出现较大的点蚀坑，但是较图 9-27 中各区域对比腐蚀产物覆盖较少，且腐蚀程度大大降低，如图 9-28（b）和图 9-28（c）所示。另外，在冲刷边缘区域表面除了与图 9-27（d）中一样有一些非常小的坑之外，表面非常干净，几乎无腐蚀产物的覆盖。

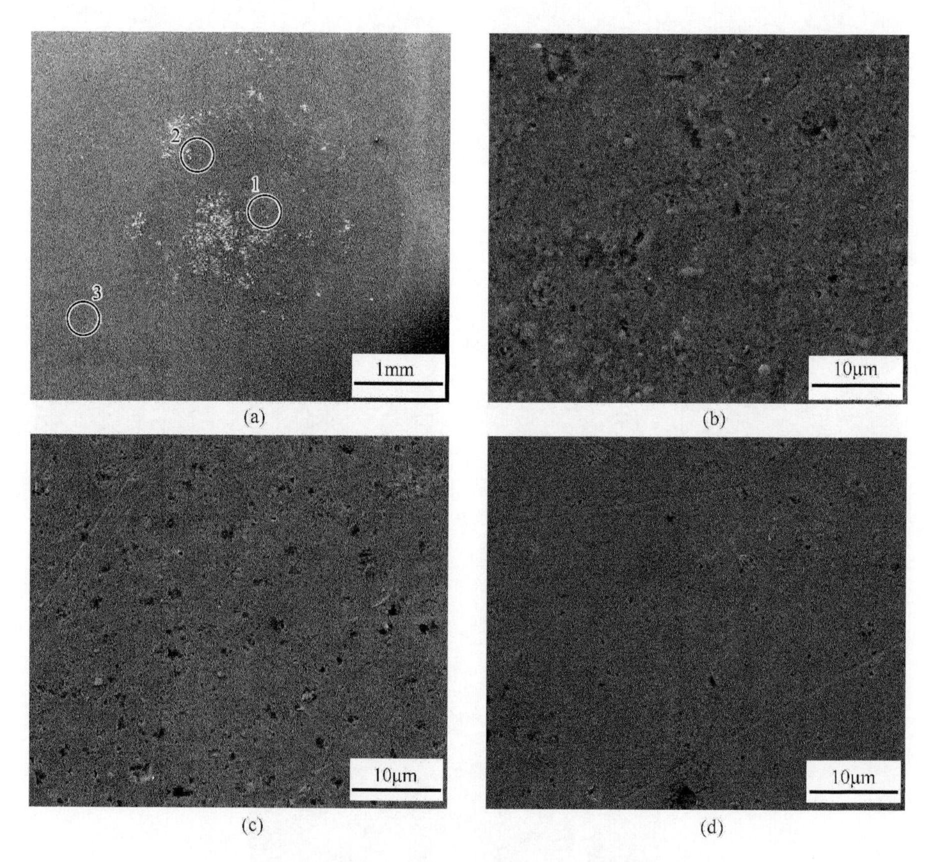

图 9-28　全 N_2 湿气冲刷微观腐蚀产物形貌

（a）冲刷区域放大 100 倍形貌图；（b）区域 1 放大 5000 倍腐蚀产物形貌图；（c）区域 2 放大 5000 倍腐蚀产物形貌图；（d）区域 3 靠近冲刷区域放大 5000 倍腐蚀产物形貌图

对不同成分湿气冲刷后试样表面的腐蚀产物进行拉曼光谱分析。根据参考文献中标准物的激光拉曼光谱的特征位置，得知 285cm^{-1} 与 1083cm^{-1} 是 $FeCO_3$ 的标准峰，从图 9-29 中可以看出，在含 CO_2 湿气冲刷条件下，表面形成了 $FeCO_3$ 腐蚀产物，而全 N_2 条件下表面没有腐蚀产物存在。

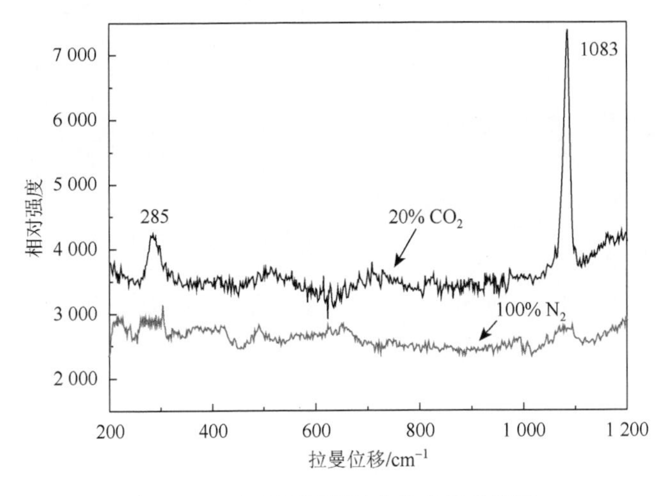

图 9-29　中心区域腐蚀产物拉曼光谱图

将试样去除腐蚀产物后在扫描电镜下观察，图 9-30 所示为两种条件下腐蚀形貌对比图，可以明显看出，图 9-30（a）的腐蚀程度要远远高于图 9-30（b）。在含 CO_2 气体冲刷条件下的微观形貌图，可以看出，试样发生了较为严重的腐蚀，试样表面发生全面腐蚀；在图 9-30（a2）可以观察到区域 2 中有许多大的点蚀坑。而图 9-30（b）中试样表面不是全面腐蚀，试样表面有许多细小的点蚀坑，除此之外其他区域基本未被腐蚀。

冲刷的试样每个条件下做三个平行试验，将冲刷 24h 后的试样除锈烘干 2h 后，再烘干后称量。根据腐蚀速率的计算公式（9-2）可得出不同介质成分条件下的腐蚀速率。结果如图 9-31 所示。由图可知，在没有 CO_2 存在的时候，失重速率非常小，基本可以忽略，与腐蚀形貌的观察结果相一致。

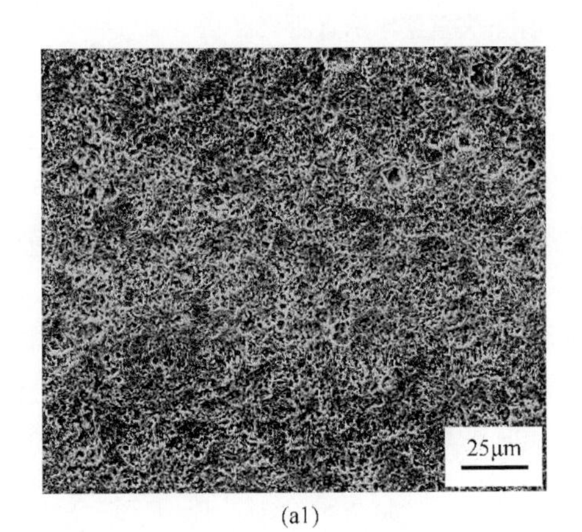

(a1)

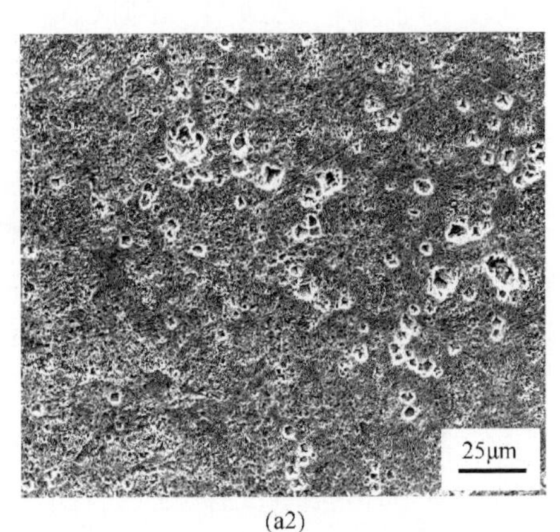

(a2)

图 9-30 不同介质成分条件下去除腐蚀产物后形貌图

（a1）20% CO_2 冲刷区域 1 表面形貌；（a2）20% CO_2 冲刷区域 2 表面形貌；（b1）全 N_2 冲刷区域 1 表面形貌；（b2）全 N_2 冲刷区域 2 表面形貌

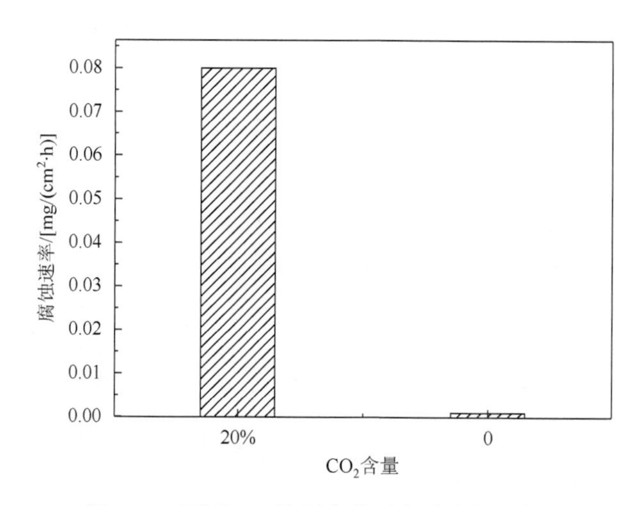

图 9-31 不同 CO_2 比例条件下失重速率示意图

2. 湿度

本节中以 2205 双相不锈钢为研究对象，进行电化学和不同湿度下的冲刷腐蚀实验。

从上一小节的结果可以看出，受冲刷腐蚀影响最严重为区域 2，图 9-32 中给出了不同湿度下各试样区域 2 的腐蚀产物形貌图。从图中可以看出，在冲刷气流作用下，试样表面还能看到少许残留的 NaCl 颗粒，随着湿度的增加，表面的腐蚀产物逐渐增加，并且连续性也有所增加。

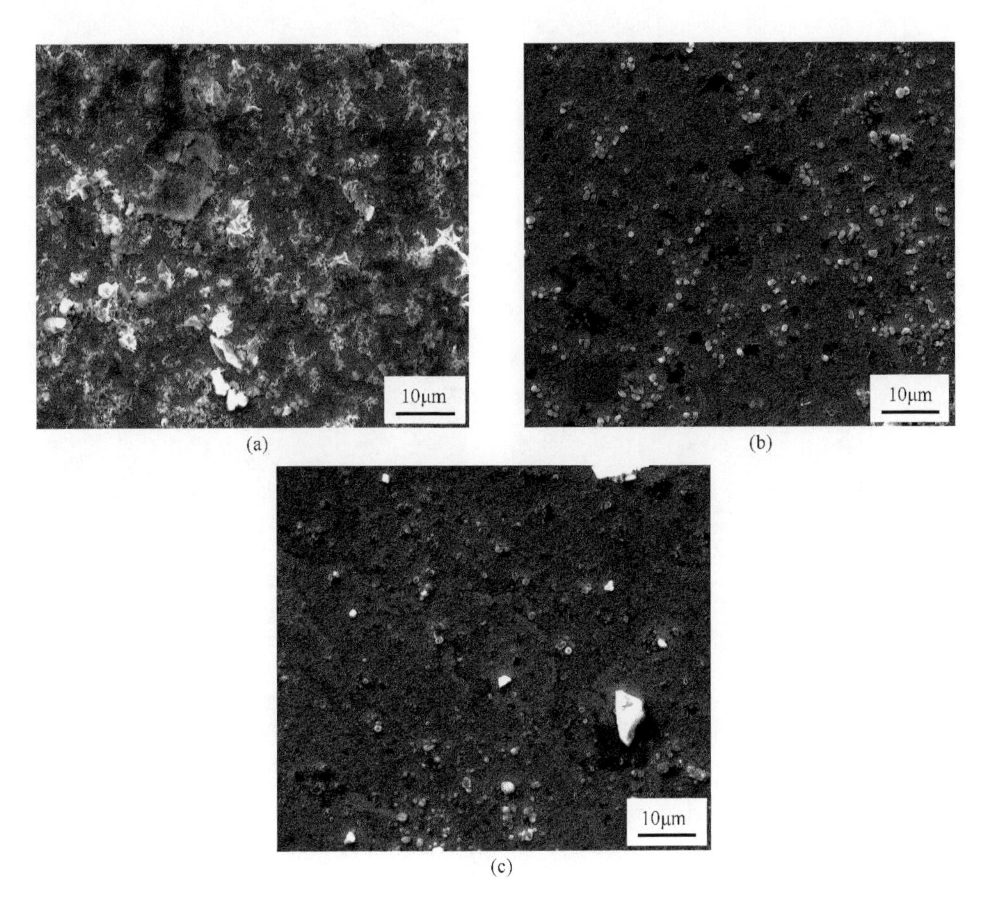

图 9-32　不同湿度下 14m/s 的含 CO_2 气流冲刷后 SEM 观察

（a）饱和湿度条件下的腐蚀产物形貌图；（b）95%湿度条件下的腐蚀产物形貌图；（c）80%湿度条件下的腐蚀产物形貌图

图 9-33 为不同湿度气体冲刷后去除腐蚀产物后的形貌图，从图 9-33（c）中可以看出，在 80%湿度气体冲刷条件下，2205 不锈钢表面较为光滑，将其局部区域放大之后发现表面有非常细小的点蚀坑，而在 95%湿度气体冲刷条件下，可以看到点蚀坑的数量大大增加，而在饱和湿度条件下，表面点蚀坑有逐渐连接的趋势。分析原因有两方面：一方面，湿度增加，气体中含第二相水滴的概率增加，可能会引起冲刷作用的加剧；另一方面，冲刷作用破坏表面钝化膜，湿度的增加会使缺陷处阳极反应和阴极反应的速率增加，腐蚀加快，因此对腐蚀的促进作用增加。

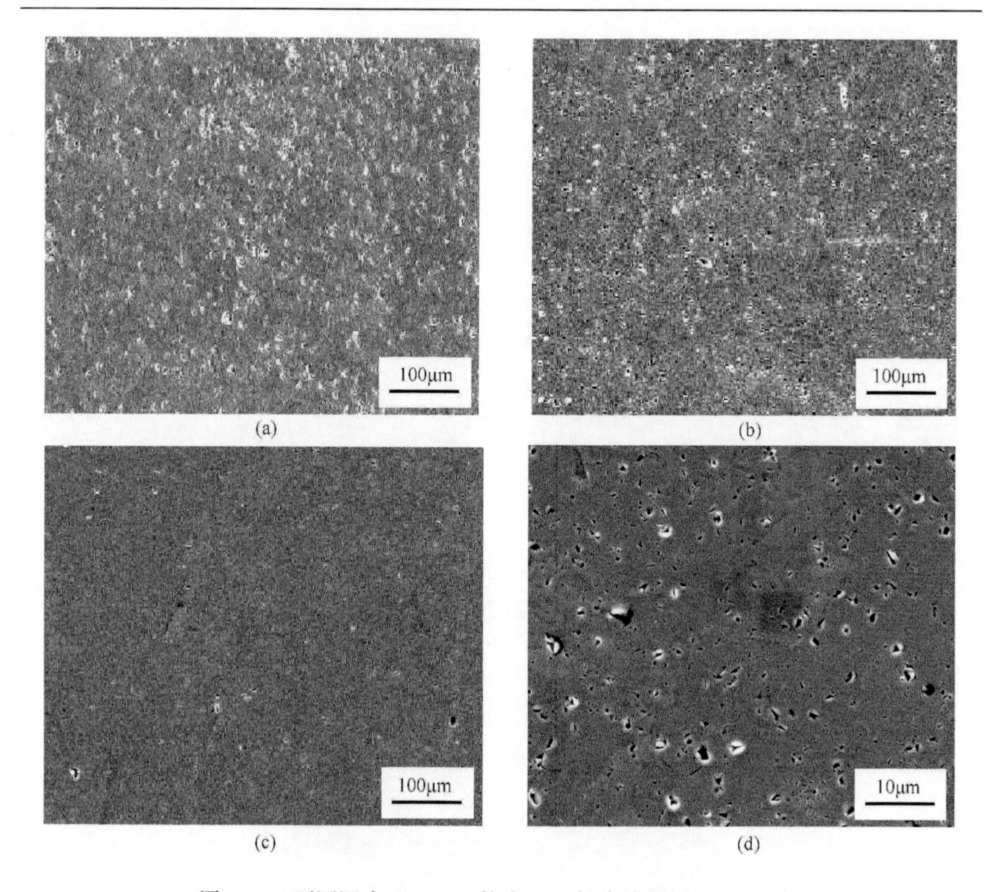

图 9-33　不同湿度下 14m/s 的含 CO_2 气流冲刷后 SEM 观察

（a）饱和湿度；（b）95%湿度；（c）80%湿度；（d）80%湿度局部放大图

另外，观察图 9-33 可以发现相较于 X65 钢表面点蚀坑尺寸非常小，另外即使在 CO_2 环境下腐蚀也很轻微，腐蚀所发生的区域在点蚀坑的周围，且这与材料的本身的性能有关，硬度和耐蚀程度均有所提高，因此冲刷腐蚀的敏感性越低。

3. 流速和角度

不同流速冲刷后 X65 钢表面形貌如图 9-34 所示。从图中可以看出，流速为 0m/s 时，试样表面腐蚀非常轻微，6m/s 的时候试样表面为均匀腐蚀，说明在 6m/s 之前，流动加速腐蚀的主要方式是加速了阴极去极化剂 CO_2 的传递效应，当流速为 10m/s 时，试样表面出现细小的点蚀坑，并伴随试样表面的全面腐蚀，说明此时流动加速腐蚀表现在两个方面，一方面是质量传递效应，另一方面壁面剪切应力的增加以及第二相粒子对表面的冲击作用。

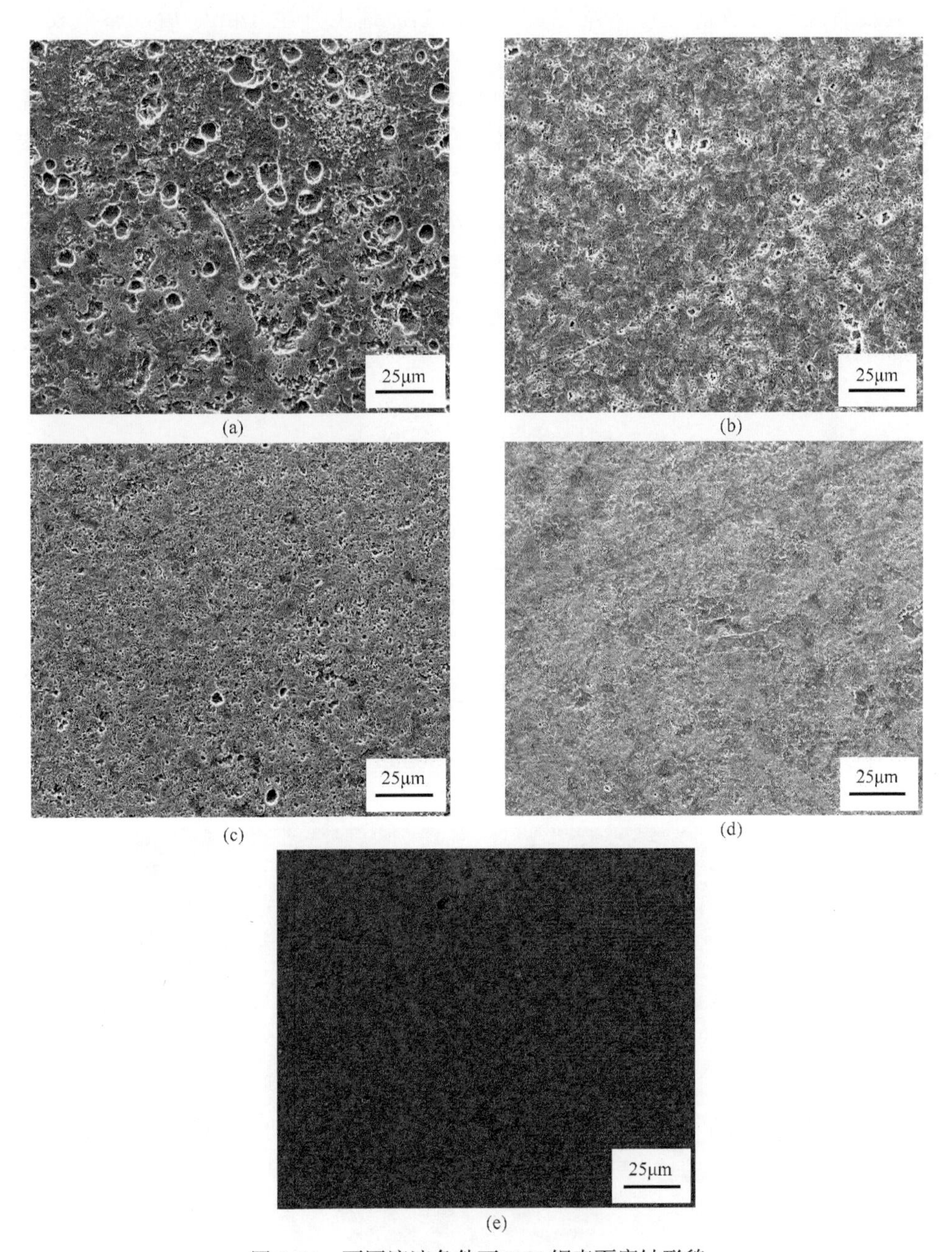

图 9-34　不同流速条件下 X65 钢表面腐蚀形貌

（a）27m/s；（b）14m/s；（c）10m/s；（d）6m/s（e）0m/s

图 9-35 为 X65 钢在不同流速下表面平均腐蚀深度图。从图中可以看出，在较低流速下，整个表面的腐蚀情况比较不明显，平均深度只有不到 0.5μm，而且没有随着位置的变化而发生变化。而当流速上升至 14m/s 后，整个表面的平均深度均有不同程度地增加，且不同区域呈现明显的区别。特别是，在距离冲刷中心 800μm 的位置，即 x/d=0.8 处，对称的两侧平均腐蚀深度出现最大值，并且随着流速的升高而增大，在 14m/s 时为 1μm，在 28m/s 时则达到 1.5μm 左右。

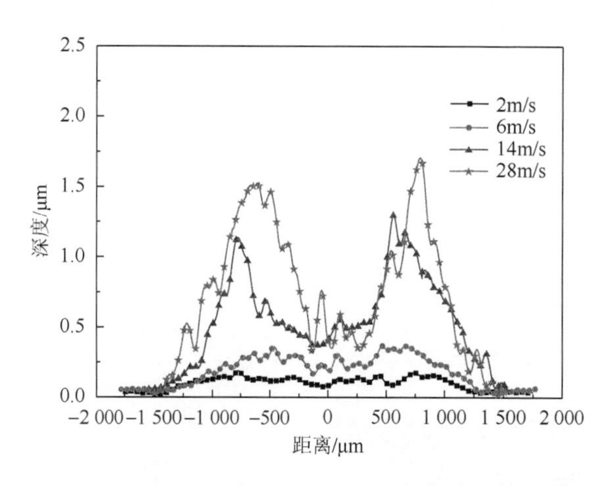

图 9-35　X65 在不同流速下的表面平均腐蚀深度统计图

图 9-36 和图 9-37 分别为距离冲刷中心 800μm 和 1200μm 处的某区域的腐蚀

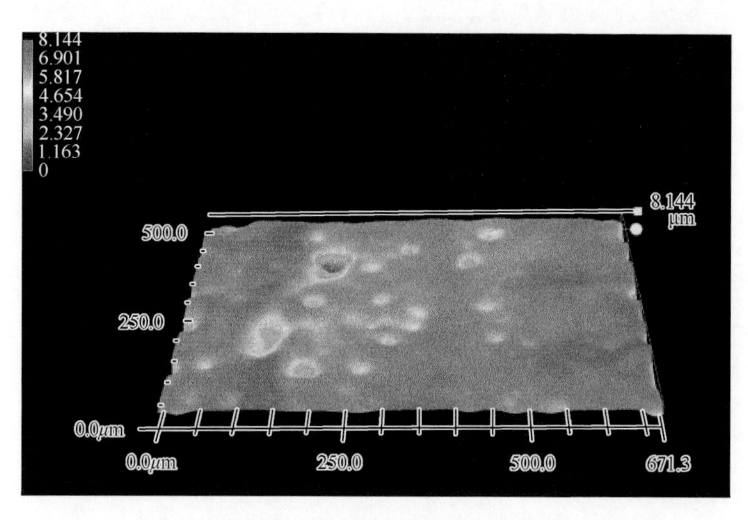

图 9-36　过渡区不同位置的腐蚀深度分布（距冲刷中心 800μm 处）

深度分布情况。可以看出，在距离冲刷中心 800μm 处最大的腐蚀深度达到 8.144μm，而且腐蚀形式主要以点蚀坑为主；而在距离冲刷中心 1200μm 位置处，该区域已为过渡区的外侧，观察不到明显的点蚀现象，表面受到流体冲击的影响比较弱，主要以均匀腐蚀为主。

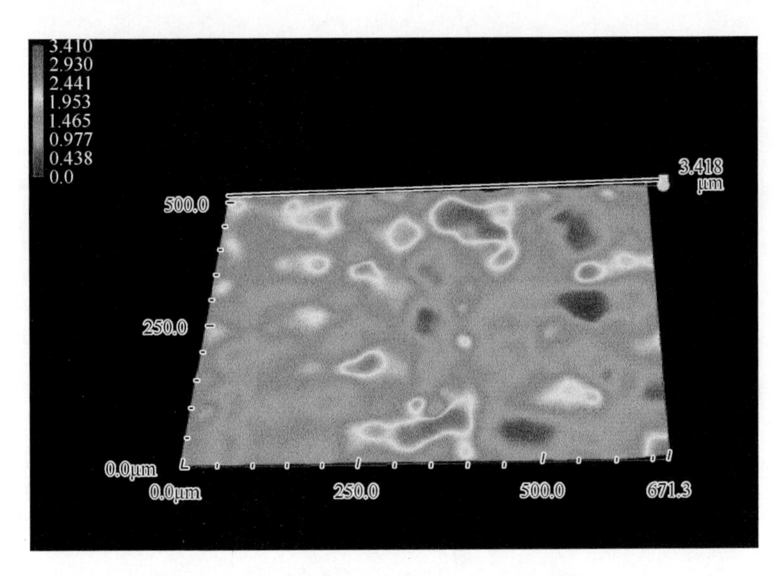

图 9-37　过渡区不同位置的腐蚀深度分布（距冲刷中心 1200μm 处）

在实际管路中，由于存在弯头、三通等特殊位置，因此管道位置的特殊性和复杂性使得它们经常受到来自不同冲刷角度的冲击，而角度的不同往往会使流体对材料的剪切力发生变化，因此研究冲刷角度对冲刷腐蚀行为的影响十分必要。因此，我们进行了在冲刷角度为 60°、45°和 30°时的平均腐蚀深度分析，如图 9-38～图 9-40 所示。

图 9-38～图 9-40 分别为 X65 钢在 60°、45°和 30°下 X65 钢在不同流速下的平均腐蚀深度分析图。结果表明，在低流速条件下，材料表面均没有发生明显的腐蚀现象，只有在流速达到 14m/s 以后才能看出冲刷角度对冲刷腐蚀行为的影响，下面便对高流速下的情况进行分析。在冲刷角度为 60°时，平均腐蚀深度在一侧的距冲刷中心 1000μm 处达到最大，最大值达到 1.4μm 左右，而在另一侧，则最大的腐蚀深度只有 0.8μm 左右。对于 45°的情况，深度分布的情况与 60°基本一致，只是出现最大腐蚀深度的位置较 60°更向外侧一些。当冲刷角度为 30°时，腐蚀程度逐渐减弱，最大腐蚀深度只有不到 1μm，出现深度峰值的位置也向外侧移动，距离冲刷中心区达到 1200μm。

图 9-41 为 X65 钢在不同流速冲刷情况下过渡区的腐蚀深度统计图。从图中

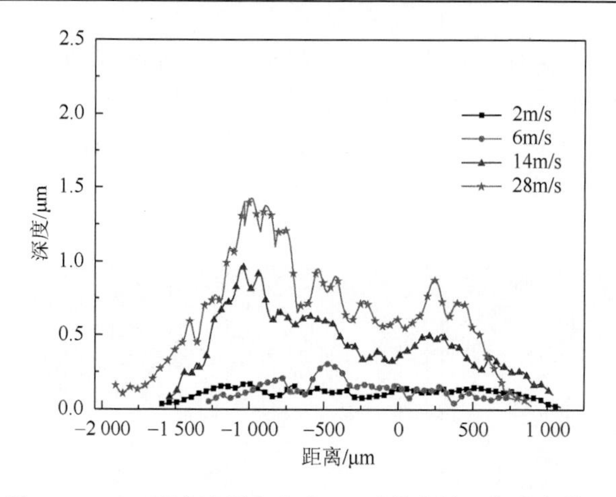

图 9-38　X65 钢在冲刷角度为 60°时的腐蚀深度分布情况

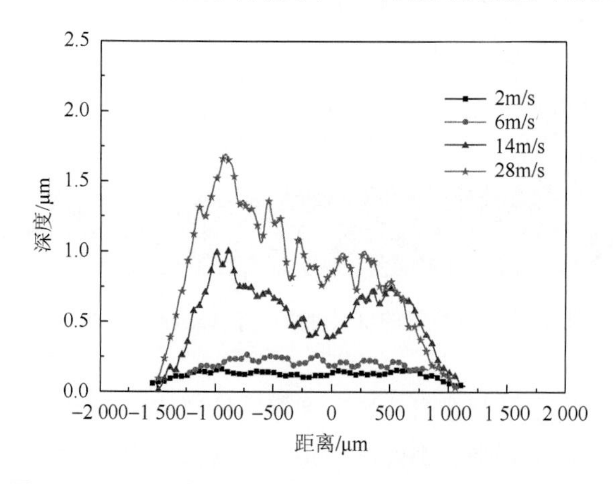

图 9-39　X65 钢在冲刷角度为 45°时的腐蚀深度分布情况

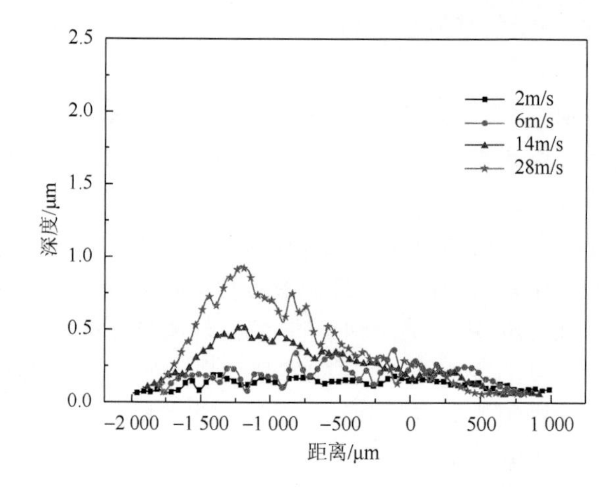

图 9-40　X65 钢在冲刷角度为 30°时的腐蚀深度分布情况

可以看到，总体上，坑深小于 5μm 的蚀坑数量远远大于坑深大于 5μm 的点蚀坑。对于小于 5μm 的蚀坑，在低速时数量基本没有变化；当流速升高至 14m/s 后，数量迅速增大至原来的 3 倍左右，而当流速继续增大时，蚀坑的数量变化不大。而对于严重点蚀的区域，即坑深大于 5μm 的蚀坑，当流速较低时并没有观察到，说明在低速时还没有足够的条件形成如此严重的点蚀；而当流速升至 14m/s 时，过渡区内开始出现深蚀坑，平均每个视场达到 1.2 个，点蚀密度为 240 个/mm^2，而当流速继续增大至 28m/s 时，深蚀坑的数量继续增大，为 14m/s 时的两倍。

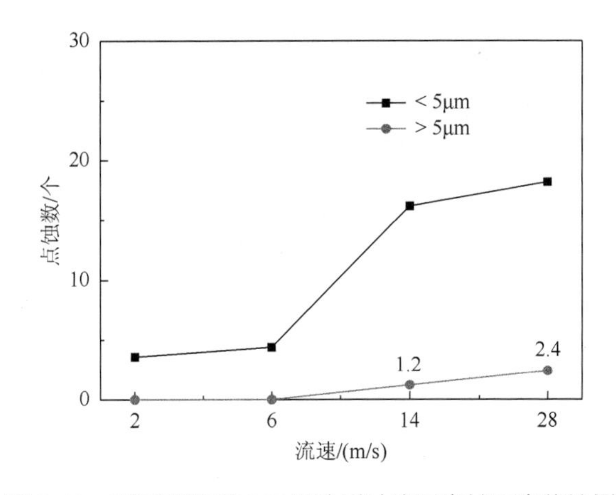

图 9-41　不同流速下 X65 钢冲刷过渡区腐蚀深度统计图

图 9-42～图 9-44 为 X65 在不同冲刷角度时的局部点蚀分析示意图。可以看出，在 45°时，较深蚀坑的数量最多，在 14m/s 和 28m/s 时分别达到了 1.6 个和 3 个，蚀坑密度分别为 320 个/mm^2 和 600 个/mm^2。而 60°的腐蚀情况和 90°时比较

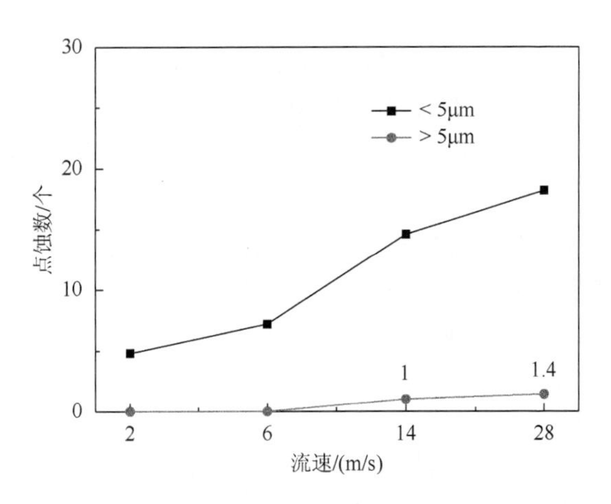

图 9-42　冲刷角度为 60°时的局部腐蚀深度统计图

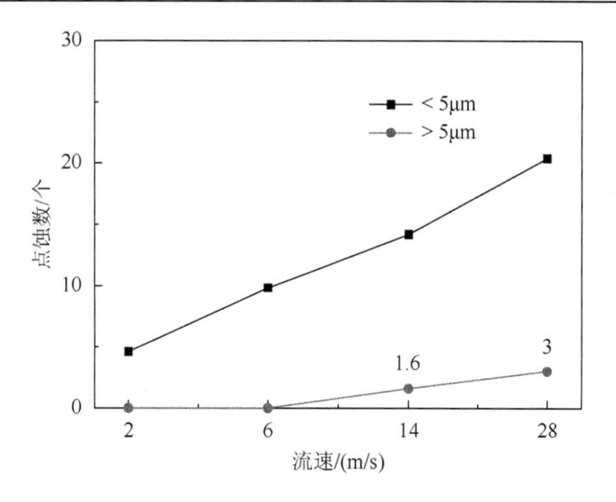

图 9-43　冲刷角度为 45°时的局部腐蚀深度统计图

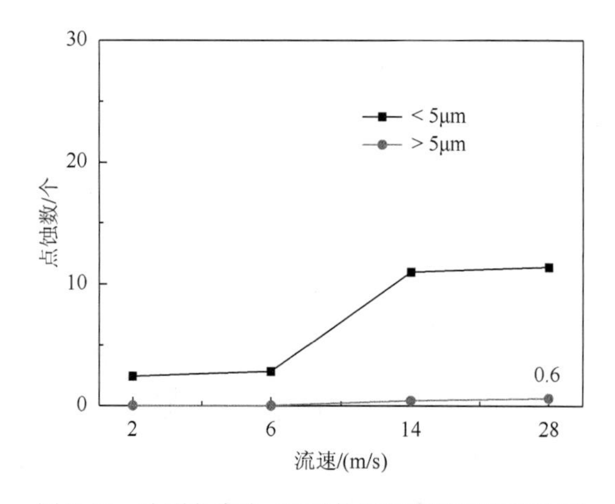

图 9-44　冲刷角度为 30°时的局部腐蚀深度统计图

类似，在 28m/s 时的点蚀密度为 280 个/mm^2。当冲刷角度为 30°时，点蚀情况最不明显，小于 5μm 的蚀坑数量仅为其他条件下的一半，且当流速升至 14m/s 后数量不再有明显变化。对于大于 5μm 的蚀坑，在 14m/s 以下基本观察不到，在 28m/s 时也仅为 0.6 个。

因此，结合平均腐蚀深度和局部腐蚀深度的结果，可以看出，冲刷角度为 90°时的腐蚀程度最严重，45°和 60°次之，30°最轻微。

为了研究冲刷表面不同区域的电化学行为的差异以及流速对其的影响，我们在不同流速下对 X65 钢试样表面的不同位置进行了电化学阻抗测试，结果如图 9-45 所示。将电化学阻抗结果根据图 9-46 的等效电路进行拟合。可以看到，在各个流速下，电化学阻抗均由一个容抗弧组成，没有感抗的部分。同时，在各个流速下，外侧区的容抗弧半径都大于中心区和过渡区，表现出了更好的耐蚀性，这也与前面的实验结果相吻合。

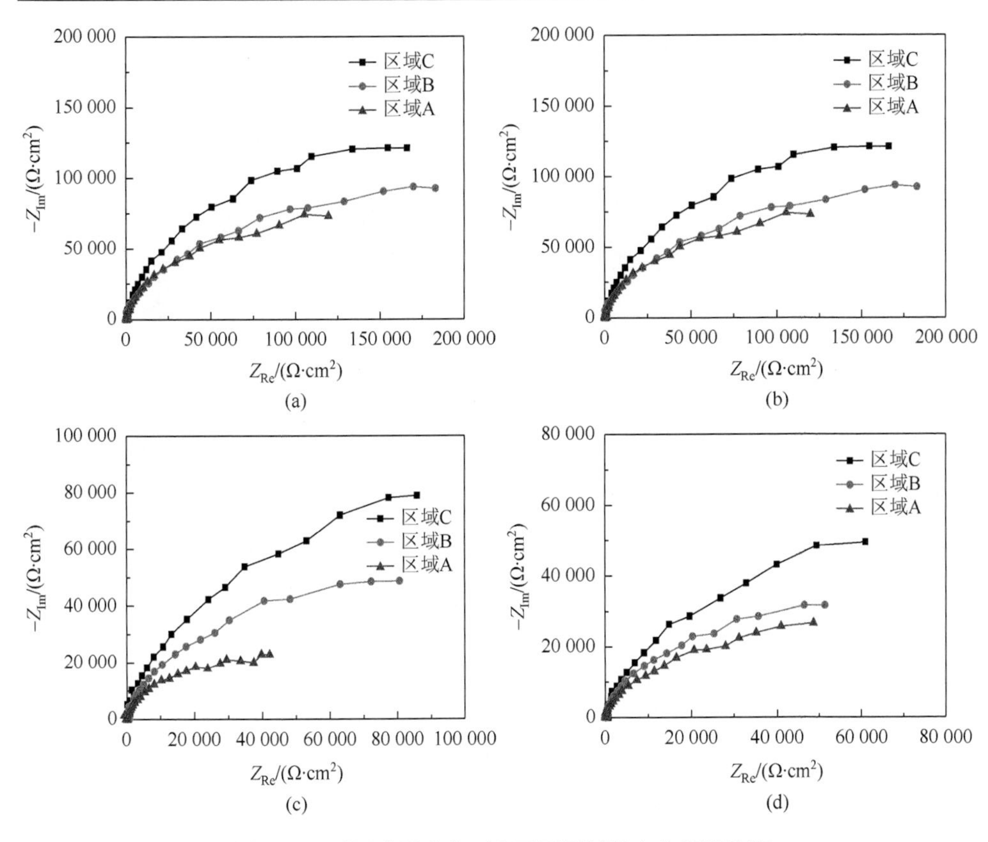

图 9-45　不同冲刷速率下在不同区域的电化学阻抗图

（a）2m/s；（b）6m/s；（c）14m/s；（d）28m/s

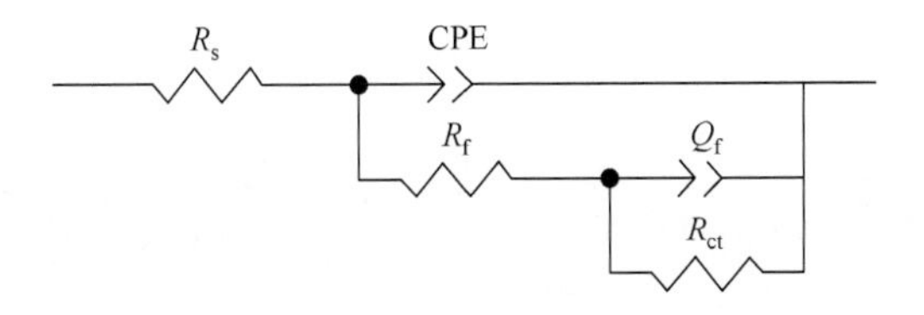

图 9-46　图 9-45 对应的等效电路图

图 9-47 为不同区域的 R_s 和 R_{ct} 的变化曲线。可以看出，无论是 R_s 还是 R_{ct} 都呈现出随流速先增大后减小的趋势，而在同一流速下，除了 6m/s 时的 R_s 外，都是外侧区的电阻值最大，说明了在外侧区传质过程缓慢，腐蚀不易发生。这也与第 4 章得到的结论相吻合。

从电化学结果和腐蚀评价结果都可以看出，在冲刷腐蚀的过程中，冲刷角度的变化会导致不同位置处流体的剪切力发生变化，因此对腐蚀行为有很大的影响。

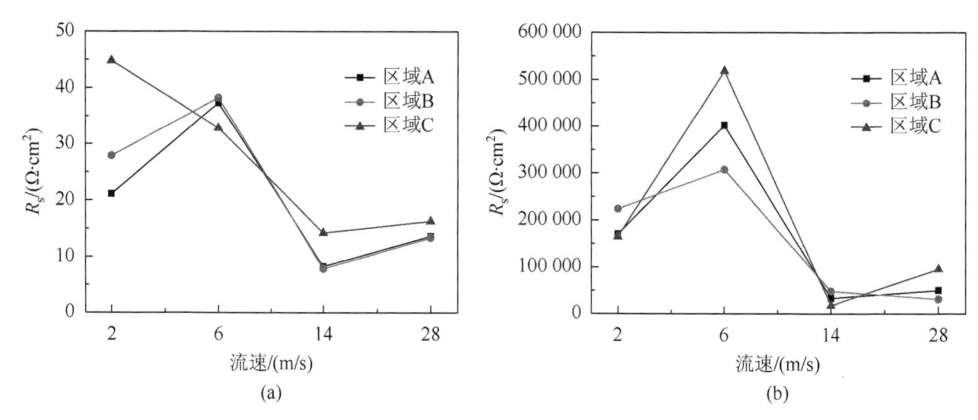

图 9-47　溶液电阻（R_s）(a）和电荷转移电阻（R_{ct}）(b）随流速的变化图

当冲刷角度为 90°时，点蚀最严重的区域出现在距冲刷中心 $x/d≈0.8$ 的位置，中心区腐蚀程度最弱；随着冲刷角度逐渐倾斜，各区域的位置发生变化，腐蚀最大深度的位置也向外偏移，当冲刷角度降至 30°时，$x/d≈1.5$。

9.3.3　防护方法研究

1. 腐蚀深度测量及分析

为了测试材料在不同条件下的腐蚀深度以折算腐蚀速率，通过体视显微镜1000 倍视场下选取不同位置的点蚀坑，并进行深度波形测量。

我们又对 X65 钢进行了同样的腐蚀深度测量分析。图 9-48 和图 9-50 分别为

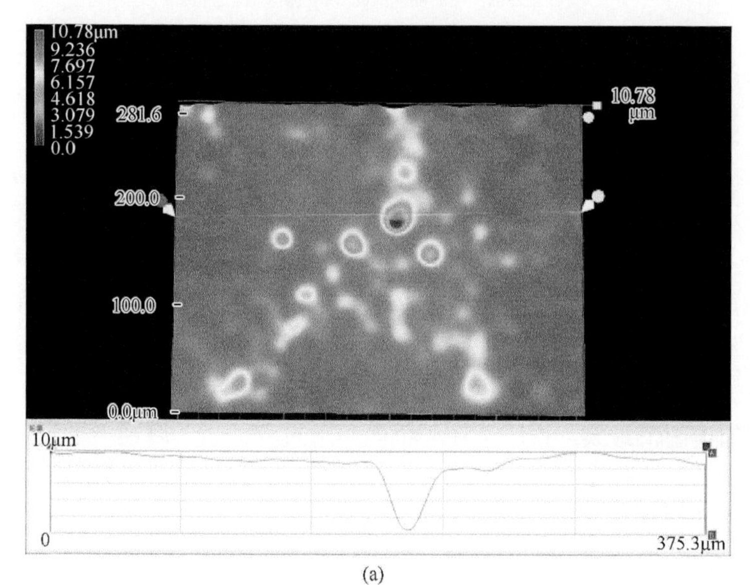

(a)

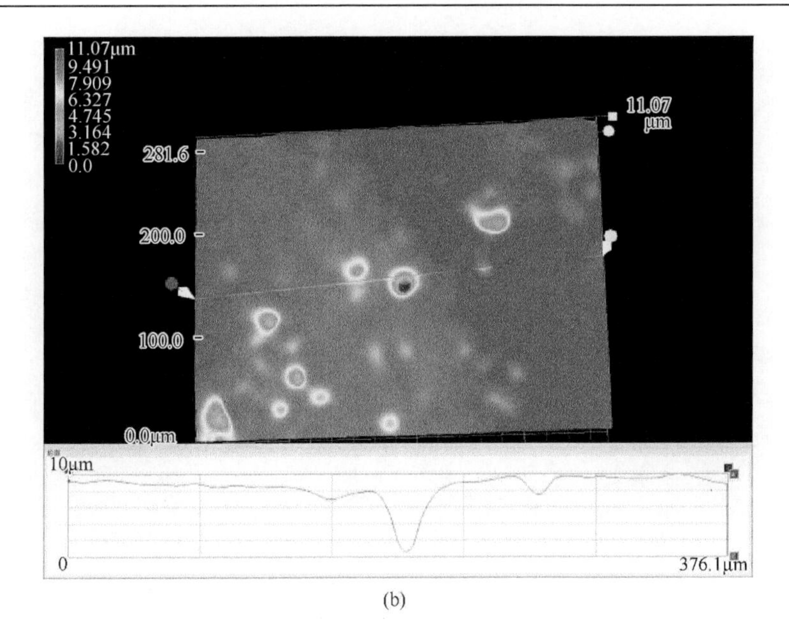

(b)

图 9-48　X65 在不含缓蚀剂下的腐蚀深度形貌

（a）X65-1-1；（b）X65-2-1

X65 钢在不含/含缓蚀剂下 75%相对湿度和饱和湿度下的点蚀深度形貌，图 9-49 和图 9-51 为深度波形分布。结果表明，在不含缓蚀剂的条件下，X65 钢表面腐蚀严重，腐蚀最快处的腐蚀速率可达 1.069mm/a；而在缓蚀剂存在的条件下，腐蚀速率可达 0.772mm/a，缓蚀效率为 30%左右。相对湿度增大，腐蚀深度降低。

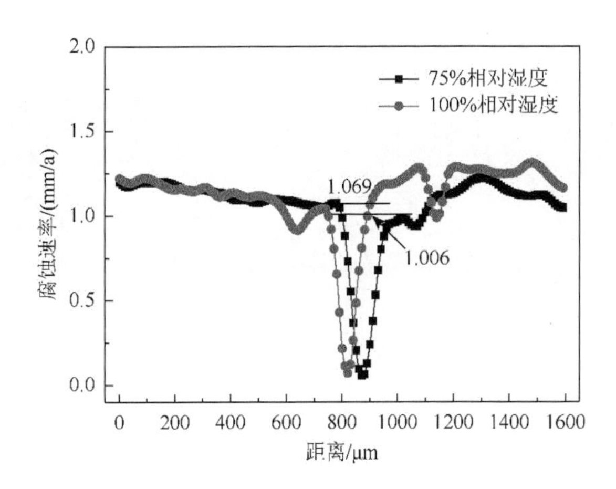

图 9-49　X65 在不含缓蚀剂下的深度波形分布

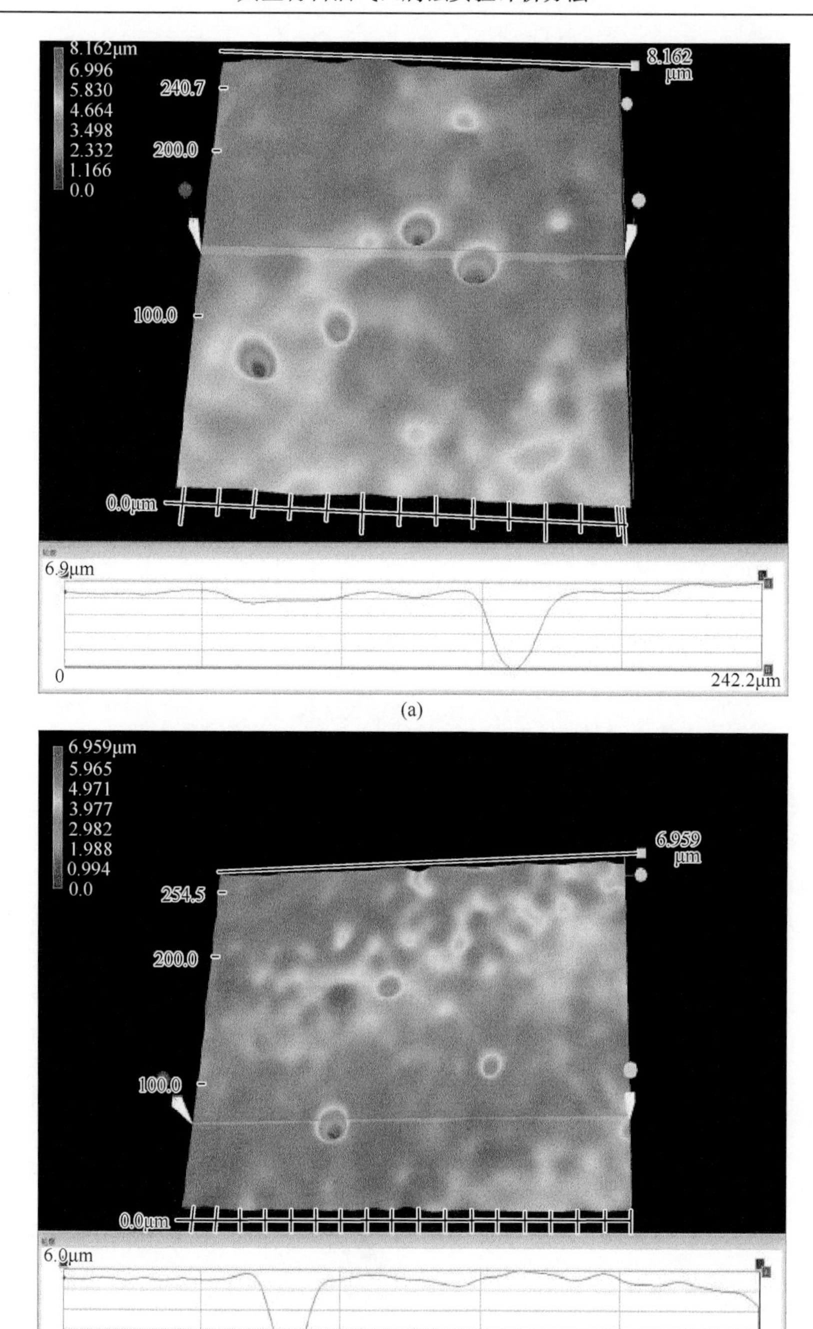

(a)

(b)

图 9-50　X65 在含缓蚀剂下的腐蚀深度形貌

（a）X65-1-B；（b）X65-2-B

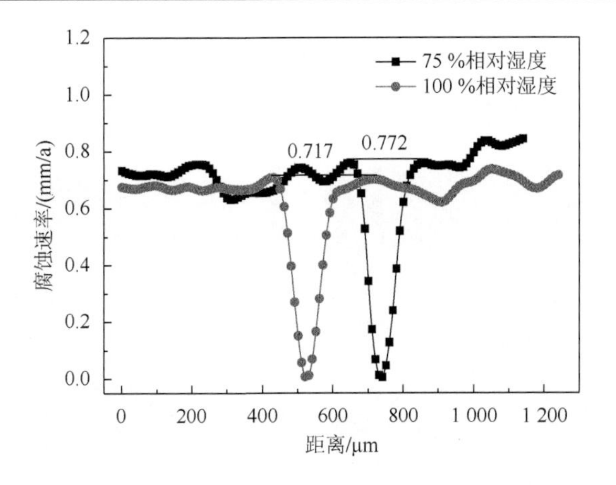

图 9-51　X65 在含缓蚀剂下的深度波形分布

2. 腐蚀形貌和腐蚀产物分析

图 9-52 为 X65 钢在不含/含缓蚀剂条件下 72h 冲刷腐蚀后的宏观形貌图。可以看出，不含缓蚀剂时表面腐蚀明显，当缓蚀剂加入后，腐蚀程度减弱。

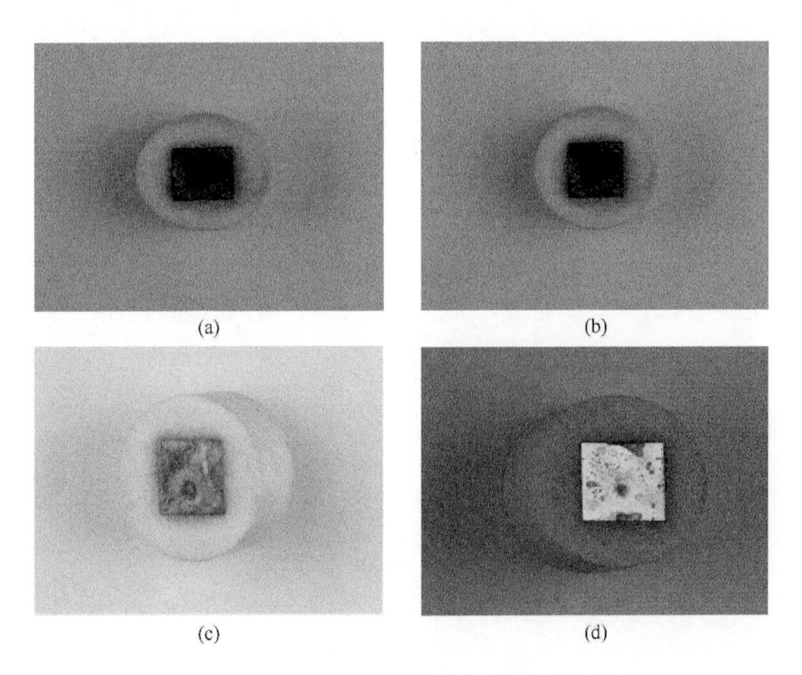

图 9-52　X65 在 75%和饱和湿度下冲刷 72h 后宏观形貌

（a）X65-1-1；（b）X65-2-1；（c）X65-1-B；（d）X65-2-B

图 9-53 为 X65 钢在不含/含缓蚀剂情况下冲刷腐蚀 72h 后的微观形貌图。可以明显看出，缓蚀剂的加入有效抑制了腐蚀，表面的腐蚀产物明显减少。

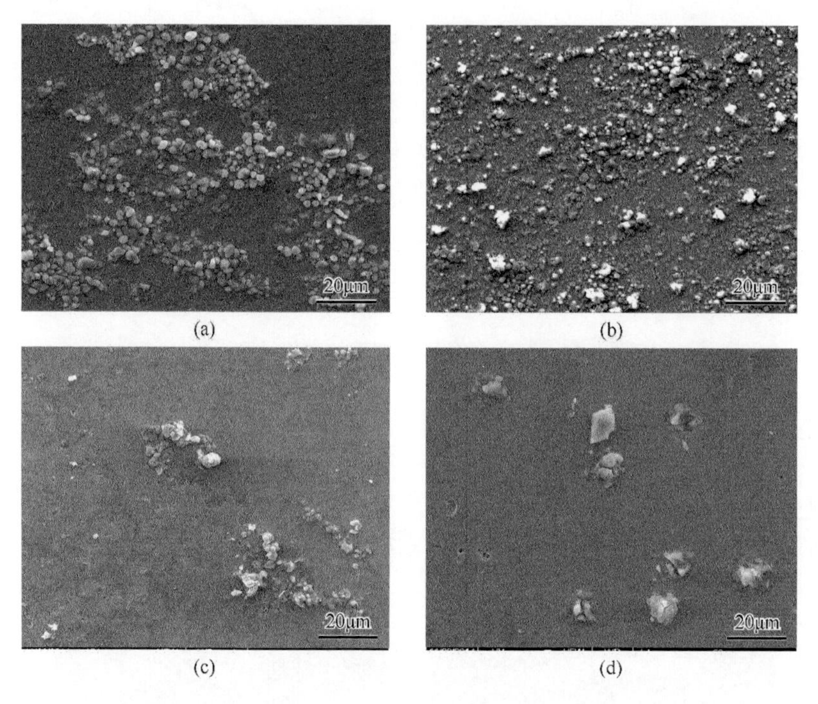

图 9-53　X65 钢在 75%和饱和湿度下冲刷 72h 后微观形貌

(a) X65-1-1；(b) X65-2-1；(c) X65-1-B；(d) X65-2-B

图 9-54 为 X65 钢表面腐蚀产物 EDS 测试结果。可以看出，未加缓蚀剂时，腐蚀产物主要由 Fe、C、O 组成，含少量 S 元素；加入缓蚀剂后，产物中不含硫元素。

元素	质量分数/%	原子百分数/%
CK	03.10	11.47
OK	05.65	15.70
SK	00.30	00.42
FeK	90.95	72.41
基底	修正	ZAF

（a）

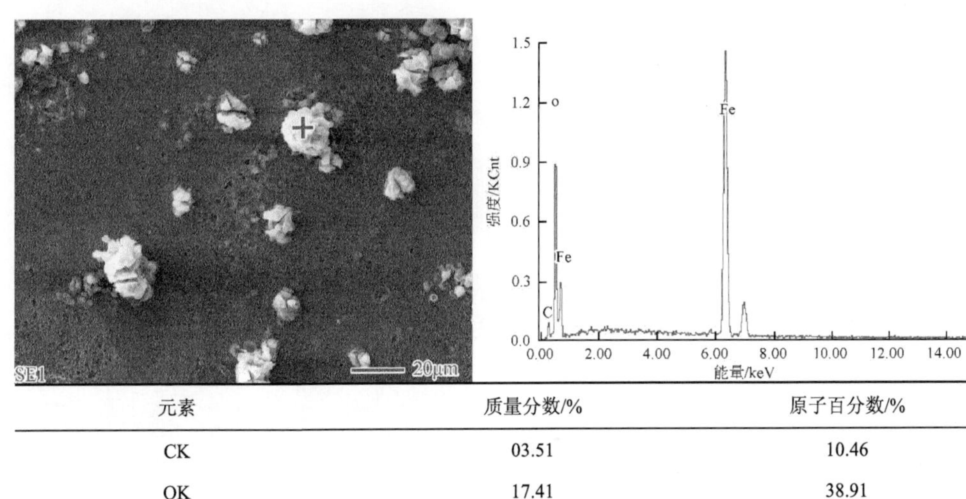

元素	质量分数/%	原子百分数/%
CK	03.51	10.46
OK	17.41	38.91
FeK	79.08	50.63
基底	修正	ZAF

（b）

图 9-54　X65 钢在 75%和饱和湿度下冲刷 72h 后腐蚀产物 EDS 结果

（a）X65-2-1；（b）X65-2-B

3. 电化学测试结果

图 9-55 为 X65 在不含/含缓蚀剂条件下不同相对湿度的电化学阻抗结果。可以看出，缓蚀剂加入前，阻抗弧只有一个时间常数，而加入后，时间常数变为两个，由此推断缓蚀剂参与了金属表面的电化学反应，改变了反应机理。加入缓蚀剂后，阻抗弧的半径增大，耐蚀性增强。

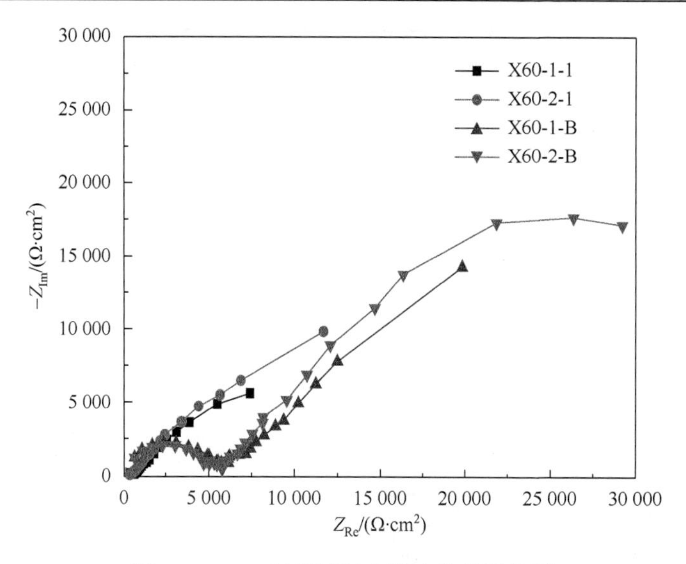

图 9-55　X65 冲刷腐蚀后的电化学阻抗图

图 9-56 为 X65 在饱和湿度下不含/含缓蚀剂条件冲刷腐蚀的极化曲线图。可以看出，加入缓蚀剂 B 后，X65 钢的开路电位正移，电流密度降低，腐蚀不易发生。

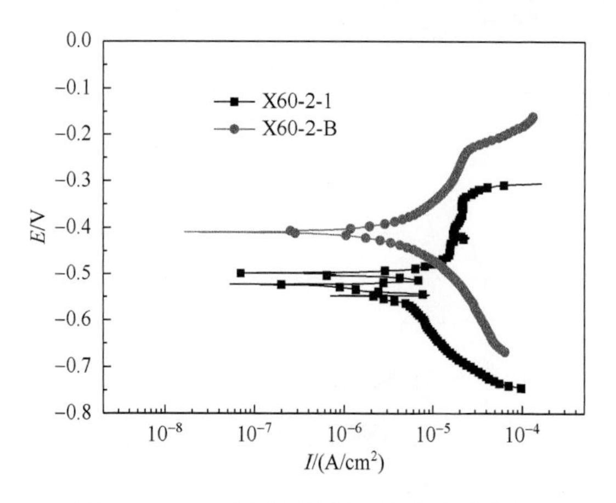

图 9-56　X65 钢冲刷腐蚀后的极化曲线图

9.4　分析与讨论

9.4.1　初始与原位流体力学条件相关性分析

受实际条件的制约，本试验中冲刷装置中的压力为 0.5MPa，远小于实际管道运行时的压力。同时，由于气流分散作用，到达试样表面的实际流速及剪切应力都与实际情况有很大差别，因此，本实验希望通过数值模拟确定不同试验条件下具体参数的大小，并与实际情况进行对比，建立二者之间的联系。

从模拟结果来看，到达壁面的流速最高可达 28m/s，能够实现甚至高于实际流速，但是实验条件下的壁面剪切应力要小于实际条件下，最高为 2Pa。总之，实验室能够实现冲刷造成的非稳态薄液膜状态的模拟。

9.4.2　介质因素分析

潮湿的 CO_2 气体能够引起碳钢迅速的全面腐蚀和严重的局部腐蚀，使得多数管道以及其他设备发生早期腐蚀破坏，导致其使用寿命缩短。CO_2 腐蚀一般可以分为均匀腐蚀和局部腐蚀两类。前者主要表现为基体表面连续区域发生腐蚀破坏，而后者则主要表现为局部点蚀、台阶状腐蚀和流动诱导局部腐蚀，其中台阶状坑蚀具有很高的穿孔率，是腐蚀过程中较为严重的一种情况。

一般认为，当 CO_2 溶于水时，会与水分子 H_2O 结合生成具有腐蚀性的碳酸溶液，H_2CO_3 会进一步发生水解反应并产生氢离子[式（9-4）和式（9-5）]。在酸性条件下，腐蚀过程的阴极反应为析氢反应式（9-6）。反应式（9-7）表示腐蚀过程的阳极反应，即铁被氧化成二价铁离子。此时，体系中共存的 HCO_3^-、CO_3^{2-} 和 Fe^{2+} 可以按照反应式（9-9）和反应式（9-10）两种途径继续反应生成 $FeCO_3$ 产物膜。总反应可以由反应式（9-11）表示。

CO_2 的溶解与碳酸的水解反应：

$$CO_2 + H_2O \longleftrightarrow H_2CO_3 \tag{9-3}$$

pH＜5，

$$H_2CO_3 + e^- \longleftrightarrow H^+ + HCO_3^- \tag{9-4}$$

pH＞5，

$$HCO_3^- + e^- \longleftrightarrow H^+ + CO_3^{2-} \tag{9-5}$$

阴极反应：

$$2H^+ + 2e^- \longleftrightarrow H_2 \tag{9-6}$$

阳极反应：

$$Fe \longrightarrow Fe^{2+} + 2e^- \tag{9-7}$$

生成产物膜：

$$Fe^{2+} + CO_3^{2-} \longrightarrow FeCO_3 \tag{9-8}$$

$$Fe^{2+} + 2HCO_3^- \longrightarrow Fe(HCO_3)_2 \tag{9-9}$$

$$Fe(HCO_3)_2 \longrightarrow FeCO_3 + CO_2 + H_2O \tag{9-10}$$

总反应式：

$$\mathrm{Fe + CO_2 + H_2O \longrightarrow FeCO_3 + H_2} \tag{9-11}$$

在石油工业中，如油气田的开采和运输设备的 CO_2 腐蚀，初期主要表现为均匀腐蚀，且腐蚀速率较高。随着保护性产物膜的生成，均匀腐蚀速率有所降低，同时产生膜下的局部腐蚀。目前，普遍认为应以局部腐蚀特性来评价和预测油气井中的 CO_2 腐蚀。

上述分析与本实验结果是相符的。如在含 CO_2 溶液和饱和湿度的条件下，金属的阳极过程为 Fe 的溶解和 Fe 和 HCO_3^- 直接形成 $FeCO_3$ 膜；随着湿度的降低，金属表面的液膜厚度逐渐减薄，金属离子水化阻力增加，阳极反应为 Fe 和 HCO_3^- 直接形成 $FeCO_3$ 膜，因此由于中间产物的吸附出现的中低频的感抗消失。又如，随着 CO_2 气体比例的增加，表面液膜酸化程度增加，阴极反应得到促进，使反应整体加速。

9.4.3　流体力学因素分析

流体对材料表面的冲刷作用分为两部分：法向的冲击作用和切向的剪切作用。流体的冲击动能 E 可以用式（9-12）表示：

$$E = \frac{p^2}{2m} \tag{9-12}$$

那么，法向和切向的动能 E_{normal} 和 E_{lateral} 分别可以表示为

$$E_{\text{normal}} = \frac{(p\sin\phi)^2}{2m} = \frac{mv^2}{2}\sin^2\phi \tag{9-13}$$

$$E_{\text{lateral}} = \frac{(p\cos\phi)^2}{2m} = \frac{mv^2}{2}\cos^2\phi \tag{9-14}$$

式中，p 为流体的动量；m 为流体的质量；ϕ 为冲刷角度。从式（9-14）可以看出，对于冲刷中心区，当冲刷角度倾斜时，切向的剪切力增加，使得金属表面的腐蚀产物膜层更容易被带走，腐蚀加剧；而当冲刷角度为 90°时，法向的冲击力最大，而剪切力最小，这时膜层受冲击力作用而受损破裂，但不会被剪切力移去。而对于过渡区，在不同的冲刷角度下过渡区的位置会发生变化，出现最大点蚀深度的位置逐渐向外移动。

对于受到冲刷腐蚀的不同位置，传质扩散的速率也是不同的。在中心区和过渡区的传质因子 K_{cen} 和 K_{tran} 分别为

$$K_{\text{cen}} = 0.76d^{-0.5}\gamma^{-0.17}D^{0.67}v^{0.5} \qquad \left(\frac{x}{d} \leqslant 1.1\right) \tag{9-15}$$

$$K_{\text{tran}} = 1.04d^{-0.5}\gamma^{-0.17}D^{0.67}v^{0.5} \qquad \left(1.1 \leqslant \frac{x}{d} \leqslant 2.2\right) \tag{9-16}$$

式中，d 为喷嘴直径（mm）；v 为流体的流速（m/s）；γ 为流体的动力学黏度（cm^2/s）。那么可以看出，中心区和过渡区的传质速率要大于外侧区，因此在过渡区和中心区电化学反应更充分，腐蚀速率增大。而从实验结果上看，外侧区的腐蚀严重程度要远高于中心区，这是由于外侧区的剪切力要大于中心区，因此大量的产物被剪切力带走，使更多新鲜金属暴露并参加反应，使得外侧区的腐蚀速率远高于中心区，这也和本实验结果相吻合。

9.4.4　介质因素和流体力学因素分析

当流体流速增加到一定值时，一方面气流对表面产生剪切应力，另一方面，流体中存在的高速流动的粒子会对表面造成冲击，破坏样品表面膜层。在全 N_2 冲刷试验中，由于气流流速较高，再加上湿气流中含有的一些微小的第二相液滴，对试样表面造成冲蚀，使表面产生许多小的蚀坑。根据 9.4.2 节的分析我们知道，湿气中 CO_2 作为阴极去极化剂，当其含量增加时，引起液膜酸化，使腐蚀速率增加。因此在含 CO_2 冲刷条件下，金属会由于腐蚀性介质的存在发生阳极溶解：一方面，由于冲刷作用使表面的腐蚀产物膜层破坏，裸露出的金属表面更容易发生腐蚀；另一方面，材料表面的粗糙度增加，使冲刷造成的剪切应力影响更大，二者交互作用导致材料的失效速率增加。

9.5　结　　论

（1）建立的非稳态薄液试验装置及此种条件下的电化学测试系统，能够实现对冲刷流体的相对湿度（40%～100%），CO_2 含量（0～100%）以及喷嘴处流速（0～50m/s）的调节，并进行原位电化学测试。

（2）稳态条件下，环境湿度和 CO_2 含量影响 X65 钢的腐蚀动力学过程，湿度小于 65%时，腐蚀难以发生，当湿度大于 65%时，随环境湿度和 CO_2 含量的增加 X65 钢的腐蚀速率逐渐增加。

（3）在 14m/s 的流速下，流体中 CO_2 的存在能够大大加速 X65 钢的冲刷腐蚀速率，含 CO_2 模拟天然气中受冲刷气流影响区域的面积要远远大于不含 CO_2 条件，在中心区域表面发生全面腐蚀，在 45°冲刷区域表面全面腐蚀略有降低并出现大的点蚀坑。

（4）在含 20%比例的 CO_2 介质条件下 X65 钢具有临界流速、约为 10m/s，在临界流速以下，流动通过加速表面质量传递效应影响腐蚀过程，随流速的增加 X65

钢表面均匀腐蚀程度增加；超过临界流速之后，X65 钢表面均出现点蚀现象，腐蚀程度大幅度增加。

（5）冲刷角度是影响材料冲刷腐蚀行为的主要因素。不同冲刷角度下的腐蚀速率为：90°＞45°≈60°＞30°。随着冲刷角度的降低，腐蚀深度峰值位置逐渐向冲击中心下游偏移。

（6）在不含缓蚀剂的情况下，X65 钢在 35m/s 模拟天然气冲刷腐蚀环境（含 3ppm H_2S+4%CO_2+其余 N_2）下冲刷 72h 后发生较严重腐蚀，出现大量点蚀坑。随着相对湿度的增大，腐蚀程度加剧；X52 钢的腐蚀最大腐蚀速率可达 0.562mm/a；X65 钢的腐蚀最大腐蚀速率可达 1.069mm/a。

（7）缓蚀剂的添加可在试样表面形成保护层，增大了相应材料的电化学阻抗，可一定程度上降低材料的腐蚀速率；本研究条件下最大缓蚀效率可达 30%左右。

附录 缩 略 语

AD anodic dissolution 阳极溶解

bcc body-centered cubic 体心立方

BP backpropagation 反向传播

CE counter electrode 辅助电极，对应电极

CF corrosion fatigue 腐蚀疲劳

EDS energy dispersive X-ray spectroscopy 能量色散 X 射线谱法

EIS electrochemical impedance spectroscopy 电化学阻抗谱

FAC flow-accelerated corrosion 流体诱导局部腐蚀

fcc face-centered cubic 面心立方

GA genetic algorithm 遗传算法

GDP gross domestic product 国内生产总值

HE hydrogen embrittlement 氢脆

HIC hydrogen induced cracking 氢致开裂

IGSCC intergranular stress corrosion cracking 沿晶应力腐蚀开裂

RE reference electrode 参比电极

SEM scanning electron microscope 扫描电子显微镜

SOHIC stress-oriented hydrogen induced cracking 应力诱导 HIC

SRB ulfate reducing bacteria 硫酸盐还原菌

SCC stress corrosion cracking 应力腐蚀开裂

SSCC sulfide stress corrosion cracking 硫化物应力腐蚀开裂

TGSCC transgranular stress corrosion cracking 穿晶应力腐蚀开裂

TOC total organic carbon 总有机碳

WE working electrode 工作电极

XRD X-ray diffraction X 射线衍射